环境政策研究

周玉华　侯　璐　宋　杨　等著

东北林业大学出版社
·哈尔滨·

图书在版编目（CIP）数据

环境政策研究／周玉华，侯璐，宋杨等著. --2版. --哈尔滨：东北林业大学出版社，2016.7（2024.1重印）
ISBN 978-7-5674-0822-7

Ⅰ.①环… Ⅱ.①周… ②侯… ③宋… Ⅲ.①环境政策-研究-中国 Ⅳ.①X-012

中国版本图书馆CIP数据核字（2016）第168628号

责任编辑：杨秋华
封面设计：彭　宇
出版发行：东北林业大学出版社（哈尔滨市香坊区哈平六道街6号　邮编：150040）
印　　装：三河市佳星印装有限公司
开　　本：787mm×960mm　1/16
印　　张：18.75
字　　数：340千字
版　　次：2016年8月第2版
印　　次：2024年1月第2次印刷
定　　价：75.00元

如发现印装质量问题，请与出版社联系调换。（电话：0451-82113296　82191620）

序

《环境政策研究》一书主要用于环境法学专业硕士研究生的教材。本教材共分七章即：

第一章 环境政策的基本理论问题
第二章 我国环境政策概述
第三章 几代领导人的环保思想
第四章 我国环境政策的演进
第五章 环境保护攻坚时期的环境政策（十五时期）
第六章 环境保护的历史性转变时期的环境政策（十一五时期）
第七章 我国环境政策的展望

我国的环境保护起步于政策，环境法律是不同时期一系列重大环境政策的法律化。我国自20世纪80年代环境保护成为基本国策以来，对环境政策的研究一直是政策学、环境法学研究的较为活跃的一个领域。目前已经初步形成具有中国特色的环境政策体系。但是，从总体上看，我国的环境政策研究还相当薄弱，环境政策意识和环境政策的宣传普及还不能满足环境保护事业的需要，环境政策教育还相当落后。目前，我国环境保护正在进入实现历史性转变的关键时期。2006年12月12日，在第一次全国环境政策法制工作会议上，国务院提出了"加强环境战略和政策研究"，"力争用10年左右的时间，形成覆盖环境保护各个领域、门类齐全、功能完备、措施有力的环境政策法制体系"，全面推进和促进环境政策法制建设。这就对环境政策的科研和教学提出了更高的要求。作为环境法学的教师，我们始终以极大的热情关注这一领域重大实践和理论问题的进展情况。这本教材是我们近十年跟踪环境政策和环境法领域的热点问题，开展环境政策教学和科研活动的成果。

本教材的重点和特点是从整体上构筑了中国环境政策的框架体系，按照环境政策的起步、奠基、发展、成熟等不同阶段，国家所实行的一系列重大环境政策、落实环境政策的重大行动，实施中取得的成就及存在的问题进行阐述与分析。总结经验、吸取教训。给人以脉络清晰、循序渐进、内容充实之感。

　　本教材是在主讲教师多年形成的环境政策学教学讲义的基础上形成的，在环境法研究生教学中不可或缺。主编从事环境政策学的教学工作十余年，在此方面积累了经验，形成了内容完整、资料丰富的授课体系，受到学生们的欢迎。目前国内环境法学硕士研究生的教学计划中，各大学都将环境政策学作为必修课、研究方向或选修课。这门课程对环境法学的研究生来讲很重要，因为研究环境法必须研究环境政策，不研究环境政策就不可能对环境法有深刻、理性的把握。但苦于中国的环境政策多而杂、又不断的发展、变化。迄今为止，国内还没有一部适用于研究生教学的"环境政策研究"教材。该教材的出版，将弥补这个方面的空白。

周玉华

2016 年 6 月 20 日

前　　言

　　环境政策是我国处理环境问题的重要依据，是指导环境保护事业发展的方针，在经济和社会生活中具有重要的地位和作用。国内外的实践和经验表明，制定并实施正确的环境政策是搞好环境保护的根本。环境政策作为专门解决一定历史时期的环境问题，达到预定环境目标的行动指导原则，对于环境保护战略、目标、任务和法规的制定与实施，对于加强环境管理和环境法治建设，具有重要的理论指导意义和作用。基于此，本书作者在多年实践环境政策教学、跟踪环境政策和环境法领域热点问题，开展环境政策科研活动的基础上形成了体系完整、内容详实、脉络清晰的环境政策授课体系，在此基础上形成了这教材。

　　本教材的各章内容，本着文责自负的原则，具体分工如下：周玉华撰写第一章（2万字）；周孜予撰写第二章（5万字）刘程程撰写第三章（5.1万字）；崔东撰写第四章（6.2万字）；宋杨撰写第五章（5.2万字）；侯璐撰写第六章（5.2万字）；武静撰写第七章（5万字）；周玉华对全文进行了统稿。因时间仓促，书中的缺点和疏漏在所难免，敬请读者批评指正。

作　者
2016年6月

目 录

第一章　环境政策的基本理论问题 ……………………………………（ 1 ）
　　第一节　政策基本理论问题概述 ……………………………………（ 1 ）
　　第二节　环境政策概述 ………………………………………………（ 12 ）
第二章　我国环境政策概述 …………………………………………………（ 28 ）
　　第一节　我国环境政策的发展历程 …………………………………（ 29 ）
　　第二节　我国环境政策取得的成就 …………………………………（ 31 ）
第三章　几代领导人的环保思想 ……………………………………………（ 42 ）
　　第一节　中国环保事业的奠基人周恩来的环保思想 ………………（ 42 ）
　　第二节　中国改革开放的总设计师邓小平的环保思想 ……………（ 47 ）
　　第三节　江泽民的环保思想 …………………………………………（ 49 ）
　　第四节　胡锦涛的环保思想 …………………………………………（ 53 ）
第四章　我国环境政策的演进 ………………………………………………（ 57 ）
　　第一节　环境政策的奠基和成长时期（1972～1978 年）…………（ 57 ）
　　第二节　环境政策的发展和壮大时期（1980～1989 年）…………（ 71 ）
　　第三节　环境政策的成熟时期（1990～2000 年）…………………（ 91 ）
第五章　环境保护攻坚时期的环境政策（"十五"时期）………………（139）
　　第一节　环境形势 ……………………………………………………（140）
　　第二节　"十五"期间国家对环境保护和生态建设的要求 ………（142）
　　第三节　"十五"期间主要环境政策要点 …………………………（144）
　　第三节　保护环境的行动 ……………………………………………（183）
第六章　环境保护的历史性转变时期的环境政策（"十一五"时期）……（195）
　　第一节　环境形势 ……………………………………………………（195）
　　第二节　国家对环境生态保护的要求
　　　　　　——建设资源节约型、环境友好型社会 ………………（198）
　　第三节　重要环境保护政策的要点 …………………………………（202）
　　第四节　保护环境的行动 ……………………………………………（263）

第七章　我国环境政策的展望 …………………………………（275）
第一节　我国环境政策的演进规律 …………………………（275）
第二节　我国环境政策存在的问题及其原因 ………………（278）
第三节　国际社会对我国环境政策的评论 …………………（284）
第四节　我国环境政策的展望 ………………………………（286）
参考文献 ………………………………………………………（290）

第一章　环境政策的基本理论问题

政策是行为规范发展到一定阶段的产物，它同法律规范、道德规范共处于社会的规范体系之中。在社会政治实践中，政策以其特有的方式影响和制约着社会生活的方方面面，发挥着其他行为规范不能取代的作用。

从分类学的角度讲，环境政策是政策的一个类别、一个子系统。环境政策与政策的关系是个性与共性的关系。因此，在研究环境政策之前，必须首先了解政策的含义、特征、本质等基本理论问题，进而揭示环境政策的特征及其本质。

第一节　政策基本理论问题概述

一、政策概念的界定

政策是社会中出现频率很高的一个词汇，从国家的各种重大事件到普通民众的日常生活，从摇篮到坟墓，无不与政策发生着深刻的联系。人们经常会从报纸、广播、电视等媒体上看到或听到"有关政策"的提法，如"对外政策"、"行政政策"、"环保政策"、"工资政策"、"政策法规"、"改革开放政策"等。尽管政策是现代社会生活和政治生活中使用非常广泛的概念，而且几乎每个人都或多或少地使用它，但由于没有立法解释，学术界对政策内涵的理解并不统一，不同国别的学者对其亦有着不同的看法和界定。

（一）政策的起源

从中文词义上看，政策由政与策两个字组成。在我国古代，"政"和"策"两字最初不是联用，而是分开使用，含义也不同，以后发展而合称为"政策"。我国东汉许慎著《说文解字》解释"政者，正也"；《释名》注："政者，正也，下所取正也。"这里的"政"具有规范、控制的含义，也即管理国家事务、控制社会、治理民众的意思，由此可见，"政"即政治与政事，在我国古代社会，政与朝政、施政相联系。漫长的封建社会制度使"政"字蒙上浓郁的封建专制的色彩与特征。古代"策"的本意为马鞭，引申为策动、鞭打、促进之意，策又通册（古代的竹片或木片记事著书成编叫"策")。策字在古代汉语中大致有两种含义：一是古代用竹片或木片记事著书成编叫"策"，故有计策之义，即规范文件的意思，如《释名》称"策书教令于上，所以驱策诸下也"。"策"的另一个含义为计谋、策划的意思。《吕氏春秋·简选》云："策，谋求也。此胜之一策也。"

综上所述，在古代汉语中"政"和"策"两字都是分开使用的，并无"政策"的合用。政策二字在古代何时连用成为一词，至今难以考察。综合二字之义，我们不难看出，古代的政策可简约地理解为政治谋略，"政"和"策"就是治理国家或社会、规范民众的谋略规定。

"政者治也"，政有治的意思，政治是统治、治理或管理行为之总称。"策者谋也"，策有谋的意思；政策也称政略，就是指政治方面的谋略、计谋或策略。政者"正"也，古文中的政有时也指行事之定则。因此，政策可以理解为行为（或行事）的准则。所以，政策含有统治、治理或管理行为的谋略、计谋、策略和准则的意思。

(二) 西方学者关于政策含义的各种观点

现代意义上的政策，是第二次世界大战之后兴起和发展的一个独特的学科。在英语中，政策（Policy）一词是随着西方政党政治的发展由政治（Politic）演化而来的，具有"政治"、"策略"、"谋略"、"权谋"等含义，系指政党或政府为实现特定任务所采取的行动。

据考证，汉语中"政策"一词源于日本，明治维新后在日本与西方文化交流过程中，将英文中的"Policy"译为"政策"，后随中日文化的交流传入中国。

现代意义的政策定义与政策科学的兴起、演变是密不可分的。西方学者立足于各自的理论体系，从不同角度揭示了政策的含义，但是将政策作为一门科学进行研究，即政策科学的兴起则始自 20 世纪 50 年代。20 世纪社会经济、科技革命和政治学理论的发展，最终促使现代政策科学的诞生。对政策科学的诞生起奠基作用的或者说政策科学主要的倡导者和创立者被公认为美国的拉斯韦尔（Harold Lasswell），他和另一著名学者拉纳主编的《政策科学：范围和方法的新近发展》一书被看成是政策科学发展的标志。拉斯韦尔首先创立了政策科学的基本范式，他认为政策科学的目标是追求"合理性"，它具有时间的敏感性，重视对未来的研究，要求采取一种全球观点，并认为政策科学具有跨学科的特性，它要依靠政治学、社会学、心理学等学科的知识来确立自己崭新的学术体系，同时它是一门需要学者和政府官员共同研究的学问。自拉斯韦尔创立政策科学并建构起政策科学的基本范式之后，西方的政策科学研究在不断推向前进。20 世纪 60 年代，政策科学作为一个独立研究的领域趋向成熟，并在培养政府决策、管理和政策分析人才方面发挥了积极的作用。在20世纪70~80年代，政策科学在政策系统与政策过程的研究方面取得显著成就，特别是在政策评估、政策执行和政策终结方面形成了各种理论。20世纪80年代中期后，政策科学研究出现了一些新趋向，如重视加强政策价值观的研究、比较公共政策研究有了新发展、政策研究的视野有了进一步拓宽等。政策科学研究出现的新趋向反映出这一科学研究正在走向深入。

正是在政策科学诞生并不断发展的背景下，西方学者对政策科学的核心词——政策也有着多样化的诠释与理解，归纳起来主要有如下一些观点。

政策科学的创立者拉斯韦尔认为：政策是一种含有目标、价值与策略的大型计划。这一定义强调政策是一种以特定目的为取向的大型行动计划，即主要指具体政策和决策行为。

美国的另一学者威尔逊认为：政策是由政治家即具有立法权者制定而由行政人员执行的法律和法规。这个定义强调政策就等同于法律和法规。

加拿大学者伊斯顿认为：公共政策是对全社会的价值做有权威的分配。这个定义侧重于公共政策的价值分配功能，包括政府对实务、资金、权利、荣誉、服务等各类社会价值进行分配。

艾斯顿认为，公共政策是政策机构和它周围环境之间的关系。这个定义强调政策是政府机构用于调整它与周围环境之间关系的各种手段，包括国家法律、法规等。戴伊认为，凡是政府决定做的或不做的事情就是公共政策。这一定义强调政策是政府选择有所为和有所不为的行为。安德森认为，政策是一个有目的的活动过程，而这些活动是由一个或一批行为者为处理某一问题或有关事务而采取的对策。公共政策是由政府机关或政府官员制定的政策，这个定义强调政策是一个过程，而政策的主体不仅仅是政府或政府官员，另外他指出公共政策是政策的一个方面，是由政府机关或由政府官员制定的政策。弗里德里奇认为，政策是在某一特定环境下个人团体或政府有计划的活动过程，提出政策的用意就是利用时期，克服障碍，以实现某个既定的目标，或达到某一既定的目的。

美国学者伊根·古巴（Egon G. Gitba）曾将形形色色的政策定义做了归纳与分类，概括出关于政策的8种定义：

（1）政策是关于目的或目标的断言。

（2）政策是行政管理机构所做出的积累起来的长期有效的决议，管理机构可以对它权限内的事物进行调节、控制、促进、服务，另外也对决议发生影响。

(3) 政策是自主行为的导向。

(4) 政策是一种解决问题或改良问题的策略。

(5) 政策是一种被核准的行为，它被核准的正规途径是当局通过决议；非正规途径是逐渐形成的惯例。

(6) 政策是一种行为规范，在实际行动过程中，表现出持续的和有规律的特征。

(7) 政策是政策系统的产品，是所有劳动累积的结果。从政策进入议事日程到政策生效整个周期的每个环节都在产生着、形成着政策。

(8) 政策是被当事人体验到的政策制定和政策实施系统的结果。

伊根·古巴概括的八种政策定义是从不同的角度对政策的不同表述，政策科学本身在不断发展中，对政策的定义必将随着政策科学的发展和对政策研究的深化有所变化。

以上西方学者关于政策的界定各有侧重，大体上包含以下几种含义。第一，政策是政策权威者制定的某种计划或规划；第二，政策是这种计划或规划引发的权威者的真正行动或行为的动态过程；第三，这种行动或行为包含作为和不作为两种不同的表现形式；第四，政策具有鲜明的目的或方向；第五，政策强调整个社会的利益关系；第六，政策的主体可以是政府，也可以是政党或社会团体，甚至个人。

（三）国内学界关于政策概念的理解

政策是现代社会政治生活中使用的非常广泛的概念之一。但无论是在日常生活还是在学术领域，人们对它的含义并没有一致的界定与认同，歧义颇多。由于没有立法解释，因此我们且以学界大多数人的观点来加以分析。

1. 《辞海》所下的定义

(1) 1930 年出版的《辞海》，把政策解释为"行政之计划"。

(2) 1950 年出版的《新名词综合大辞典》，认为有系统的策略和路线都可以称为政策。

(3) 《云五社会科学大辞典》（第3册）对政策的解释为："政策一词，乃指某一团体组织，无论小如社团，大如国家政府，以及国际组织，为欲达到自身之种种目的时，就若干可能采取之方法中，择一而决定之方法而言。"

(4) 1979 年出版的《辞海》（第 1465 页）把政策解释为国家、政党为实现一定历史时期的路线和任务而规定的行动准则。

2. 学者的观点

我国学者是以马克思主义的观点来揭示政策的含义，在政策主体上强调了国家政策和政党政策。如有的将政策定义为"国家、政党在一定时期为实现一定目标而规定的行动依据与准则";有的把政策定义为"政党、国家活动的方向"。"政策是一个政党或国家在一定时期为实现一定的任务而规定的行为准则。""政策是阶级或政党为维护自己的利益,以权威形式规定的在一定时期内为人们所遵循的行动准则。""政策是政党或其他社会政治集团为实现一定时期的任务而规定的政治行为。""政策是政治实体在一定的时空范围内为完成一定的任务所采取的政治行为,主要表现为行为规范、直接采取的行动和某种态度。"

"政策是人们为实现某一目标而确定的行为准则或谋略。"政策是政党或其他社会政治集团为实现一定时期的任务而规定的政治行为。政策是管理部门为了使社会或社会中一个区域向正确的方向发展而提出的法令、措施、条例、计划、方案、规划或项目。"政策是国家机关、政党及其他政治团体在特定时期为实现或服务于一定社会政治、经济、文化目标所采取的政治行为或规定的行为准则,它是一系列谋略、法令、措施、办法、方法、条例等的总称。"从外延来说,政策包括法律、法令、条例、规划、计划、管理办法与措施等。

以上学者对政策所做的定义,借鉴了西方学者的有关观点,同时包含政策的几个要素。

学者们认为对政策进行科学界定,必须具备四个基本要素,即政策主体、政策的适用范围、政策目标和政策属性。政策的主体解决政策的所属问题,即由谁制定的政策,如国家的政策、政党的政策等。政策的适用范围即政策在什么时间、空间范围内适用,如在一定的历史时期内、在特定环境下等。政策的目标即为什么制定政策,如为完成一定的任务、为达到既定目的、为实现统治阶级的利益等。政策的属性即政策的外在实现形式,如行为规范、行为准则、政治行为、活动过程等。

基于以上的分析,我们可将政策界定为:政策是特定的政治实体在一定时空范围内,为实现某一目标而确定的行动准则或行为规范。

二、政策与相关概念的联系与区别

在现实社会生活中,人们对政策、策略、战略、方针、路线等概念常常相互借用和混淆,没有厘清它们之间的关系。根据《辞海》对政策、策略、战略、方针、路线等概念的解释,可以看出实际上这些概念既有联系又有区别:

(1)把政策定义为"国家和政党为实现一定历史时期的路线和任务而

规定的行为准则"。

(2) 把政治路线定义为"国家和政党在一定历史时期内为实现政治目标而制定的行为准则"。

(3) 把方针定义为"国家和政党在一定历史时期内为达到一定目标而确立的指导原则。"

从上述定义可以看出,路线、方针、政策有非常紧密的联系,内涵上大同小异,但在具体使用上,路线往往指总的目标和总的行动纲领;方针往往指总的指导原则和总的行为准则。因此,路线、方针主要指总政策和基本政策,政策则指比较具体的政策。

政策、策略和战略相比,它们的共性都表现为一定的行动计划、行为准则和行动方法。但政策主要侧重于行动的依据和准则;策略主要侧重于行动的方式、方法和手段;战略主要侧重于全局性、长期性的行动计划。政策强调引导,策略强调实施,战略则强调规划。

综上所述,我们详细介绍了理论界对政策的定义和政策的内涵,可以说政策是一个比较宽泛的概念。政策主体可以是政党、国家、政府、政治团体或社会团体,就整个国家的发展全局来说,政府是最主要的政策主体。因此,在政策科学研究中,有时把由政府制定的政策独立出来进行研究和分析,从而形成了行政政策的概念即公共政策。

三、政策的本质与特征

(一) 政策的本质

1. 政策具有意志性和规律性

政策是由执政党、国家机关、社会团体为实现某一目标而制定的,它要反映政策制定主体的意志。政策作为一种解决社会问题、达到社会目标的行为准则或行为规范,必然渗透着主体的需要、理性、智慧。因为政治实体要制定政策,就必须对社会问题进行认定,而社会问题纷繁复杂,并非所有的问题都需要运用政策予以解决。社会问题的甄选,需要主体的主观意识。同样,社会问题解决的方向是什么,要达到一个什么样的目标,如何解决等,无不与主体的意志有关,只不过这种意志并不是所有人的意志,而是政策制定主体的意志。政策的意志性是不可否认的事实,但是政策的这种意志性绝不是任意或任性。马克思主义认为,政策的内容是由物质生活条件决定的,是受客观规律制约的。马克思认为:"只有毫无历史知识的人才不知道,君主们在任何时候都不得不服从经济条件,并且从来不能向经济条件发号施令,无论是政治的立法或市民立法,都只是表明或记载经济关系的要求而已。"客观规律中最重要的是客观存在的经济生活,即一定的经济关系,所以政策具有规律性。政策要反映某一阶级物质生活条件,必须反映社会经济关系,从而也必然反映社会发展规律,它是在对客观规律的认识和把握的基础上制定的。

2. 政策具有阶级性与共同性

第一,政策属于上层建筑的范畴,是一定阶级在一定历史时期为实现一定的政治经济目的而制定的行动准则。在阶级社会里,政策是具有阶级性的。每一个阶级都用政策来指导本阶级的行动,并力图在全社会推行。统治阶级是全社会的统治者,为了实现对全社会的统治,必须制定自己的政策,并通过本阶级所控制的国家机关,以国家强制力量来推行。而被统治阶级在它发展到一定阶段也会制定自己的政策,并通过本阶级的阶级组织来推行,如中国历史上的农民阶级通过太平天国推行的天朝田亩政策、资产阶级通过同盟会推行的耕者有其田政策。因此,政策是一定阶级为达到一定的政治经济目的而规定的调整国家之间、民族之间、阶级之间以及本阶级内部关系的行动准则,并被用来组织、动员和调动其阶级力量完成自己确定的任务。

第二,政策又具有共同性。政策的某些内容、形式、作用效果并不以阶级为界限,而是带有共同性或相似性。这点正说明,为什么不同性质的国家统治阶级制定的政策具有相同性或相似性。一个阶级的政策不仅反映统治阶级的利益,还要反映其他阶级的利益,甚至包括被统治阶级的共同利益,这是因为:其一,政策的规律影响政策的共同性,政策既然是由一定社会物质生活条件决定的,是对客观规律的反映,而客观规律是不以人的意志为转移的客观存在,这就决定了政策的共同性;其二,它是由国家的社会职能决定的,政策中有许多是为了解决社会公共问题,执行社会公共事务,实现社会共同利益的,如环境保护政策、计划生育政策等。

第三,人类交往的增多也是政策共同性的一个重要影响因素。有些利益是人类社会的根本利益,需要国际对话与合作,从而寻求政策的共同性的愿望也就日益强烈。

3. 政策具有利益性与公正性

美籍加拿大学者戴维·伊斯顿认为:"政策是对全社会的价值做有权威的分配。"这是有一定道理的,因为无论是从实然角度,还是从应然角度来说,政策都是具有利益性的,利益关系是相当复杂的。从主体上讲,有政党、国家、政府、社会、集体和个人的利益;从内容上可分为经济利益、政治利益和精神利益;根据阶级划分,可分为统治阶级的利益与被统治阶级的利益;从整体与局部的关系看,分为整体利益与局部利益等,不同主体之间的各种利益又存在矛盾和冲突。因此，才使政策成为必要，政策必须对社会实际的利益关系进行调整、分配和协调。同时，政策在对利益进行权威性分配的时候必须做到公正，无论是政策的制定，还是政策的实施，都必须符合公正的价值取向。

(二) 政策的基本特征

政策的特征作为政策基本范畴的重要内容，颇受学者们的重视，以至于对该问题莫衷一是。现今有代表性的观点为以下几种：第一种观点认为，在不同的社会形态里，政策的表现形式各异，在阶级社会，它具有阶级性、整体性、超前性、层次性、多样性与合法性6个特征。第二种观点认为，在不同历史时期，不同的国家与不同的领域，政策会表现出各自不同的特征，但是它们也有一些共同的特征，这就是阶级性、价值相关性、合法性、权威性、强制性、功能多样性、阶段性7个特征。第三种观点认为，政策的基本特征是由政策的本质属性和基本性质决定的，是政策本质的外部表现，所以它具有：现实性与有效性的统一，稳定性与变动性的统一，原则性与灵活性的统一，层次性与相关性的统一，时间性与空间性的统一，系统性、权威性与两重性等特征。第四种观点认为，政策的特征分为基本特征与一般特征，其基本特征为政策是理论指导实践的中间环节、政策是主观指导与客观规律的统一、政策是稳定性与变动性的统一；其一般特征为目的性、原则性、操作性、系统性、时效性与未来性。

以上对政策特征的定位，由于所依据的标准、所采取的立场与所需要的目的不同，因此政策的特征的"归纳"不尽一致，个别观点所言的特征其实不能成为特征，如"权威性"就不能算是政策的特征，法律也是有权威性的。从当前我国政策的现实性来看，政策应具有以下几个特征。

1. 政治性

政策是由政治性组织制定的，是国家、政府、政党为实现其政治目的而制定的行动方案和行为准则。因此，政策具有鲜明的政治性。在当代中国，执政党、国家权力机关、国家行政机关都制定政策，这些各有不同效能的政策都是一种政治措施，是对作为个人与群体的社会成员进行价值分配与调节的政治措施。这些政策虽然出自不同的政治主体，但是都是同一种政治动机的产物，所以相互之间有着极其密切的联系。

2. 规范性

每一政策所制定的行为规则都具有规范性。首先，政策的规定具有概括性。政策是一种一般的、概括的规定，政策针对的是不特定的多数人，而不是具体的人和事，其可以反复适用，而不是仅适用一次。其次，政策的制定都是由特定的政治实体按照一定的程序制定的,每一项政策的改变和修改,也都必须按照一定的程序进行,履行严格的审批手续。再次,在政策主体所框定的范围内具有普遍的适用性。政策是要求普遍遵循的行为规范。政策须为人们在一定的情况下应当如何行为提供标准、设定限度,这种标准和限度在政策主体所框定范围内不因各种各样的特点而失效。

3. 预见性

预见性即超前性,任何政策都是针对现实问题提出的,但它的目的不是为了总结过去而是为了指导未来。"凡事预则立,不预则废。"这一古训对于政策的制定具有永远适用的价值。所以,政策目标及其相关内容必须具有超前性。在制订方案和选优过程中,离开决策者的预见是不可想象的。从程序上讲,预测是决策的前提、基础,决策者是根据预测结果来设计方案的。

4. 稳定性与变动性

政策须以特定的客观形势及其发展变化为依据,因此,政策必须保持一定的稳定性,这样有利于政策的实施及政策目标的实现。朝令夕改、变化无常的政策,不仅会丧失政策的严肃性和权威性,而且会使执行机关和政策对象无所适从,影响其对政策的信任程度和执行政策的坚定程度,进而影响社会秩序的安定和生产力的发展。但政策只能在一定的时间范围内起作用,并保持相对的稳定性。一旦客观形势发生变化,政策也必须做出适当的调整和变通,因而政策又具有灵活性的特点。这种灵活性具体表现为:一是客观形势发生变化时,要善于从变化了的实际出发,及时对政策做出相应的调整;二是对于一些试行性的政策,应当随着政策主体认识的深化而得到补充、完善和纠正。因此,政策是稳定性和灵活性的统一,政策的变动性是绝对的,稳定性是相对的。

四、政策与法律的关系

(一) 政策与法律的区别

政策与法律作为两种不同的社会政治现象,虽然存在着密切的联系,但在制定主体和程序、表现形式、调整和适用范围以及稳定性等方面,都有各自的特点。具体而言,它们的区别表现在以下几个方面。

(1) 从制定的主体和程序来看,政策是由党和各级政府依照其职权制定的。从主体上看,有政府制定的国家政策和政党制定的政策;有中央机关制定的中央政策和地方机关制定的政策;有党和国家的总政策;也有某一方面的具体政策。与法律的制定程序相比较而言,政策制定的程序显得不很严格。而法律是由国家立法机关依照法定的立法程序制定的,其立法权限和创制程序均有复杂而严格的规定。

（2）从表现形式来看，政策通常表现为纲领、决议、方针、指示、宣言、命令、声明、领导人的讲话或报告，具有指导性、原则性、号召性，其内容比较概括，很少用具体的条文规范来表述。而法律的形式，有法典式的，也有单行法规形式。它具有确定性和规范性，通过调整行为主体的权利和义务关系来实现其目标。

（3）从调整和适用范围来看，政策与法律调整的社会关系有交叉、重合的地方，但也有区别。政策比法律调整的社会关系更广，政策可渗透到社会生活的各个领域并发挥作用。政治、民族、宗教、文学、艺术等上层建筑的一切领域，社会主体之间的各种关系都要受政策的调整和影响。而法律的调整则具有强制性和协调性相结合的特点，通过具体明确社会不同群体、个体之间的权利和义务达到目的。

（4）从稳定性来看，法律比政策更具有稳定性。政策具有较大的灵活性，其内容随时随地在发生变化，政策依靠其应对性和灵活性来维持其对社会生活、社会关系调整的有效性；而法律具有较大的稳定性，在制定后相对稳定地存在一个时期，它主要依靠其稳定性来维护其权威性、效力和尊严。

（二）政策与法律的联系

政策与法律在本质上的一致性，集中表现在它们都是以统治阶级的政治权力为基础，服务于政治权力的要求，实现维护、巩固阶级统治的目的。这种一致性决定了它们的关系极为密切，两者相互影响、相互作用。具体而言：

（1）政策与法律都是上层建筑的组成部分，反映了经济基础的要求。这是它们的基本共同点，它们的目的都是为了协调社会各利益群体和社会成员之间的利益关系，有利于更有效地控制社会，并使之稳定、有序地向前发展。

（2）政策指导法律的制定和实施。一方面，政策是法律制定的依据，在议案的提出和法律起草过程中，都要参考当时国家和执政党的总体精神。国家和执政党的基本国策和行动纲领在立法上多体现为法律的基本原则。另一方面，政策也指导法律的执行。在执行法律中，执法人员既要通晓法律，又要熟悉国家政策。这样才能公正合理地适用法律，而且在法律出现漏洞时，可以把政策作为非正式的法律渊源，代行法律的作用。

（3）政策需要法律贯彻实施。不仅政策对法律具有指导作用，而且反过来法律对政策的贯彻落实也有很大的作用。法律是实现国家政策和执政党政策的最为重要的手段。如果没有法律的体现和贯彻，很难达到政治、经济目的。当然，实现政策的形式很多，法律只是实现政策的形式之一，它只有同贯彻政策的其他形式相互配合，才能发挥更大的作用。

五、政策的作用

政策在中国具有特殊的地位和作用。应该说，在我国历史发展的某个时期或某一阶段，政策曾起着指导、主导乃至决定性的作用，甚至高于法律或取代法律。中国革命是以政策起步、以政策立国、以政策治国的。民主革命时期，中国共产党是通过制定一系列政策来指导革命的。如第二次革命战争时期，成立了中华苏维埃共和国并通过工农兵代表大会，制定了以《中华苏维埃共和国宪法大纲》为代表的根据地最早的法律。但按照马克思主义关于国家与法的理论，这些根据地最早的法律充其量是政策而不是法律。因为"法是由国家制定或认可并以国家强制力保障实施的行为规范"，在根据地时期，中国共产党并没有夺取全国政权，没有建立国家，所以那时制定的法律充其量是政策。中国革命的奠基人毛泽东早在全国胜利前夕就指出："政策和策略是党的生命，各级领导同志务必充分注意，万万不可粗心大意。"将政策和策略提到党的生命的高度，是以毛泽东为代表的共产党人对我们党所走过的艰辛而曲折历程中所获取的经验教训的深刻总结。多年以来，我们党之所以能由小到大、由弱到强，在革命和建设中不断前进，关键在于能够从实际出发，根据不同阶段的形势、任务和条件，制定了正确的政策和策略，并通过各级党的组织和各级政府，认真地加以贯彻落实。

改革开放以来，我们党根据邓小平建设有中国特色社会主义理论和"三个代表"的重要思想，制定了一系列新的政策和策略，极大地解放了思想，解放了生产力，经济建设取得了巨大的成就，人民生活总体达到了小康水平。回顾30多年改革开放的历程，我们之所以能够取得成功，应该说，每前进一步，都是党的方针、政策正确引导的结果，是理论、方针、政策转化成了强大的物质力量的结果。

党的任何行动都是实行政策和策略。毛泽东认为："政策是革命政党一切实际行动的出发点，并且表现于行动的过程和归宿。一个革命政党的任何行动都是实行政策。不是实行正确的政策，就是实行错误的政策；不是自觉地，就是盲目地实行某种政策。"这里深刻地阐明了一个道理：党的政策和策略同党的全部实践和认识过程是密不可分地联系在一起的。

首先，政策是我们党的行动准则。党要广大成员组织起来，把可以争取的一切同盟者都团结在自己的周围，就必须有指导这支庞大队伍的行动路线和行为准则，使之目标明确、行动一致，去夺取革命的胜利。如抗日战争时期，我们党制定的团结一切可以团结的力量共同抗日的政策，是我们战胜敌人的强大武器。

其次，制定和实行政策是党领导群众的基本方式。党的领导主要是政治、组织和思想领导，所有这些领导都有一个实行什么样的政策和策略的问题。毛泽东指出："共产党领导机关的基本任务，就在于了解情况和掌握政策两件大事，前一件就是所谓认识世界，后一件事就是所谓改造世界。"而"了解情况"也是为了制定和实行政策，如我们党在改革开放以来所制定实行的一系列政策就雄辩地证明了这一点。

再次，政策是党调节社会利益关系、调动人民积极性的重要手段。党的政策只有反映群众的利益和要求，群众才能拥护。因此，毛泽东强调指出："只有党的政策和策略全部走上正轨，中国革命才有胜利的可能。"

第二节　环境政策概述

环境政策是一个国家保护环境的大政方针，直接关系到这个国家的环境立法和环境管理，也直接关系到这个国家的环境整体状况。中国第一任环保局局长曲格平在《中国的环境管理》一书中指出："正确的政策可以引导和推进事业的顺利发展，而错误的政策却会把事业引入歧途。"我国的环境政策是随着环境问题的出现而逐步形成的，经历了从无到有并不断完善的发展过程。

一、环境政策的内涵

由于对政策概念的理解存在差别，因而对环境政策的定义目前也存在较大的差异。

（一）关于环境政策的各种观点

我国学术界有关"环境政策"概念的使用不尽相同。不同学者对"环境政策"一词的使用在内涵、范围、情境等方面有着不同的理解。同一学者在论述相同问题时也有将"环境政策"和"环境法律"相互替代使用的情况。目前，学界对环境政策内涵的理解基本上可以分为以下几种。

1. "广义的环境政策"

"广义"说认为环境政策是指国家在环境保护方面的一切行动和做法，环境政策包括环境法规及其他政策安排；"环境政策等同于环境（具体）政策（如纲领、决议、通知等政策性文件）与环境法律（法规）的总称"。此种观点以蔡守秋为代表，其他各学者的观点与蔡守秋的分类角度基本一致，只是名称的称谓有所不同。

早在20世纪80年代蔡守秋就对环境政策进行了专门探讨，这是环境法学界比较早的系统性论述。蔡守秋认为：我国的环境政策是国家政策的重要组成部分，是党和国家根据马克思主义、列宁主义和毛泽东思想，结合经济、社会和环境保护事业的实际情况，为保护和改善环境而确定、实施的工作方针、路线、原则及其他各种对策的总称，是中国环境保护工作的实际行为准则。具体包括：①有关环境和资源保护的法律、法规；②中国共产党制定的有关环境和资源保护的政策文件；③中国国家机关和中国共产党联合发布的有关环境资源保护的文件；④中国国家机关制定的有关环境和资源保护的政策；⑤有关环境和资源保护的国际法律和政策文件；⑥党和国家的主要报刊所发表的重要社论、文章、领导批示、领导讲话（特别是中国共产党和国家领导人的报告、讲话、批示、文章和著作）。可见，蔡守秋的观点认为环境政策包括三个方面的内容：首先，环境法律、法规；其次，各类主体发布的政策性文件；再次，国家宏观环境目标。

国家环境保护部环境与经济政策研究中心主任、副研究员夏光认为："环境政策是国家为保护环境所采取的一系列控制、管理、调节措施的总和。它代表一定时期内国家权力系统或决策者在环境保护方面的意志、取向和能力。"在内容上，他认为环境政策包括国家环境保护总体方针、基本原则、具体措施、权益界限、奖惩规则等，其具体表现形式有号召、决定、法律、法规、制度、守约等。

宁波市委党校任春晓在《我国环境政策预期与绩效的悖反及其矫正》一文中，从环境政策的制定和颁布主体角度，认为环境政策主要有四个层次：①全国人大及人大常务委员会制定由国家机关颁布的宪法、基本法律和有关环境资源保护的法律、行政法规；②执政党中国共产党的领导机关依照党章规定的权限而制定的各种有关环境保护的纲领、决议、通知等文件；③中央政府和各级地方政府根据经济发展各个阶段的环境现状及各地不同的情况制定的非法律性或以"政策"作为名称的规范性文件；④由中国参加或者签订有关环境资源保护的国际公约、协定、议定书、宣言、声明和备忘录等国际性法律和政策性文件。

可以看出，以上3位学者对环境政策的理解观点一致，并无差异，只是在概念表述上存在着的不同。

2."狭义的环境政策"

"狭义"说则认为"环境政策"是与"环境法规"相平行的一个概念，指在环境法规以外的有关政策安排。目前比较有代表性的观点有以下几种：

曲格平认为：所谓环境政策，就是国家根据建设社会主义现代化的要求，在环境保护方面制定的一系列行动准则。

李康（法学博士）在《环境政策学》一书中认为："环境政策是可持续发展战略和环境保护战略的延伸和具体化，是诱导、约束、协调环境政策调控对象的观念和行为的准则，是实现可持续发展战略目标的定向管理手段。"虽然在该书中并没有明确指出环境政策与环境法律之间的区别，但是作者其后对"战略"、"政策"、"策略"三者之间的差异性和关联性进行了比较分析，并认为在环境保护领域"可持续发展战略、环境政策和环境法规同是实现人与自然和谐、发展与资源环境相协调的调控手段"。李康认为，可持续发展战略、环境政策、环境法规三者之间是"三位一体"的关系，"要在三位一体化的相互作用中才能体现各自所扮演的不同角色，产生从高层次到低层次的一系列连锁反应和协同效应，在实现可持续发展的目标中显示各自不同的价值和不可替代的作用"。

高德耀在《环境保护政策浅论》一文中指出，"我国的环境政策是指我们党和国家根据我国的环境现状、技术水平、经济和社会发展的国情而制定的、保护和改善环境的指导方针和行为准则"。同时认为环境政策和环境法律既有相同之处又有明显区别。环境政策和环境法律之间的关系是先制定环境政策，待环境政策成熟后再付诸于法律。

3. "环境政策即环境法律"

南宁市环境宣传教育中心高级工程师覃浩展在《我国环境政策回顾、现状与展望探析》一文中有这样的论述："迄今为止，我国已经制定了《环境保护法》等9部环境法律和《森林法》等几十部资源法律；修订后的《刑法》专门作了'破坏环境与资源保护罪'的规定……除此之外，还制定颁布了《自然保护区条例》等50余项环境保护行政法规；环境保护部门规章和规范性文件近200件；军队环保法规和规章10余件；国家环境标准500多项；批准和签署多边国际环境条约51项。各地方人大和政府制定的地方性环境法规和地方政府规章共1 600余件，初步建立了适应国情和可持续发展的环境政策体系。"可见，作者在文中阐述的环境政策是指环境（资源）法律、法规、规章、环境标准、国际条约等。

4. "环境政策等于国家宏观环境目标"

有的学者将之称为"基本环境政策"，如第一次全国环境保护会议、第二次全国环境保护会议、第三次全国环境保护会议后逐步制定的"预防为主，防治结合"、"谁污染，谁治理"、"强化环境管理"三项政策和"环境影响评价"、"三同时"、"排污收费"、"目标责任制"、"城市环境综合整治"、"限期治理"、"集中控制"、"排污登记与许可证"八项环境基本制度。中国公布的环境与发展十大对策和措施，国务院发布的《关于落实科学发展观加强环境保护的决定》，第六次全国环境保护电视电话会议中提出的做好新形势下的环保工作要加快实现"三个转变"政策，被公认为是此类的环境政策。

中国人民大学政府管理与改革研究中心副主任唐钧在《我国环境政策的困境分析与转型预测》一文中认为，我国环境政策包括3个方面。一是"预防为主，防治结合"、"谁污染谁治理"、"强化环境管理"三项基本环境政策；二是环保部门执行的"环境影响评价"、"三同时"、"排污收费"、"集中控制"等核心环境政策；三是产业部门、综合管理部门执行的各类专项环境政策。

大连理工大学管理学院博士生导师武春友、大连理工大学管理学院博士研究生吴荻在《建国以来中国环境政策的演进分析》的引言中写道："……我国的环境政策正式以法律条文的形式颁布则是1979年9月的《中华人民共和国环境保护法（试行）》。经历了几十年的发展历程，我国已形成了包括1 000多部相关法律、法规、内容较为完备的环境政策体系。"其后论述的"中国环境政策演进的规律"指出我国的环境政策在不同的经济发展时期经历了三个转变：首先是1979年《中华人民共和国环境保护法（试行）》中提出的"谁污染谁治理"环境政策；到1996年在《国民经济与社会发展"九五"计划和2010年远景目标纲要》中首次将"可持续发展"列为国家基本战略；再到党的十六届三中全会提出的"科学发展观"作为环境政策理念的进一步完善和提升。可见，作者理解的环境政策包括两方面的内容：一是环境法律条文；二是国家宏观环境目标。

笔者认为：对"环境政策"内涵的理解应从其原始的、本质的含义出发。政策和法律应是并行的，政策和法律不能混同，是调整社会关系的两个不同性质的手段。环境政策是国家在保护环境方面所采取的一切对策和行动，主要指在环境法律以外的有关政策安排。"环境政策"应是享有环境政策制定权的主体，在环境保护总体目标的指导下，为了保护和改善环境状况，控制、管理、解决环境问题而制定的行动纲领、方针、准则等。其表现形式包括宏观和具体的措施、办法、方法、通知、条例等。

因此，笔者赞同"狭义的环境政策"学者的观点，即我国的环境政策是指党、国家、政府，根据我国环境保护的需要制定的、保护和改善环境的指导方针和行为准则，包括纲领、决议、决定、计划、报告、规划、意见、预案、通知、领导讲话等；同时认为环境政策和环境法律既有相同之处又有明显区别。环境政策和环境法律之间的关系是先制定环境政策，待环境政策成熟后再付诸于法律。中国环境保护的实践是循着依政策治理向依法治理的转变。即使在当前的转型期，亦更多地体现为依政策与依法律的并行不悖，实行的是依政策治理与依法治理的双轨制。环境政策与法律相辅相成，互为补充，共同规范中国的环境保护。

(二)"环境政策"概念使用不规范的原因

上述各个学者的观点之所以会如此迥异，是由多方面的原因造成的。

首先，历史方面的原因。我国历来就有依政策治国的传统，新中国成立后的很长一段时间里，我们的极端思想是："政策高于法律，政策才真正具有最高权威……法律不过是政策的一种表达方式罢了，法律仍不是真正的行为规则，真正的行为规则是政策，法律成为政策的附庸。"环境保护工作在这种"政策至上"氛围下展开，政策作为调整手段在环境保护的初期占有主导地位也不足为奇。如最早的环境保护规范性文件是以政策形式提出来的（"三十二字"方针），以及后来的"环境保护是我国一项基本国策"，再到"八项环境基本制度"。但是第一部以法律形式出现的环境保护文件则在1979年（这里是指1979年《中华人民共和国环境保护法（试行）》）才出台。这一时期对环境法律、法规的轻视和对环境政策的过分依赖形成了鲜明对比。这就容易造成误解，因为在总结我国环境保护的发展历程时，往往谈及的都是环境政策，加上"在中国，政策和法律之间从来未能明确界分，执行法律的机关与实施政策的机关往往合二为一"，因此在谈到法律时也就让人逐渐淡忘了政策和法律的原有界线，而笼统地称之为"环境政策"。

其次，除了历史方面的原因外，对"政策"一词观察视角的不同也是原因之一。"政策"是贯穿这些观点内在的红线，因此我们这里有必要对其着重探讨。

政策和法律的关系历来是公共政策学研究的重要内容之一。关于政策含义的研究成果也比较丰富。学界主要有两种观点，第一种观点以"政策和法律两者的调整范围不同"为观察视角，认为法律是政策的一个重要而特殊的组成部分，是公共政策的一种特殊表现形式，或者说法律是政策的一个子分支。"政策是国家机关、政党及其他政治团体在特定时期为实现或服务于一定社会政治、经济、文化目标所采取的政治行为或规定的行为准则，它是一系列谋略、法令、措施、办法、方法、条例等的总称。"第二种观点从"政策和法律的共性"出发，政策和法律作为社会关系的调整工具，都体现国家统治阶级的意志或命令，都是管理社会和国家事务的方式，是并立的两种社会调控手段，也就是说法律和政策是平行的关系。

但是法学领域中的政策与公共政策学中的"政策"一词的含义有所不同,"法学学者和法学著作中所讨论的公共政策,其意义与政治学或一般意义上的公共政策存在某些差异,它一般用以指称某种与法律有关的或者在一定的程度上起到某种类似于法律规则的作用的某种原则或规则"。

(三) 我国学界对"政策"和"法律"态度的三个转变

以社会对政策和法律的依赖程度为视角,我国学术界对政策和法律的重视程度在态度上经历了 3 个时期,出现了 3 次显著的变化。

第一个时期,是新中国成立后到 1975 年"文化大革命"。这一阶段法学界已经出现了"人治"与"法治"的大讨论。讨论的结果是:认为政策是评价一切行动的标准,具有最高的权威。"法学教科书中几十年的经典说法是:党的政策是法律的灵魂,对法律起着指导作用。法律是政策的保障,法律只是实现党的政策的一种手段和工具。甚至说,'党的政策是国家一切活动的依据'……政策高于法律,政策才真正具有最高权威。""法律不过是政策的一种表达方式罢了,法律仍不是真正的行为规则,真正的行为规则是政策,法律成为政策的附庸。"

第二个时期,是 1978 年"文化大革命"结束后至 20 世纪 90 年代。这一时期是过渡性时期,由原来的"政策高于法律"的观点逐渐过渡到"法治高于人治,法律高于政策"的倾向性。主张法律的绝对统治,政策已很少被法学界所关注和提及,实质上处于被忽略的地位。如,在法学家起草的民法典草案中,国家政策已被从基本原则和裁判依据的范围中排除出去。究其原因,是由于计划经济体制向市场经济体制的转型过程中,政策被认为是政府在计划经济体制下管理国家的手段,而与市场经济体制的建设相背离,因此应该排除政策在社会中的地位和作用。

第三个时期,近些年随着社会关系多元化的出现,理论界有一种新的趋势:政策和法律的关系再次回到了人们的视野中来,政策的重要性开始重新为人们所认识。"法律本身的缺陷需要政策进行弥补,……政策具有较强的针对性、灵活性、及时性和一定的权威效力,可弥补法律调整空挡,落实规则内容,在不与法治原则抵触的情况下,还可以突破一些过时规则的规定,对一些突发性的热点、难点、重点及时有效做出解决。"只不过,相对于前一时期"政策至上"的盲目性,此时学者有着更为理性的认识:"政策必须有法定依据,至少应在法治原则的指导下,按法定程序做出……政策之制定与执行还要规范化,做到合法与合理。""任何国家机关都不得做出不符合事先已宣布的一般规则的个别决定。"虽然制定政策可能属于政府的一部分自由裁量权,但此时学者通过国外相关理论已经开始认识到"自由裁量权不应是专断的、含糊不清的、捉摸不定的权力，而应是法定的，有一定之规则的权力"。

二、环境政策的形式

环境政策一般体现的是各类不同形式的规范和行动，主要包括纲要、决议、决定、计划、报告、规划、意见、预案、通知、领导讲话，以及一切有关生态环境保护的行为、行动等。我国的环境政策主要有以下几种形式。

（一）纲要

纲要就是一个规划、一个宣言、一个文本的主要的、核心的和实质性内容的总结、概述和介绍，如《国土资源"十五"计划纲要》。

（二）决定

决定是党、政府对重要事项或重大行动做出决策、安排和规定的指导性、指挥性公务文书，如《中共中央、国务院关于加快林业发展的决定》。

（三）计划

计划一般是指根据对环境形势的分析，提出在未来一定时期内要达到的目标以及实现目标的方案途径，如《国家环境保护"十五"计划》。

（四）规划

规划是指进行比较全面的、长远的发展计划，是对未来整体性、长期性、基本性问题的思考、考量和设计未来整套行动的方案，如《全国湿地保护工程规划》。

（五）报告

报告一般是指宣告、告诉，如《中华人民共和国可持续发展国家报告》。

（六）议程

议程一般是指事物的进程、安排，如《中国21世纪议程》。

（七）意见

意见是上级领导机关对下级机关部署工作，指导下级机关工作活动的原则、步骤和方法。意见的指导性很强，有时是针对当时带有普遍性的问题发布的，有时是针对局部性的问题而发布的。意见往往在特定的时间内发生效力，如《国家环境保护总局关于加强农村生态环境保护工作的若干意见》。

（八）通知

如《国务院关于印发节能减排综合性工作方案的通知》。

（九）领导讲话

如《温家宝总理在第六次全国环境保护大会上的讲话》。

三、环境政策的性质

人类为解决环境污染、生态破坏和全球环境变化等环境问题所进行的努力一直持续不断，当这些努力达到一定的规模，并形成较为系统的行动时，人们就用"环境政策"这个概念来表示这些行动的总和，总体上代表了人类对环境挑战的反映。环境政策是国家在保护环境方面所采取的一切对策和行动，主要指在环境法律以外的有关政策安排。它是一个非常综合的概念，其内涵涉及宏观层面的环境思想体系，环境战略设计、实施和评估等。从微观层面上涉及环境社会政策、环境经济政策、环境技术政策和环境监督管理政策等。

（1）在内容上，环境政策包括国家环境保护总体方针、基本原则、具体措施、权益界限、奖惩规则等，其具体表现形式有纲要、决议、决定、计划、报告、规划、意见、预案、通知、领导讲话及一切有关生态环境保护的行为、行动等；既有强制性的，也有非强制性的。

（2）在种类上，由于环境问题的广泛性和复杂性特点，环境政策也具有适时性和多样性特征。这可称为"环境控制方式的多样性"，这是进行环境政策研究的基础，有多样性才有选择的可能性。

（3）在本质上，环境政策是国家为了消除或减轻环境外部不经济而实行的制度安排。这种本质是从制度经济分析角度而归纳的，它把环境政策定位于一种"制度"。由于环境外部不经济性的具体表现形式是环境权益的冲突，因此可以进一步把环境政策的实质理解为对环境权益的配置，这个性质在环境政策创新时是十分关键的。

四、环境政策的基本特征

环境政策是政策系统中的一个子政策，因此，具备政策的基本特征。环境政策也具有规范性、预见性、明确性、灵活性等特征。同时，有其特有的特殊性，具体表现在：

由于环境政策是国家根据不同时期建设和发展的客观要求，在环境保护方面制定的一系列行为规范、准则和采取的行动。因此，环境政策是动态的、变化的。不同的历史发展时期，环境政策亦表现出不同的特征，如环境保护的初期和大规模经济建设时期的环境政策是不同的。但环境政策又有其共性。我国党和政府对实施可持续发展战略给予了高度重视，并且在30多年的环境保护工作中创造了许多具有中国特色的环境保护政策。这些环境政策的基本特征体现为：

(1) 在环境政策定位上，比较强调环境与经济的相对平衡。我国环境政策不仅考虑环境保护目标的需要，同时也注重环境政策对经济系统可能产生的负担。一般情况下是把社会对环境政策的承受力作为制定环境政策时比较重要的因素。这在环境政策中就表现为环境与经济的相互妥协或让步，中国环境政策的整体战略是：环境与经济协调型的，而不是环境优先型的。这一特征与中国环境政策产生和发展时正处在经济强发展阶段有关，在人均收入很低的国情下，单提环境优先是不现实的，虽然环境问题很严重，保护环境很紧迫，但对于亟待发展的中国来说，即使是传统的发展方式也会有很强的作用。

(2) 在环境政策的作用点上，比较注重从根源上预防和从后果上治理。中国环境政策所处的特殊时期是：工业化进程中已出现了大量环境问题。同时中国已认识到这些问题是与经济发展过程密切相关的，因此中国环境政策既要处理已经出现的问题，又要采取措施预防新的环境问题。这就必然使中国环境问题出现全面出击、两者兼顾的局面，从而使中国的环境政策有比较多的作用点，如既有规划、环境影响评价等预防性政策，又有排污收费、限期治理等补救性措施。

(3) 在政策执行机制上，注重政府管制的作用。中国环境政策中的各种具体措施，特别是各种环境管理制度，大部分是由政府直接操作，并作为一种行政行为而通过政府体制实施的，这就使中国环境政策具有很浓的政府行为色彩。

(4) 在环境政策实施手段上，比较强调命令型手段和引导性手段的并重和结合。中国环境政策中，命令型控制手段占有主导地位，同时引导性手段增加也很快。由于这个原因，中国环境政策显得很全面和庞大，甚至复杂，使各项环境政策力度不够，不得不从根本上追加其他手段。

五、环境政策的基本原则

以当代环境科学和关于人与环境关系的先进思想为理论基础，我国逐步形成了一套比较科学的环境保护原则和方针。这些原则和方针是当代环境科学理论和马克思主义关于人与环境的思想同中国环境保护具体实践相结合的产物，是我国环境保护工作的指导思想，是中国环境政策和环境法制建设的指导准则。

（一）环境与经济、社会协调，持续发展的原则

这一原则是经济建设和环境保护协调发展的原则与可持续发展原则的结合，是中国环境资源工作的基本出发点和战略方针。中国主张环境保护与经济、社会协调，持续发展，反对先污染、后治理，反对以牺牲环境资源为代价发展经济，反对以超越经济技术发展水平的环境保护措施来限制经济发展。当环境保护与经济发展产生矛盾时，不再是环境保护服从于经济发展，而是要让经济建设、社会发展建立在我国环境和资源能够承载的基础上。

（二）环境责任原则

这一原则是谁污染谁治理、谁开发谁保护、谁破坏谁补偿、谁主管谁负责、谁承包谁负责，环境保护由党政一把手亲自抓、负总责等原则的概括。

环境责任原则是使危害环境者承担责任并建立相应的环境保护工作责任制的一项重要原则。谁污染谁治理是中国污染防治政策的核心，它确立了污染者承担治理污染责任并缴纳排污费的制度；谁开发谁保护、谁破坏谁恢复是中国资源保护、自然保护政策的核心，它确立了自然资源开发利用者承担自然保护责任、对环境破坏进行整治的制度；谁主管谁负责、谁承包谁负责是中国环境管理制度的核心，它确立了省长、市长等行政首长对所辖区域环境质量负责的环境保护目标责任制度，确立了厂长、经理和承包者对其主管、承包生产经营活动所产生的环境后果负责的制度。

（三）预防为主、防治结合、综合整治的原则

该原则是有关防治环境污染和破坏的方法、途径和战略、策略的一项重要原则。目前，我国加强环境规划、推行清洁生产、实行生产全过程控制和环境影响评价制度，是这一原则的具体表现。

（四）环境民主原则

这一原则是社会主义民主、依靠群众保护环境、公众参与环境管理等原则的概括，是《中华人民共和国宪法》规定的社会主义民主原则和《中国共产党党章》规定的群众路线在环境保护领域的具体体现。《中华人民共和国水污染防治法》《中华人民共和国环境噪声污染防治法》和《国务院关于环境保护若干问题的决定》均有公众参与环境管理的内容，其实质是相信和依靠群众管理好环境资源。

（五）其他原则

除上述原则外，在有关的环境政策中还规定或体现了其他原则，如开发、利用环境资源和保护、改善环境资源相结合的原则，全面规划、合理布局的原则，依靠科学技术保护环境的原则，加强环境管理和环境法制的原则等。

六、环境政策的基本方针

环境政策的方针和原则代表了国家在采取环境保护行动时所坚持和遵循

的基本取向和指导思想，它们随着不同的社会、经济和环境条件而发展。总体上看，中国环境政策的方针和原则，一是与中国的具体国情相关，二是与国际上的环境保护大形势相联系。在我国环境保护发展史上，不同的历史时期，环境保护的总方针也有所不同。

（一）环境保护的"三十二字"方针

在1973年8月5~20日召开的第一次全国环境保护会议上，我国政府正式确立了"全面规划、合理布局、综合利用、化害为利、依靠群众、大家动手、保护环境、造福人民"这一环境保护工作的"三十二字"方针。

（二）环境保护是一项基本国策的方针

"环境保护是一项基本国策"是在20世纪80年代初期提出来的。当时，中国的经济发展还处在比较低的水平，经济体制改革处在初期阶段，"改革和发展"占据了绝对主流的地位。关于环境保护，对大多数决策者和普通公众来说，仍是一个相当陌生和遥远的概念。我国政府已经认识到当时环境问题的严峻形势，为了突出强调环境保护的重要性和紧迫性，郑重提出"环境保护是一项基本国策"，使环境政策获得较高的定位。

（三）经济、社会发展与环境保护"三同步、三统一"方针

在1983年12月31日至1984年1月7日召开的第二次全国环境保护会议上，我国政府提出了"经济建设、城乡建设和环境建设要同步规划、同步实施、同步发展，实现经济效益、社会效益和环境效益的统一"的环境保护战略方针。我国代表在联合国环境规划署理事会第十三届会议上曾精辟地阐明了这一新的方针，指出"我国环境保护的基本方针是：在国家计划的统一领导下，环境保护与经济建设、城乡建设同步规划、同步实施、同步发展，实现经济效益、社会效益和环境效益的统一。我国政府在防治环境污染方面，实行'预防为主、防治结合、综合治理'的方针；在自然保护方面，实行'自然资源开发、利用与保护、增值并重'的方针；基本方针：坚持环境保护基本国策，推行可持续发展战略，贯彻经济建设、城乡建设、环境建设同步规划、同步实施、同步发展的方针，积极促进经济体制和经济增长方式的转变，实现经济效益、社会效益和环境效益的统一"。

（四）实施可持续发展战略方针

1997年在国家制定的《国民经济和社会发展"九五"计划和2010年远景目标纲要》中，把可持续发展作为国家发展战略提了出来，成为我国一切事业发展的指导方针。我国提出的环保方针与可持续发展方针的思路是一致的。

（五）经济与环境双赢策略方针

在环境政策的具体实施层次上，保护环境与经济利益之间容易发生相互

冲突的情况，这时环境政策的方针是努力寻求使经济发展和环境保护都得到保护，使两者获得双赢的解决方案，这一方针对环境政策的制定提出了很高的要求。根据这个方针，中国环境政策已经探讨了许多新的途径。尽管经济与环境之间仍然存在难以兼顾的时候，但双赢思想确实对中国环境政策做出了正确的指导，使环境政策具有更好的现实可行性。实际上，我国在20世纪80年代就提出了三同时、三效益、三统一的方针，这是双赢思想的早期体现，这个方针就是"经济建设、城乡建设、环境建设同步规划、同步实施、同步发展"，实现经济效益、社会效益和环境效益的统一。

这些方针有一个时间上的承继关系，是一个不断深化的发展过程。从这些方针看出，中国环境政策比较注重与国家发展战略，特别是经济发展战略相结合，使环境政策在整个国家的政策体系中占有较高的地位。

七、环境政策的体系

从保护环境这一项基本国策出发，我国已逐步形成以环境政策的基本原则为基础的以环境经济政策、环境技术政策、环境社会政策、环境行政政策、国际环境政策为主体的政策体系。

（一）环境经济政策

所谓环境经济政策是指按照价值规律的要求，运用价格、税收、信贷、收费、保险等经济手段，来调节或影响市场主体行为的政策组合。环境问题是外部不经济性的产物，要解决环境问题，必须从环境问题的根源入手，通过一系列政策、措施，将外部经济性内部化，而环境经济政策就是将外部不经济性内部化的最为有效的途径。环境经济政策主要包括投资政策、财税政策、生态补偿政策、信贷金融政策、收费政策等。与传统行政手段的"外部约束"相比，环境经济政策是一种"内在约束"力量，具有促进环保技术创新、增强市场竞争力、降低环境治理成本与行政监控成本等优点。

（二）环境技术政策

环境技术政策是有关环境保护技术的政策，主要包括防治环境污染的技术原则、途径、方向、手段和要求，防治生态破坏的技术原则、途径、方向、手段和要求，合理开发、利用自然资源的技术原则、途径、方向、手段和要求，城乡区域环境综合整治的技术原则、途径、方向、手段和要求，清洁生产的技术原则、途径、方向、手段和要求等。目前，我国的许多环境法律、法规和政策都有环境技术政策的内容，如《中华人民共和国环境保护法》第五条、第二十五条对"加强环境保护科学技术的研究和开发，提高环境保护科学技术水平"、"采用经济合理的废弃物综合利用技术和污染物处理技术"做了明确规定;《中国环境与发展十大对策》对"实行可持续发展战略"、"大力推进科技进步,加强环境科学研究,积极发展环保事业"、"创建清洁文明工厂"等做了规定。

(三) 环境社会政策

环境社会政策是有关解决与环境资源有关的社会问题的政策,主要包括环境人口政策、环境社会组织政策、公众参与环境管理政策、环境民族政策、环境宗教政策、环境宣传教育政策、环境纠纷处理政策等。目前,我国有些环境法律、法规和政策已有环境社会政策的内容。例如:《国务院关于环境保护若干问题的决定》明确规定,"建立公众参与机制,发挥社会团体的作用,鼓励公众参与环境保护工作,检举和揭发各种违反环境保护法律、法规的行为";《中华人民共和国水污染防治法》和《中华人民共和国环境噪声污染防治法》都规定,"环境影响报告书中应当有该建设项目所在地单位和居民的意见";《中华人民共和国环境保护法》第五条对"国家鼓励环境保护科学教育事业的发展"做了明确规定;《中国环境与发展十大对策》对"加强环境教育,不断提高全民族的环境意识"、"宣传环保方针、政策、法规和好坏典型"做了规定。

(四) 环境行政政策

环境行政政策又称环境管理政策,是指有关环境行政管理事务的政策,包括环境行政管理机制(包括管理组织、行政协调)、环境行政管理制度、环境行政管理手段和措施、对废物的环境行政管理、对资源的环境行政管理、对产品的环境行政管理、老污染源管理、新污染源管理等。目前,我国的许多环境法律、法规和政策都有环境行政政策的内容,还制定了一些专门的环境行政政策文件,如《国家环境保护局"三定"方案》《建设项目环境保护管理办法》《水污染物排放许可证管理暂行办法》《建设项目环境保护管理程序》《环境监理人员规范》等。

(五) 国际环境政策

国际环境政策又称涉外性环境政策,是指处理国际环境活动和涉外环境事务的政策,主要包括国际环境外交政策、国际环境贸易政策、对外国和国际性环境组织的政策、对外国投资(包括外国企业和跨国公司)的环境政策、国际环境合作交流政策、国际环境纠纷处理政策、处理各种国际环境问题的政策、保护全球共有环境资源的政策等。目前,我国的许多环境法律、法规和政策都有国际环境政策的内容,如《国务院关于进一步加强环境保护工作的决定》就"积极参与解决全球环境问题的国际合作"做了原则规定;还制定了一些专门的国际环境政策文件,如《我国关于全球环境问题的原则立场》和《关于加强外商投资建设项目环境保护管理的通知》。

八、环境政策的分类

对环境政策的分类可以从纵向层次、横向部门、效力范围等几个方面来进行。

（一）纵向层次

从政策纵向层次的角度，可将环境政策划分为总政策、各个部分或领域的基本政策、各个部分或领域的具体政策，并由这三个层次的政策构成环境政策体系的整体。

（1）总政策，是处于一个国家宏观层次上的，由执政党中央和中央政府制定出来，并要求整个国家在一个较长历史时期中坚持贯彻落实的政策。

（2）各个部分或领域的基本政策，是针对它们各自的现有矛盾、问题和未来发展需要而研究制定的行为基本准则、主要调控方式和手段，以实现环境保护总政策规定的目标。

（3）各个部分或领域的具体政策，是在环境保护总政策和（或）基本政策的指导、控制下而制定的即要付诸行动的具体政策规定，以体现并落实整个环境政策体系的诱导、约束和协调的功能，实现环境保护总政策和某一领域基本政策规定的目标。

（二）横向部门

从环境政策的横向部门关系来划分，可以将环境政策分为环境经济政策、环境保护技术政策和环境管理政策。它们实际上是环境保护与经济、科学技术、科学管理活动相互交叉的结果，并与环境经济学、环境技术科学、环境管理科学等交叉科学或学科联系在一起，而且这三大类环境政策之间也存在着交叉和渗透。

（三）效力范围

从环境政策的效力范围角度，可以将环境政策划分为全国性环境政策和区域性环境政策。

（1）全国性环境政策是指国务院或国家相关部门制定并经批准在全国范围内实施的环境保护政策。

（2）区域性环境政策是指各级地方政府（目前主要是省、市、自治区政府）在全国性环境政策的指导下，结合本地区的实际情况制定的并经批准在本地区内实行的环境保护政策，如城市环境政策、农村环境政策、流域环境政策、开发区环境政策等。

九、我国环境政策的主要内容

我国环境政策经过 30 多年的发展,已形成一个比较完整的体系,其内容是丰富的,主要包括环境污染控制政策和生态保护政策。

(一) 环境污染控制政策

环境污染控制是我国环境政策的主体部分,可以进一步划分为"管制性环境政策"和"引导性政策"。管制性政策是指国家对社会所实行的有强制约束力的环境政策,如各项环境管理制度和有关行政命令等;引导性政策则是指国家对环境保护志愿行动所做的倡导和要求,如环境行政指导、公众参与等。

1. 管制性环境政策

所谓管制性环境政策是指国家行政机关一方面利用或通过行政权力对开发利用和保护环境的活动进行行政干预的措施;另一方面通过制定环境法律、法规和标准并强制予以实施的方式也是管制性环境政策的重要组成部分。管制性环境政策的作用对象主要是直接造成环境污染或环境损害的行为者,包括企业、社会组织、个人等,企业是主要对象。在我国,管制性环境政策大部分都已通过环境立法的形式获得了正式的法律制度地位,如我国在 20 世纪 80 年代确立的环境保护 8 项管理制度,已上升到法律层面。另外也有一部分如区域限期达标或限期关停企业的命令——以政府指令的形式产生强制力,这亦具有较强的权威性。甚至在一定时间内,政府命令的作用力度更大,如企业的"关停并转"、2005 年以来国家环境保护总局掀起环评风暴所采取的各项重大措施。

2. 引导性环境政策

引导性环境政策是指调动和发挥环境关系中各方主观能动性,通过一定的鼓励和激励性手段引导其主动参与保护环境,采取有利于保护环境的行动,从而形成政府、企业、社会团体和公众良好互动并共同参与的格局。我国环境政策比较注重激发全社会环境保护的自觉行动和志愿行为,所以环境政策中有许多指导、激励、教育的内容,这些政策与管制性政策相配合,使整个环境政策具有多方面的作用点和作用力。引导性环境政策的实质是启发和利用人的意识形态资源,增加环境政策的可实施性,它与管制性环境政策形成了互相支撑的关系:没有引导性环境政策,管制性环境政策的实施就会产生较大的"摩擦力",甚至难以落实;若没有管制性环境政策,则引导性环境政策会软弱无力,难以产生实质性效果。

引导性环境政策的具体做法,一是向社会提供环境信息,为社会公众参与环境保护创造条件；二是制定有关激励制度，使企业自愿参与有利于环境的行动并从中获益；三是向社会分配环境权利，形成对污染的社会监督和制约力量；四是利用舆论力量贯彻环境保护意图；五是向教育体制中纳入环境教育内容，从根本上提高全民族的环境意识；六是提高环境科学技术研究水平和改善环境信息获得手段，使环境管理水平得到提高。总的思想，引导性环境政策是要激励社会参与和为实施正式的管制性政策创造条件。我国的引导性环境政策主要有：①产业布局和结构调整；②企业技术改造；③清洁生产；④环境标志与企业环境管理体系认证（ISO 14000）；⑤废物综合利用；等等。

(二) 生态保护政策

我国的生态保护政策分布在水资源、森林、土地、草地、海洋、物种等多个领域，每个领域的政策又有具体的实现形式。

我国是一个自然资源和生态系统丰富多样的国家。近 30 多年来，为了适应市场经济的发展，解决严峻的资源和生态问题，我国制定和发布的一系列有关生态和资源保护政策大体经历了以下几个方面的变化：一是逐步改变了国家对资源统一开发和管理的体制，在国家和集体所有制的前提下确立了多种形式的使用权，引入了市场经济手段；二是逐步调整了单纯强调资源开发的政策，实施了资源开发利用与保护增殖并重的方针，生态和资源保护的规划和政策正在进一步得到实施；三是逐步建立了生态保护的法律、法规体系，确立了一些有关资源开发和保护的重要法律制度。

我国的生态保护涉及的主要部门有：国家环境保护部、农业部、水利部、国土资源部、建设部、国家林业局、国家海洋局、国家气象局等。我国的生态保护政策主要包括生态保护基本政策和分领域的生态保护制度。

1. 生态保护基本政策

我国生态保护基本政策已上升为法律的有：①可持续利用的政策；②谁开发谁保护、谁受益谁补偿、谁破坏谁恢复的政策；③统一规划、分级管理的政策；④资源总量平衡政策；⑤统筹兼顾、多目标综合开发利用的政策等。

这些生态和资源保护的基本政策主要在有关的法律制度中得到体现。

2. 分领域的生态保护制度

分领域的生态保护制度主要包括：①水资源保护的基本制度。②土地资源保护的基本制度。③森林资源保护的基本制度。④矿产资源保护的基本制度。⑤草原资源保护的基本制度。⑥生物多样性保护的基本制度。⑦自然保护区管理制度。保护区分为国家级和地方级。截至 2010 年 5 月，我国共建立自然保护区 2 349 个，总面积 150 万千米^2，约占陆地国土面积的 15%。

第二章 我国环境政策概述

我国的环境保护起步于政策,从1972年我国政府派代表团参加第一次人类环境会议到环境保护开始起步并正式纳入政府工作议事日程至今,已近40年了。

40年环境保护的实践证明:我国在环境的治理、改善和保护上,是以政策起步,依政策治理向依法规范、依法治理的转变。自从20世纪80年代环境保护成为一项基本国策入宪,到今天环境保护国家意志的形成,我国所有的环境法律都是在环境政策实施比较成熟的基础上制定并颁布的。即使在当前的转型期,亦实行的是依政策治理与依法治理的双轨制,足见政策在实施"环境保护"这一基本国策中的作用是巨大的。如立法前政策的宏观导向,立法后政策的具体实施,执法中的政策规范,无不体现政策在国家环境保护中强大的生命力。这40年,环境保护理念不断升华,不仅仅只是体现在政策文件上,一件件政策的背后折射出国家发展理念的变化。

我国是世界上人口最多的发展中国家。20世纪70年代末期以来,随着我国经济持续快速发展,发达国家上百年工业化过程中分阶段出现的环境问题在我国集中出现,环境与发展的矛盾日益突出。资源相对短缺、生态环境脆弱、环境容量不足,逐渐成为我国发展中的重大问题。

党和政府高度重视保护环境,认为保护环境关系到国家现代化建设的全局和长远发展,是造福当代、惠及子孙的事业。多年来,我国将环境保护确立为一项基本国策,把可持续发展作为一项重大战略,坚持以科学发展观统领环境保护事业,在推进经济发展的同时,针对不同时期经济发展的特点,采取一系列政策措施加强环境保护,并为落实环境政策采取了一系列重大行动,取得了举世瞩目的成就。

改革开放30年是我国环保事业大发展的30年,也是不懈探索中国特色环保新道路的30年,既有成功的经验,也有沉痛的教训。总结30年来的实践,探索中国特色环保新道路,必须主动避免发达国家走过的"先污染后治理、牺牲环境换取经济增长"的环保老路,促进环境与经济的高度融合,实现清洁发展、节约发展、安全发展和可持续发展,大力建设生态文明。

第一节 我国环境政策的发展历程

近 40 年来，我国环境保护走过的奋斗历程，与中国经济社会发展的轨迹是密不可分的。开拓具有中国特色的环境保护发展道路，从本质上讲，就是多年来从探索环保自身特点，向探索如何处理环境保护与经济社会协调发展的两者关系，并不断深化认识、正确把握客观规律的转变过程；是探索环境保护政策、法律、制度、措施实现逐步提升、发挥强大作用的过程；是探索环境保护监督管理手段，在实践中不断完善和延伸的过程；是保证我国国民经济在快速发展的同时，环境污染和生态破坏得到有效遏制，城乡环境质量不断得到改善的探索和实践过程。我国环保工作本着解放思想、实事求是的精神，积极探索，勇于实践，矢志不渝，奋力开拓，为落实环境保护基本国策、推进经济社会可持续发展，做出了不懈努力，取得了重大成果。如今我国已形成了一整套解决中国环境问题的政策体系，其主要内容如下：

1972 年 6 月，我国政府派代表团参加了联合国人类环境会议，会议通过了《人类环境宣言》，应该是从这次会议后中国开始有了"环境保护"概念，环境保护开始摆上国家的重要议事日程。

1973 年 8 月，国务院召开第一次全国环境保护工作会议，审议通过了"全面规划、合理布局、综合利用、化害为利、依靠群众、大家动手、保护环境、造福人民"的环境保护工作"三十二字"方针和我国第一个环境政策文件——《关于保护和改善环境的若干规定》，成为我国环保事业的第一个里程碑。该规定提出了防治污染措施必须与主体工程同时设计、同时施工、同时投产的"三同时"原则，后来成为我国第一项环境管理制度，至此，我国环境保护事业开始起步。

改革开放以来，我国的环境保护工作逐步得到加强，环境保护事业稳步发展。1978 年，全国人大五届一次会议通过的《中华人民共和国宪法》规定，"国家保护环境和自然资源，防治污染和其他公害"。这是新中国历史上第一次在宪法中对环境保护做出明确的规定，为我国环境政策法制建设和环境保护事业的发展奠定了基础。同年 12 月，党中央批转的国务院环境保护领导小组关于《环境保护工作汇报要点》明确指出：消除污染、保护环境是进行经济建设、实现四个现代化的重要组成部分。1979 年颁布的《中华人民共和国环境保护法（试行）》使环境保护工作步入法制轨道，加快了环境保护事业的发展。

1983 年召开的第二次全国环境保护工作会议，正式把环境保护确定为我国的一项基本国策，制定了"经济建设、城乡建设和环境建设要同步规划、同步实施、同步发展，做到经济效益、社会效益、环境效益相统一"的指导方针。明确了"预防为主、防治结合"、"谁污染、谁治理"和"强化环境管理"的环境保护三大政策。1984年5月，国务院发出《关于环境保护工作的决定》，对有关保护环境、防治污染的一系列重大问题，包括环境保护的资金渠道都做出了比较明确的规定，环境保护开始纳入了国民经济和社会发展计划，成为经济和社会生活的重要组成部分。"七五"期间对新上项目坚决实行"三同时"，不增加新污染源，对老污染源有计划、有步骤分期加以解决。"八五"期间，国家提出了《我国环境与发展十大对策》明确指出走可持续发展道路是当代我国以及未来的必然选择。我国批准发布了《21世纪议程——中国21世纪人口、环境与发展白皮书》，从人口、环境与发展的具体国情出发，提出了我国可持续发展的总体战略、对策以及行动方案，确定了污染治理和生态保护重点，加大了执法力度，积极稳步推行各项环保管理制度和措施，环境保护工作取得了较好的效果。

"九五"期间，全国人大八届四次会议审议通过了《中华人民共和国国民经济和社会发展"九五"计划和2010年远景目标纲要》，把实施可持续发展作为现代化建设的一项重大战略，使可持续发展战略在我国经济建设和社会发展过程中得以实施。期间，我国环境保护事业得到了进一步加强，环境保护事业进入了快速发展时期。国务院发布了《关于环境保护若干问题的决定》，实施《污染物排放总量控制计划》和《跨世纪绿色工程规划》，大力推进"一控双达标"（控制主要污染物排放总量，工业污染源达标和重点城市的环境质量按功能区达标）工作，全面展开"三河"（淮河、海河、辽河）、"三湖"（太湖、滇池、巢湖）水污染防治，"两控区"（酸雨污染控制区和二氧化硫污染控制区）大气污染防治，"一市"（北京市）、"一海"（渤海）（简称"33211"工程）的污染防治，环境污染防治取得初步、阶段性进展。国家确定的"九五"环保目标已基本实现，环境保护工作取得了较大的成绩。1992年，联合国环境与发展大会召开后，我国在世界上率先制定了环境与发展十大对策，第一次明确提出转变传统发展模式，走可持续发展道路。1996年《国务院关于环境保护若干问题的决定》明确提出"保护环境的实质就是保护生产力"，首次把实行主要污染物排放总量控制作为改善环境质量的重要措施。

进入21世纪，党和国家对环境保护更为重视。党的十六大，把实现经济发展和人口、资源、环境相协调，改善生态环境作为全面建设小康社会四项重要目标之一。党的十六届五中全会提出"要加快建设资源节约型、环境友好型社会",首次把建设资源节约型和环境友好型社会确定为国民经济与社会发展中长期规划的一项战略任务。2005年12月,国务院发布《国务院关于落实科学发展观加强环境保护的决定》,描绘了我国5~15年环保事业发展的宏伟蓝图,是指导我国经济、社会与环境协调发展的纲领性文件。2006年4月,第六次全国环保大会召开,国务院总理温家宝在大会上强调,做好新形势下的环保工作,关键在于加快实现"三个转变":一是从重经济增长轻环境保护转变为保护环境与经济增长并重;二是从环境保护滞后于经济发展转变为环境保护和经济发展同步推进;三是从主要用行政办法保护环境转变为综合运用法律、经济、技术和必要的行政办法解决环境问题,自觉遵循经济规律和自然规律,提高环境保护工作水平。"三个转变"是全面落实科学发展观的重大举措,是环保工作顺应时代发展要求的战略性、方向性、历史性转变。实行这一历史性转变,使环保工作的战略思想发生了深刻变化:以环境保护优化经济增长,成为环保工作战略的核心;全面推进、重点突破成为贯彻这一战略思想的重要原则;保障广大人民群众饮水安全作为首要任务,成为落实这一战略思想的重要突破点和抓手。

2007年10月,党的十七大胜利召开,对于推进新时期环保事业发展具有里程碑的重大意义。十七大首次把生态文明写入了政治报告中,将建设资源节约型、环境友好型社会写入党章,把建设生态文明作为一项战略任务和全面建设小康社会目标首次明确下来,标志着环境保护作为基本国策和全党意志,进入了国家政治经济社会生活的主干线、主战场、大舞台,充分显示了党和国家的环保理念进一步升华,环境保护站在新的历史起点上,迎来了大发展的良好机遇,迈开了大踏步前进的坚实步伐。

第二节 我国环境政策取得的成就

一、将环境保护确定为基本国策

1983年,第二次全国环保会议召开,会上宣布将环境保护确定为基本国策。所谓国策就是立国之策、治国之策。只有那些对国家经济建设、社会发展和人民生活具有全局性、长期性和决定性影响的谋划和策略才被称为是基本国策。我国决定把环境保护作为基本国策,是基于以下几点的考虑。

(1) 我国是一个人口大国,人均资源短缺,经济基础薄弱,环境问题历史欠账较多,使得发展难以持续。再加上科学生产水平低,导致了资源和放射源利用率低,浪费严重,使本来不足的各种自然资源变得更加紧缺。这一基本国情决定了环境保护在经济、社会发展过程中的地位和作用,只有加强环境保护,遏制日益严重的生态破坏,保护有限的自然资源,才能使国家的持续发展成为可能。所以,把环境保护作为基本国策,作为国家发展政策的重要组成部分,是非常及时和十分必要的。

（2）同世界各国的环境问题一样,中国的环境问题也有一个不断产生、积累与发展的过程。进入20世纪80年代以后,中国的环境保护工作虽然取得了多项进展,但形势仍然非常严峻,环境污染与生态破坏不断加重的趋势一直未得到有效控制。环境保护总体形势是"局部有所控制,总体还在恶化,前景令人担忧"。其环境问题主要表现在：以城市为中心的环境污染仍在发展,并急剧向农村蔓延；以农业为中心的生态破坏范围在扩大,程度在加剧。这些问题相互影响、相互作用构成了复杂和严峻的环境形势。如此严峻的环境形势和迅速发展的生态问题,不仅制约了经济的发展,而且对环境安全与社会稳定构成了极大的威胁。因此,把环境保护作为一项基本国策既是国家可持续发展的需要,也是确保中华民族生存的需要。

（3）随着全球环境问题的加剧,环境安全已逐渐成为国家和地区安全的重要组成部分。政治化趋势日益明显的环境问题,对国际政治、经济和贸易关系产生了深远的影响,因此,作为最大的发展中国家和环境大国,中国必须承担自己在国际社会中的责任和义务,在努力解决本国环境问题的同时,也要为全球的环境保护做出自己应有的贡献。

（4）不论哪一个方面的问题都与环境保护密切相关,都需要把保护环境放在一个特别重要的地位来考虑、来认识,这就体现了环境保护的基本国策地位。只有把环境保护作为国家发展的重大政策,才能有效地解决我国的环境问题；只有创造良好的社会环境,我国才能在国际事务中发挥更大的作用。

二、环境保护被纳入国民经济和社会发展计划

国民经济和社会发展计划是国家对一定时期内国民经济的主要活动、科学技术、教育事业和社会发展所做的规划和安排,是指导经济和社会发展的纲领性文件；有长期计划（10~20年）、中期计划（一般为5年）、年度计划。我国国民经济和社会发展是在计划指导下进行的。"5年计划"是我国国民经济计划的一部分,主要是对全国重大建设项目、生产力分布和国民经济重要比例关系等做出规划,为国民经济发展远景规定目标和方向。我国除了1949~1952年年底为国民经济恢复时期和1963~1965年为国民经济调整时期外,从1953年第一个5年计划开始到2011年共制订和执行了12个5年计划。

但在1953~1982年的30年中,我国进行的5个5年计划,却没有把环境保护作为国民经济和社会发展的一项内容。在当时的经济体制下,就注定了环境污染和破坏是不可避免的。

邓小平强调,在制定我国的长远规划时,必须要"真正摸准、摸清我们的国情和经济活动中各种因素的相互关系,据以正确决定我们的长远规划的原则"。所以我们在制定国民济发展计划时既要从我国人口与资源、经济增长与资源供给之间突出的矛盾出发,也要依据我国制约经济发展的政治、人口、环境、教育科技等因素。十一届三中全会把党的工作重心转移到经济建设上来,对我国保护和改善环境产生了深远影响。在发展方针上,强调持续和协调发展,注意调整和保持经济与社会发展中各方面适当的比例关系,并且把保护环境、维护生态平衡作为协调发展的重要内容。在发展目标上,不仅要注意数量的增长,而且注意了发展的质量,注意了人民生活的改善,其中也包括环境条件和质量的改善。在发展速度与经济效益的关系上,强调以提高效益为中心,改变了以往关心经济效益,片面追求速度的倾向。

从"六五"计划开始,我国推行经济建设与环境保护同步发展政策。在经济发展计划中强调正确处理环境与发展的关系,贯彻可持续发展战略,从而实现经济效益、社会效益和环境益的统一。

(1) 1982年12月10日,在全国人大五届五次会议上批准《中华人民共和国国民经济和社会发展第六个五年计划》(1981~1985年)。"六五"计划中确定了10项基本任务,环境保护第一次被纳入进去,其中第10项基本任务是"加强环境保护,制止环境污染的进一步发展"。而且,在"六五"计划中将环境保护单列为第三十五章。"六五"计划确立的环境保护目标是:到1985年,我国环境状况继续恶化的趋势有所控制。首都北京以及苏州、杭州、桂林等重点风景游览城市的环境状况有所改善。"六五"期间防治工业污染投资120亿元,促成了一批工业污染源的治理,取得了明显进展,不仅初步控制住污染急剧恶化的趋势,而且有些污染指标还有所下降。

(2) 1986年4月12日,全国人大六届四次会议审议批准《中华人民共和国国民经济和社会发展第七个五年计划》(1986~1990年),其中第五十二章为"环境保护",规定防治工业污染、控制重点城市污染、保护江河水质、保护农村环境和生态环境方面的任务和措施。

在具体的管理手段方面,开始实施并逐渐完善排污收费制度。1987年制订的"七五"计划环境保护目标确定为:控制环境污染的进一步发展和自然生态的继续恶化,部分重点城市水质和农林牧渔区的环境质量有一定的改善,建立一批城乡环境保护试点和示范工程,做好新技术的开发和储备,为后10年全面开展环境建设打好基础。

(3) 1991年4月9日，全国人大七届四次会议审议通过《中华人民共和国国民经济与社会发展十年规划和第八个五年计划纲要》，把环境保护内容第一次纳入国家发展规划，指出要加强环境保护工作，防止环境污染和生态环境的恶化。"八五"环境保护的目标是：努力控制环境污染的发展，力争有更多的重点城市和地区的环境质量有所改善，努力控制生态环境恶化的趋势，争取局部地区有所好转，为实现2000年的环境目标打下牢固的基础。

(4) 1996年3月，全国人大八届四次会议批准通过的《中华人民共和国国民经济与社会发展"九五"计划和2010年远景目标纲要》（以下简称《纲要》），明确提出今后5年以及15年的环境保护目标：即到2000年，力争环境污染和生态破坏加剧的趋势得到基本控制，部分城市和地区的环境质量有改善；2010年，基本改善生态环境恶化的状况，环境有比较明显的改善。在"九五"《纲要》中，科教兴国和可持续发展被列为国家两大发展战略，实现了走可持续发展之路的战略转变。

(5) 2001年3月《中华人民共和国国民经济和社会发展第十个五年计划纲要》（2001~2005年）。"十五"计划提出的国民经济和社会发展的总体目标如下：

国民经济保持较快发展速度，经济结构战略性调整取得明显成效，经济增长质量和效益显著提高，为到2010年国内生产总值比2000年翻一番奠定坚实基础；国有企业建立现代企业制度取得重大进展，社会保障比较健全，完善社会主义市场经济体制迈出实质性步伐，并在更大范围内和更深程度上参与国家经济合作与竞争；就业渠道拓宽，城乡居民收入持续增加，物质文化生活有较大改善，生态建设和环境保护得到加强；科技、教育加快发展，国民素质进一步提高，精神文明建设和民主法制建设取得明显进展。

以此可以看出"十五"期间，党中央、国务院更加重视环境保护，《中华人民共和国国民经济和社会发展第十个五年计划纲要》把环境保护作为国民经济和社会发展的主要奋斗目标之一和提高人民生活水平的重要内容。经济结构的调整、综合国力的增强，为全面开展环境保护奠定了基础；持续发展战略和科教兴国战略的全面实施，是做好环境保护工作的重要保证，环境保护面临着前所未有的机遇。

(6) 2006年《中华人民共和国国民经济和社会发展第十一个五年规划》（2006~2010年）。与前面10个"五年"明显不同，第十一个"五年"由"计划"变成了"规划"。虽一字之差，内涵却不尽相同。显示出党和国家对发展内涵的认识已有变化。规划又指"规画"、谋划、筹划，是指较全面或长远的计划;计划是指为达到一定的目的,对未来一定时期内的活动所做的部署和安排。由此可见,"规划"与"计划"的词解是大同小异的。因此,过去的"五年计划"和"十一五规划"实质上都是有计划的部署和安排。所不同的是,中国过去的"五年计划"都是建立在封闭的直觉决策上,对于百姓来说是"知其然,不知其所以然";而经过改革开放成败得失的经验教训和观念检讨后才发现,"科学发展观"的重要组成要素——民主决策的政治意义,如今用"规划"一词换掉"计划"一词的一字之差,还必须冠以"科学发展观"的概念,才能让民主决策的政治意义打上与时俱进的时代烙印。党中央曾向社会公开征询对"十一五规划"的民意,其意义就是让百姓"既知其然,又知其所以然"。

以"五年"为单位进行国家建设的"五年计划"模式,起源于前苏联。新中国成立后(1952~1953年),多次派出包括周恩来总理等人在内的代表团到苏联学习,在他们的帮助下编制第一个5年计划,自1953年起实施。

"一五"计划主要是指令性的经济计划,事无巨细,涵盖了方方面面的经济增长指标,从工业总产值增长98.3%、手工业增长60.9%、大型工矿项目施工694个到具体的钢铁产量增加多少、煤炭产量增加多少等。

"当时中央政府管2万个硬指标,计划就是法律,硬得很。"苏联当时派出数千位专家到中央各部门和各省,帮助实施"一五"计划。仅当时中央党校的苏联专家,就有10多位。

改革开放后,我国从计划向市场转轨。5年计划从"一五"推进到"十五",强制性和指令性逐渐消失。但作为一种习惯,5年计划仍得以沿用,规划国家经济的整体发展。

"计划"变"规划"是一个进步,表明计划经济体制基本破除了。与以往的5年计划相比较,"十一五"规划具有若干重要的特征。第一,从"计划"转变为"规划";第二,强调了以科学发展观统率全局,实现从粗放增长到集约增长的转变;第三,突出了以改革促发展的指导思想。从经济发展的总体上看,转变增长方式、实现从粗放增长到集约增长是"十一五"规划的一条主线。

"十一五"规划强调,我国要通过加快循环经济的发展,促进经济发展方式转变,是要改变"资本高投入、就业低增长、资源高消耗、污染高排放"的粗放型经济增长模式,提高科技含量高、经济效益好、资源消耗低、环境污染少、人力资源优势得到充分发挥的新型工业化道路。简言之,"规划"就是提出了要从"高投入、高消耗、高排放、低效率"的粗放扩张的增长方式,转变为"低投入、低消耗、低排放和高效率"的资源节约型增长方式。"规划"提出了经济社会发展的主要目标，一是今后5年GDP年均增长7.5%；二是"十一五"期间单位GDP能源消耗降低20%左右，主要污染物排放总量减少10%。这个目标是建立在优化结构、提高效益和降低消耗基础上的。这是针对资源环境压力日益加大的突出问题提出来的，具有明确的政策导向。这表明，我国的环境与发展政策正在坚定地朝着可持续发展目标而努力。

作为中国改革开放的总设计师，邓小平非常重视制订切实可行的发展计划。他认为，不仅要做好年度计划、5年计划，而且要"聚精会神把长远规划搞好"。

三、国务院关于加强环境保护的决定

在我国环保历史上，国务院分别在1981年、1984年、1990年、1996年和2005年发布了5个关于环境保护工作的重要决定。这在国务院各部门中是相当罕见的。从历史来看，这些决定是与时俱进的，在继承中发展，在发展中创新，对促进我国不同时期的环保工作都发挥了决定性的推动作用。随着环境保护日益受到重视，我国的环境政策也从初期着重于强化环境行政管理机构、完善环境法律、法规和努力加强环境管理，到现在的越来越突出经济与环境的协调和双赢。从20世纪70年代环境保护的起步至今，环境政策手段不断丰富，并与不同经济发展阶段的环境问题相适应。总体上，1981年和1984年的决定具有明显的环境保护发展初期阶段的特征，无论是环保的战略思想，还是重点领域及对策都显得还比较简单。从所处的形势和决定的内容看，1990年的决定标志着我国开始向环境污染全面宣战，尤其是1996年的决定意味着我国进入大规模环境污染防治的实质性阶段，污染控制范围广、对策较丰富、力度大。相比较，2005年的决定反映了我国环境保护思想理论和战略与对策的最高水平，是一个系统创新、全面推进、重点突破的环保攻坚时期的纲领性文件，体现了国家痛下决心解决环境问题的坚定意志。

四、开展专项环境保护行动

（一）中华环保世纪行

1. 开展中华环保世纪行背景

我国的环境保护从1973年在北京召开全国第一次环境保护会议，到1993年经过20年的不懈努力有了很大的进展，环境保护工作日益受到各级政府的重视，进入蓬勃发展时期。

但是，还必须清醒地认识到，我国的环境污染与资源破坏问题仍然十分

严重。在努力建立社会主义市场经济体制过程中，由于不适当地扩大建设规模，在经济发展中忽视环境保护工作，致使一些地区的环境污染出现加剧之势。有些地方没有认真贯彻执行国家的产业政策，建设了一批资源能源浪费大污染严重的项目。在建设新项目时，没有严格执行国家"先评价、后建设"的规定，出现了许多新的不合理布局。对防治污染工程措施投资不足或将资金挪作他用。工业企业防治环境污染的设施停用或不正常运转。在环境法律、法规的执行过程中，普法教育不够，有法不依、违法不究、执法不严的现象相当普遍。一些地方违法开发和建设活动时有发生，群众反映强烈的一些问题没能及时得到有效解决。

如果对上述问题熟视无睹，不采取果断措施加以坚决制止和纠正，不仅制约了经济发展，而且在国际上也将损害中国的形象。在这种情况下，充分运用法律武器和舆论工具，宣传环境保护法律、法规，表扬那些严格遵守环保法律的典型事例，批评那些造成严重污染、破坏生态环境的违法行为，力争在全社会形成守法光荣、违法必究的强大舆论氛围是十分必要的。

为此，由全国人大环境保护委员会、中共中央宣传部、广电部、国家环境保护局联合主办，《人民日报》、新华社、中央电视台、中央人民广播电台、《经济日报》《光明日报》《科技日报》《法制日报》《中国青年报》《中国环境报》10家新闻单位参加的大型环境保护宣传活动——中华环保世纪行，伴随着1993年全国环境保护执法检查拉开了序幕。

2. 活动形式

十几年来，中华环保世纪行宣传活动每年都围绕一个与环境资源保护有关的主题，在中央和国务院有关部门、中央各新闻单位的大力支持下，在地方人大的紧密配合下，采取组织若干记者团深入地方进行采访报道的方式，充分把人大监督、舆论监督和群众监督三种监督形式有机结合起来，在环境与资源保护方面，推动许多重大问题的解决和有关政策措施的出台。中华环保世纪行已成为各级政府和社会公众认同和关注的宣传舆论品牌，其中一个很重要的原因就是：中华环保世纪行宣传活动能够紧紧围绕党和国家工作大局，紧密配合全国人大常委会环保执法检查工作重点，始终抓住各级政府和社会普遍关注的环境与资源重大问题和人民群众关心的突出问题，有针对性地组织进行采访报道。在采访报道中，坚持正面宣传为主，批评性报道为辅；坚持采访报道真实性、准确性和客观性；坚持深入基层、深入实际、深入群众。通过大力宣传和弘扬好典型、好经验、好做法，揭露和鞭挞不良行为，不断提高全社会节约资源、保护环境的意识；努力推动各级政府改进工作，加大环保执法力度；积极维护人民群众的切身利益。

3. 历年宣传主题

中华环保世纪行每年的宣传主题,都突出围绕我国环境与资源工作的重点和具体实际:

1993 年　向环境污染宣战
1994 年　维护生态平衡
1995 年　珍惜自然资源
1996 年　保护生命之水
1997 年　保护资源永续利用
1998 年　建设万里文明海疆
1999 年　爱我黄河
2000 年　西部开发生态行
2001 年　保护长江生命河
2002 年　节约资源,保护环境
2003 年　推进林业建设,再造秀美山川
2004 年　珍惜每一寸土地
2005 年　让人民群众喝上干净的水
2006 年　推进节约型社会建设
2007 年　推动节能减排,促进人与自然和谐
2008 年　节约资源,保护环境
2009 年　让人民呼吸清新的空气
2010 年　推动节能减排,发展绿色经济

4. 作用

在中华环保世纪行宣传活动的影响下,截至 2010 年年底,全国 31 个省、自治区、直辖市人大都相继开展了各具特色的地方环保世纪行活动,并已成为地方人大监督工作的重要组成部分。各省、自治区、直辖市人大常委会牵头组织开展的环保世纪行活动,紧密结合本地环境与资源保护工作实际,每年也都是围绕一个主题,采取组织记者团的形式,配合人大常委会执法检查工作,进行实地采访报道,有力推动了各地区环境与资源保护工作的深入开展,成效比较突出。目前,除各省、自治区、直辖市人大开展了环保世纪行活动外,全国已有 257 个地级市人大(占 81%)开展了形式多样的环保世纪行活动,已经形成了地方党委重视,人大常委会领导、政府部门支持,新闻媒体参与的环保世纪行工作局面。据统计,1993~2010 年 18 年间,全国各地有近 10 万人(次)记者参加了采访报道,发表各类新闻报道文章 25 万余篇(条),推动了一大批环境资源问题的解决。地方环保世纪

行作为中华环保世纪行的重要组成部分，发挥着越来越重要的作用。

(二) 定期召开全国环境保护会议

全国环境保护会议是我国为制定、贯彻环境保护方针、政策，研究在经济发展中产生的环境污染和带来的生态破坏，安排近期环境保护工作，加强环境管理和保护环境，而召开的全国性环境保护会议。1973~2010年，国务院为加强环境保护工作，先后召开了6次全国环境保护会议。

第一次全国环境保护会议由国务院委托国家计委于1973年8月5~20日在北京组织召开，会议审议通过了环境保护工作方针和《关于保护和改善环境的若干规定》，推动了环境保护工作的开展。

第二次全国环境保护会议于1983年12月31日至1984年1月7日在北京召开，会议明确规定了环境保护是我国一项基本国策；制定出我国环境保护事业的战略方针；初步规划出到20世纪末中国环境保护的主要指标、步骤和措施；强化环境管理。会议具有鲜明中国特色，推进了我国环境保护事业发展。

第三次全国环境保护会议于1989年4月28日至5月1日在北京举行，会议评价了当前的环境保护形势，总结了环境保护工作的经验，提出了新的5项制度，加强制度建设，以推动环境保护工作上一新的台阶。

第四次全国环境保护会议于1996年7月15~17日在北京召开，会议明确提出"保护环境的实质就是保护生产力"，要坚持污染防治和生态保护并重。

第五次全国环境保护大会于2002年1月8日在北京召开，会议的主题是贯彻落实国务院批准的《国家环境保护"十五"计划》，部署"十五"期间的环境保护工作。大会重点强调了"环境保护是可持续发展战略的重要内容"。

第六次全国环境保护大会于2006年4月17~18日在北京召开，会议的主要任务是，认真贯彻党的十六届五中全会和十届全国人大四次会议精神，落实国务院关于加强环境保护的决定，总结"十五"期间的环保工作，部署今后5年的环保任务，进一步开创我国环境保护工作的新局面。大会提出"三个转变"，昭示着我国的环保事业已经进入一个新纪元，把环保工作推向了以保护环境优化经济增长的新阶段。第六次会议，已经基本勾勒出我国环境保护战略发展的基本轨迹从最初的部门角度考虑环境保护，到从国家战略高度考虑环境保护；从最初只关注工业污染防治，到工业污染防治和生态保护并重，再到工业污染防治、生态保护、核与辐射环境管理三大领域并举；从只重视末端治理，到重视从源头到末端的全过程控制，再到发展循环经济；从只重视单个企业的污染治理，到重视从产业结构调整、提高资源能源利用效率的角度解决环境问题；从只重视森林、草原等自然资源的经济价值，到更加重视其生态价值。

（三）开展全国环境保护执法检查

1993年3月12日，国务院发出《关于开展加强环境保护执法检查严厉打击违法活动的通知》，从1993~1995年历时3年，对《中华人民共和国环境保护法》《中华人民共和国大气污染防治法》《中华人民共和国水污染防治法》《中华人民共和国野生动物保护法》以及国务院有关环境保护法规执行情况进行检查。每年根据实际情况，检查内容各有侧重。强化环境执法监督，采取切实有力措施，严厉打击那些造成严重污染和破坏生态环境、影响极坏的违法行为。这次全国环境保护执法检查是历史上第一次由执法机关和行政机关联合举行的执法大检查；是由人大环保委和国务院环委会联合进行、中国执法检查中最高级别的检查。执法检查针对面广，既检查城市和工业污染问题，又检查自然保护及野生动物资源破坏问题；方法务实，讲究实效，得到新闻舆论界的大力支持。

（四）中央人口资源环境工作座谈会

中共中央和国务院对计划生育和环境保护两个基本国策给予高度的重视。1997年3月，中共中央、国务院、各省区市和各部门的负责人汇聚一堂，首次召开"中央计划生育和环境保护工作座谈会"，第一次正式将环境保护纳入议题，集中讨论人口、资源与环境问题，明确对策。中共中央总书记、国家主席江泽民主持座谈会并发表重要讲话，他强调："计划生育和环境保护都是必须长期坚持的基本国策。我们进行社会主义现代化建设，必须毫不动摇地坚持以经济发展建设为中心，集中力量把国民经济搞上去。必须把经济发展与人口、资源、环境结合起来全盘考虑，统筹安排，努力控制人口增长，合理利用资源，切实保护好环境，确保经济持续、快速、健康发展和社会进步。"这一由总书记主持并发表重要讲话、政治局常委全部出席的会议，显示了党和国家领导人对人口、资源与环境问题的重视以及对落实环保这个基本国策的坚定信心，为做好新阶段的环保工作提供了有力的政治保障。这已成为一项制度。从1999年开始更名为"中央人口资源环境工作座谈会"。

（五）环评风暴

2003年9月1日，《中华人民共和国环境影响评价法》实施，该法赋予环评在项目审批上"一票否决权"，即没有通过环评审批项目"审批机关不予审批"。2004年以来，我国接连刮起了前所未有的"环评风暴"，依次是企业限批、行业限批、区域限批、流域限批。

第一次环评风暴：2005年1月18日，环保总局宣布叫停包括金沙江溪洛渡水电站在内13个省、市30个违法水电开工项目。当时的国家环境保护总局向新闻媒体通报了30个严重违反环境法律法规的建设项目名单，责令立即停建，并将对其重罚；对直接责任人员，建议有关部门依法给予行政处分。

第二次环评风暴：2006年2月7日，国家环境保护总局对9省11家布设在江河水边的环境问题突出企业实施挂牌督办；对127个投资共约4500亿元的化工石化类项目进行环境风险排查；对10个投资共约290亿元的违法建设项目进行查处。

第三次环评风暴：2007年1月10日，国家环境保护总局通报了涉及投资1 123亿元的82个严重违反环评和"三同时"制度的钢铁、电力、冶金等项目。环保总局吸取了前两次环评风暴中的教训，采用了"相对有效的措施"，即"区域限批"。所谓"区域限批"，是指如果一家企业或一个地区出现严重环保违规的事件，环保部门有权暂停这一企业或这一地区所有新建项目的审批，直至该企业或该地区完成整改。这是环保部门成立近30年来首次使用该办法，对唐山市、吕梁市、莱芜市、六盘水市4个城市及国电集团等4家电力企业处以制裁。

第四次环评风暴：2007年7月3日，环保总局对长江、黄河、淮河、海河四大流域部分水污染严重、环境违法问题突出的6市2县5个工业园区实行"流域限批"。

（六）向全国派出执法监督机构

2006年12月5日，国家环境保护总局向全国派出的执法监督机构包括华东、华南、西北、西南、东北共5个环境保护督察中心，其职能主要包括：

（1）督察地方对国家环境政策、法规、标准执行情况；

（2）督察重大环境污染与生态破坏案件，督察重、特大突发环境事件应急响应与处理；

（3）督察重点污染源监管和国家审批建设项目"三同时"执行情况；

（4）督察国家级自然保护区、国家生态功能保护区环境执法情况；

（5）帮助和协调地方环境保护部门开展跨省区域重大环境纠纷、跨省区域和流域环境污染与生态破坏案件的来访投诉受理等工作。

中心建立24小时值班电话，随时保持与环保总局环境应急办公室的通畅联系。

第三章 几代领导人的环保思想

第一节 中国环保事业的奠基人周恩来的环保思想

新中国成立初期，在党中央的领导下，全国人民齐心协力建设社会主义新事业，短时间内使我国工农业得到迅速发展，国民经济基础得到巩固。但是，在新中国建设取得骄人成绩的同时，也付出了巨大的环境代价。周恩来敏锐觉察到：环境问题是关系到国计民生的重大问题。他立足国情提出了一系列保护环境的主张，并付诸实践。

一、周恩来环保思想的主要内容

(一) 重视水利建设

在我国，由于水患常常威胁着人民生命财产的安全，因此周恩来非常重视水利建设工作。

1. 科学长远规划，力求根治水患

周恩来主张治水要从根本抓起，长远规划，力求治本。他曾说："我们不能只求治标，一定要治本，要把几条主要河流，如淮河、汉水、黄河、长江等修治好。华北的永定河，实际上是'无定'的，清朝的皇帝封它为'永定'，它还是时常泛滥。不去治它，只是封它，有什么用？"我国是农业国，由于一些历史原因，很多水利工程长期失修，江、淮、河、汉等流域几乎年年有灾。周恩来早已注意到这个问题，准备大兴水利，治理水患。治水工作向来是一项复杂艰巨的工程，需要有长远、科学的规划。周恩来强调："我们今天必须用大力来治水。要开展这一工作，把全国的水利专家都集中起来也不够。兴修水利，联系到动力，更需要有长远的计划。"

2. 发展治水理论和技术，提高治水效率

1951年1月12日，周恩来在《关于水利工作的几个问题》中提出："中国历史上的治水理论是在自给自足的自然经济中形成，在现实情况下必须大力提高。比如宣传中国的水少了，并不是自然水少了，而是可用之水少了，无力蓄水以致用，只能泄水少生灾。目前治水状况只能是蓄泄并施，再提高一步才能以蓄为主。水可用以灌溉、航运，还可用以发电。发展的治水理论是：治水是为了用水。从蓄泄并重提高到以蓄为主；从防洪防汛、减少水灾提高到保持水土，发展水利，达到用水之目的。"他指出，中国历史上并非没有治水理论，只是那些理论已经不能适应今天的治水要求，需要大力提高发展治水理论和技术。

（二）倡导植树造林

中国森林和植被的覆盖率是相当低的。旧中国的落后和自然环境的恶劣，曾十分明显地表现在水土流失严重和轻视森林保护工作上。新中国建立之初百废待兴，周恩来在抓水利建设的同时对水土保持和植树造林工作予以极大的关注。他根据我国的森林和水土情况，提出"注意保护树林，努力植树造林"。1951年9月，周恩来在第101次政务会议上强调了造林、护林的重要性，并说"靠山吃山，靠水吃水"这两句话要写得适当才行，不然一旦"靠山吃山"把树木砍光了，灾害就降临了。

1952年12月26日，周恩来审阅签发了《政务院关于发动群众继续开展防旱、抗旱运动并大力推行水土保持工作的指示》，文中指出："首先应在山区丘陵和高原地带有计划地封山、造林、种草和禁开陡坡，以含蓄水流和巩固表土，同时应推行先进的耕种方法，如修梯田、挑旱渠、等高种植和牧草轮作等方法，期使降落的雨水尽量就地渗入，缓和下流，不致形成冲刷的流势和流量。"周恩来在许多重要场合都十分中肯地讲到植树造林的重要性。他认为，森林植被的破坏和减少，不仅造成许多大河流域的水土流失，而且是造成沙化的根源。当年埃及的尼罗河流域是古代文明繁荣的地区之一，土地肥沃，农业发达，但由于不合理的开发，尤其是破坏了森林植被，后来变成了沙漠。我国西北的许多地方如敦煌一带，恐怕也经历了这样的过程。周恩来曾多次地指出，古老文化的负面影响之一是破坏了森林资源，这是对大自然的损伤。中国有林的山只有10%左右，好多山是荒山，古代人只知建设，不知保护森林，后代子孙深受其害。

三门峡水利工程开工后，周恩来多次视察该工程。在视察的过程中，他还给黄河沿岸的干部群众深入细致地讲了植树造林和水土保持的重要性，鼓励他们多种树、种好树。周恩来认为水土保持要同保土耕作结合起来，只搞工程措施不搞植物措施是不行的。为解决西北黄土高原地广人稀地区的植树造林问题，他亲自批准配备飞机，进行飞播造林和种草。

20世纪60年代初，中国遭受了严重的自然灾害，经济形势十分严峻。周恩来在视察各地工作时仍不忘提醒大家做好造林、护林工作。1960年，周恩来在海南岛视察工作时指出，搞开发建设一定要配合以森林保护和植树造林，毁掉森林的地方台风一来就会造成很大损失。同年4月周恩来与贵州省的领导同志谈建设问题时曾说，贵州要保护好自己的资源优势，要做好蓄水造林工作，并对贵州一些地区树林砍伐过量深表不安。1961年和1962年，周恩来先后到过广西和云南的西双版纳以及延边朝鲜族自治州等地，在不同场合他都谈到了植树造林的重要性和忽视造林所带来的消极影响。1975年，党的十届二中全会期间，周恩来还特意找来延边自治州的负责同志，询问13年前视察过的龙井附近帽儿山的绿化情况。这表明了周恩来对森林问题的持续关切和担忧。

（三）治理环境污染

20世纪60年代，世界上不少国家已把环境问题提到了议事日程，对由经济发展所带来的环境污染采取措施，进行治理。中国在"左"的政治气氛影响下，谁要认为中国有环境污染，谁就是给社会主义抹黑。而周恩来对此却有独到的见解并表现了深切的忧虑：污染问题与社会制度的性质无关。资本主义发达国家在发展工业时没注意生态环境产生了环境污染问题，社会主义国家中国在发展工业时如果不注意保护生态环境，也同样会出现环境污染问题。他提出："我国要从发达国家的环境污染中吸取教训，走一条对人民生活有利，对子孙后代有利，保护环境的工业发展道路。如果做不到这一点，我们的社会主义制度的优越性怎么能够体现出来？还怎么称得上是一个社会主义国家？"

20世纪70年代初，中国的环境状况日趋恶化，一些工业集中地区环境污染严重，直接危害了人民群众的健康。这时，有关环境污染的两件事引起了周恩来的关注。一是大连海湾发生严重污染，300多公顷贝类滩因工业污染荒废；损失惨重；二是北京的市民反映市场上出售的淡水鱼有异味，经查明是因水质污染所造成的。此时，周恩来更加清醒地意识到中国环境问题的紧迫性。他接连做出了许多有关中国发展环境科学研究和开展环境保护工作的重要指示，并亲自部署和参与了许多有关工作。他利用多种机会，一再强调环境保护的重大意义。

1970年12月，周恩来得知一位日本环境问题专家正在我国访问，他马上指示相关部门邀请日本专家做环境公害问题的讲座，并关切地询问讲座效果。1971年4月5日，周恩来在谈话中提到：在经济建设中的废水、废气、废渣不解决，就会成为公害。发达的资本主义国家美国、日本、英国公害很严重。我们要认识到经济发展中会遇到这个问题，要采取措施解决。仅在1972年2月间，周恩来在各种场合谈话中，就曾7次提到了环境保护问题。1972年9月8日，周恩来邀集国家计委和各省、市、区同志汇报情况时对治理"三废"问题做了重要指示。周恩来说："资本主义国家解决不了工业污染的公害，是因为它们的私有制，生产的无政府和追逐更大利润，我们一定能够解决工业污染，因为我们是社会主义计划经济，是为人民服务的。"

周恩来从中国地理的实际情况出发，强调中国的地形和美国、苏联不同，是西高东低，江河的淡水东流，把肥沃的土壤带进了江河大海，这对发展水利有利，但下游一定要处理好工业污水问题，一定要注意保护好水产资源。1970年11月21日，周恩来在人民大会堂接见国家计委地质局会议全体代表时，对上海代表谈到炼油厂的废油、废气、废水的处理问题，谈到黄浦江和苏州河的污染情况，并指出，搞工业不能给人民生活带来不利。

1972年6月，联合国在瑞典的斯德哥尔摩举行第一次人类环境会议。在当时中国极"左"和极封闭的情况下，周恩来高瞻远瞩、力排众议，决定派代表参加这次会议。周恩来亲自两次修改代表成员的名单，还审阅了中国代表团提交大会的关于中国环境问题的报告草稿，并再三嘱咐代表：要通过参加这次会议，了解世界环境状况和各国环境问题对经济、社会发展的巨大影响，并以此作为镜子，认识我国的环境问题。

1973年8月5～20日，国务院召开了第一次全国环境保护会议，周恩来在会议中指出："我们现在再不搞综合利用，后代就要骂死我们。我们可不能不顾一切呀，要为后代着想。"这次会议提出了"全面规划、合理布局、综合利用、化害为利、依靠群众、大家动手、保护环境、造福人民"的环境保护工作方针，并制定了中国第一部环境保护的综合性法规——《关于保护和改善环境的若干规定（试行草案）》。这次会议对中国环保事业具有里程碑式的意义，唤起了各级领导干部和人民群众对环保问题的重视，环保工作步入正轨，逐步发展起来。

二、周恩来环保思想的现实意义

周恩来关于环境问题有许多超越其时代的认识，对我们今天制定有关环境保护的方针、政策仍然具有极大的现实指导意义。

（一）周恩来环保思想的根本出发点是一切为了人民群众的利益

周恩来提出环保工作的根本目的就是维护人民群众的利益。他的环保思想中所体现出来的环保工作是为了人民利益的理念与科学发展观中的"以人为本"是一致的。无论是在新中国成立初期还是"文化大革命"期间，他始终坚持这个理念。1952年，周恩来在关于加强老区根据地工作问题上指出："老根据地多系山地……一般地区应以农业为主，不宜耕耘的山岳地带应以林业和畜牧业为主……以增加人民群众收入。"在水利建设方面，"使江湖对人民有利"是他治水工作的坚定信念。1965年，他说："水利工作首先要为农业生产服务,要为生产而办水利,而不是为了办水利而办水利。"1974年3月,他在听取秦山核电站工程技术情况汇报时强调:核电站的设计建设,必须绝对安全可靠,特别是对放射性废水、废气、废物的处理,必须从长远考虑。一定要以不污染国土、不危害人民为原则。总之,周恩来环保思想中的重视人民群众利益的理念,为我们在环保工作中贯彻"以人为本"提供了典范。

(二) 周恩来环境思想提倡创新和兼容并包

在环保事业建设的实践中,周恩来意识到技术创新不仅可以治理污染,还可以有效减少资源消耗和降低对环境的损害程度。1964年4月28日,在会见阿尔巴尼亚客人时,周恩来说:"采用先进技术可以节省劳力,产品成本又低,这很重要。"同时强调,石油和煤气是工业上的宝贵原料,要综合利用,前途很大,这些方面要搞些新技术,提高生产效率,降低环境污染。

周恩来的环保思想是开放的,这在那个受政治意识形态禁锢的年代显得尤为重要。周恩来破除藩篱,向外国学习先进的环保工作经验,这使得我国的环保工作领域有了新鲜空气。

(三) 周恩来环境思想中蕴含着可持续发展思想

可持续发展是指既能满足当代人的需要又不危害后代人满足自身需要能力的发展,是既能实现经济发展的目标,又能实现人类赖以生存的自然资源与环境和谐,使子孙后代能够安居乐业、达到永续的发展。在20世纪50年代,周恩来虽然没有明确提出可持续发展这个概念,但在他有关环境问题的观点中已经包含了可持续发展思想的内核。例如,在谈到黄河改建规模问题时,周恩来着眼于治水和水土保持相结合,使黄河能够持续为生产服务。他指出:"改建规模不要太大,因为现在还没有考虑成熟。总的战略是要把黄河治理好,把水土结合起来解决,使水土资源在黄河上中下游都发挥作用,让黄河成为一条有利于生产的河。这个总设想和方针是不会错的,但是水土如何结合起来用,这不仅是战术性的问题,也是带有战略性的问题。"

对于林业事业建设的看法,也体现了他的可持续发展思想。"林业的经营要合理采伐,采育结合,越采越多,越采越好,青山常在,永续利用。采伐是有条件的。再不能慷慨地破坏自然,对此要慎重,林区开荒也要注意这个问题,违背自然规律什么都做不通。"从这里足以看出,周恩来对林业可持续利用的认识是非常深刻的。林业能否科学、可持续地发展将影响我国国民经济发展乃至中华民族发展的可持续性。

在世界环境问题和我国环境问题日益尖锐之时,回顾周恩来这位中国环境保护事业奠基人的有关中国环境问题的远见卓识,令人感到敬佩万分。在我国各个领域贯彻落实科学发展观之时,重温周恩来的环境保护思想,对今后的生态文明建设工作和构建社会主义和谐社会工作有着重要而深远的意义。

第二节　中国改革开放的总设计师邓小平的环保思想

邓小平生前非常热爱祖国的自然风光。在他博大精深的理论中,在环境保护方面,有很多精辟独到的论述。他强调人口、资源、环境的协调发展,并提出了具体的环保措施。认真学习和探究邓小平的环境保护思想对认识和解决中国环境问题具有重要的理论指导意义,对我们学习贯彻十六届三中全会、坚持科学发展观、创建和谐社会具有重要的现实意义。

一、邓小平环保思想的主要内容

（一）重视经济与环境的协调发展

新中国成立初期,我国处于百废待兴的局面,农民积极垦荒种田以满足日益增长的物质需求。当时环境问题还不突出,并没有引起广泛的关注。而作为西南局第一书记的邓小平就已经认识到农业开发与环境保护的问题。在1950年5月他就指出:"当前,农民的生产积极性有了提高。但是开荒不要鼓励,开荒要砍树,现在四川最大的问题是树林少。"在当时对经济与环境有如此敏锐的认识是很难得的。随着社会经济和科技的发展,我们在利用环境的同时,也给环境造成了污染和破坏。而变化了的环境,又反作用于人类,威胁我们的生存。20世纪70年代,山水甲天下的桂林漓江污染严重,邓小平认为只要污染了生态环境,经济再发达,社会再繁荣,财政收入再丰厚,污染者也不是有功,而是有过的。他对此愤怒地进行了批评,一针见血地指出:如果不解决污染,功不抵过！国务院认识到事态的严重性,亲自主抓漓江治污,关闭了漓江27家污染企业,使桂林山水至今仍然称甲天下。十一届三中全会以来,我国的经济发展取得了重大成就。为了协调经济发展与环境之间日益突出的矛盾,我国实施了可持续发展战略。邓小平从"基本国策"的高度指出,经济建设必须在加强环境法制建设的前提下进行,这就为经济与社会的良性发展指明了方向。1990年12月24日,他在同几位中央负责同志谈话时说:"对这次统一思想,制定出新的五年计划和十年规划,我完全赞成。"他在讲了要抓农业和钢产量以后说:"核电站我们还是要发展,油气田开发、铁路公路建设、自然环境保护等,都很重要。"

邓小平对经济发展与环境保护之间的辩证关系有着深刻的认识。他明确指明了经济发展与自然环境是人类改造利用自然这一件事情的两个方面，好的环境有利于推动经济的发展，经济的发展又能为创造良好环境提供有力的支持。邓小平重视经济与环境的协调发展，他已经认识到要想既发展好经济又保护好环境，必须协调解决好两者之间的矛盾，同步规划。

（二）主张资源开发与节约使用相统一

在资源开发利用问题上，邓小平主张要把合理开发与节约使用统一起来。资源的开发与节约所涉及的各个方面，都离不开科技的支撑。邓小平强调说："解决农村能源、保护生态环境等，都要靠科学。"他要求对各种自然资源进行全面的研究，要采取科学的方法进行开发利用，切忌过度和胡乱开发。对土地资源，邓小平认为由于过度开发我国已出现土地资源遭到破坏的情况，因此一定要合理开发利用，杜绝过量开荒造成的环境恶化。关于水力资源，他认为由于水资源的可再生性，可以建水电站代替煤炭、火力发电。但他强调开发水利资源必须权衡利弊、谨慎从事。谈到森林资源，他强调森林的开发与保护相结合。1981年，长江、黄河上游发生特大洪峰，他向中央书记处提出建议：最近的洪灾涉及林业，涉及木材采伐。林业要上去，不采取一些有力措施不行，是否可以规定每年每人都要种几棵树。后来国务院提出了《关于开展全民义务植树运动决议》（草案）。这年12月，全国人大五届四次会议审议并且通过了这个决议，在法律上规定了每个公民植树的义务。他强调要对矿产资源进行节约与综合利用，他指出开发煤炭，首先要提高洗煤比重，要搞煤的综合利用，并且他还要求坚决关闭那些浪费电力和原材料的企业，保证资源的节约使用。

邓小平指出，我国正处于并且将长期处于社会主义初级阶段，人们日益增长的物质文化需要同落后的生产力之间的矛盾以及我国工业化和城市化进程的需求，迫使自然资源被大力地开发。但是，我国一直在走高消耗低产出的工业化道路，这也使得我国资源面临着巨大压力。邓小平主张要把合理开发与节约使用统一起来，提出了完美的解决办法。而能否真正解决这一矛盾取决于我们把邓小平的思想不断地贯彻执行下去。

（三）提倡人口增长与资源环境相协调

中国是人口大国。人们的生产和消费都在不停地向环境进行索取，而我国资源有限，资源的人均占有量在一步步减少，同时环境也承受着人口增长带来的负面影响。邓小平曾反复指出：我国"人口多，耕地少"，"我们算是一个大国，这个大国又是小国。大是地多人多，地多还不如说是山多，可耕地面积并不多"。因此，邓小平在进行中国改革开放和社会主义现代化建设的规划中，始终注意统筹协调人口与环境的关系。

1991年，邓小平为我国第一份探讨人口、资源、环境与经济建设之间关系的政策指导性学术期刊——《中国人口·资源与环境》亲笔题写刊名，特别提出要注意解决发展中面临的人口多、资源少、生态环境破坏等问题。对于控制人口，早在1953年，他就明确地提出节制生育的思想。十一届三中全会以后，他作为党的领导核心，进一步推动实施人口与资源环境相协调，走可持续发展道路。同时，他还主张优生优育，大力发展教育，提高人口素质，使广大人民群众参与到环境保护中来。

二、邓小平环保思想的意义

邓小平的环保思想围绕着人口、经济与环境资源可持续利用而展开，散见于他对各种环境问题的论述中。在19世纪，马克思和恩格斯曾深入研究过人类的生存环境问题，分析了人与环境的关系，指出了减少环境污染、保持生态平衡的可能途径。邓小平继承和发展了马克思主义的环保思想，与中国的实践相结合，从实质上回答和解决了中国社会发展中遇到的问题。

邓小平站在了可持续发展的高度来看待环境问题。我国是发展中国家，承担着发展经济和改善环境的双重重任。坚持可持续发展道路要求我们在以经济建设为中心的同时兼顾资源的有效利用和生态环境的保护，既要满足当代人的需求又要顾及子孙后代的生存。邓小平的环保思想与"可持续发展"这一概念的基本含义是一致的。他注重协调人口、经济、资源与环境之间的关系，使国民经济走向良性循环的轨道，他主张资源开发与节约使用相统一，在通过科技支持来提高资源利用率的同时也促进了科技与经济的发展。

邓小平的环保思想揭示了环境问题的本质，并且提出了解决问题的根本途径。他的环保思想对我国环境保护事业的开展起了推动作用，对创建人与自然相和谐的社会具有重大指导意义。

第三节 江泽民的环保思想

随着经济、技术的快速发展，社会的可持续发展面临着严峻的考验。不解决环境问题，就谈不上经济的稳速发展，更谈不上和谐社会的创建。江泽民早在20世纪90年代中后期就已敏锐地发现了这一问题。他的环保思想继承了毛泽东、周恩来、邓小平的环境保护思想，又结合时代国情，丰富和发展了前人的积极成果，具有新的内容和时代特色。

一、江泽民环保思想的内容

（一）高度重视环境保护

在20世纪60年代，"环境问题"曾被冠以资产阶级环境理论的"反动观点"，环境保护工作也没有得到应有的地位和重视。20世纪70年代初，随着经济的复兴，环境状况也日益恶化，严重影响了人民的生活及健康。周恩来一再强调环境保护的意义，做出了许多关于环境保护工作的重要指示。十一届三中全会后，以邓小平为首的第二代领导集体将环境保护工作提高到了一个基本国策的战略地位。

20世纪80年代末，江泽民进一步阐明了环境保护的意义和地位，把环境保护提高到了比"基本国策"更高的高度来认识。在党的十五次全国代表大会上他明确指出："在现代化建设中，必须实施可持续发展战略。""环境保护工作，是实现经济和社会可持续发展战略的基础。"江泽民还坚持一切从实际出发、与时俱进的原则，将环境保护融入到全面建设小康社会和实现"三个代表"的理论及行动中。能够"使人们在优美的生态环境中工作和生活"，使得环境保护的内容具有新鲜活力和时代意义。在中央计划生育和环境保护工作座谈会上江泽民反复强调了环境保护的战略地位，他指出："计划生育和环境保护都很重要，都关系经济和社会发展全局，都是我们长期坚持的基本国策。"他把环境保护摆在与计划生育同等重要的位置，进一步加深了我们对环境保护重要性的认识。中国人口多、底子薄、耕地少，这就决定了我们必须重视环境保护。经济要想长期持续稳定的发展需要注重环境保护，人民生活水平的提高需要良好的环境基础，和谐社会的创建更需要良好环境的支撑。江泽民还把环境意识提升到衡量民族素质的高度，指出"环境意识和环境质量如何，是衡量一个国家和民族文明程度的一个重要标志"。江泽民高度重视环境保护对我们今天的环保事业和经济发展有着非常重要的指导意义，同时也为政府制定措施改善环境提供了理论依据。

（二）认识到环境保护与经济可持续发展的关系

环境与经济之间的关系是对立统一的，既相互影响又相互制约。我国的环境问题是随着经济的发展而日益严重起来的，因此，党的领导集体都非常重视环境保护与经济发展之间的关系。

江泽民指出："环境保护工作，是实现经济社会可持续发展的基础。"他认为，解决环境问题应该从解决经济发展方式入手。1996年，江泽民指出："我们的经济社会发展，应该建立在产业结构优化和经济、社会、环境相协调基础上的发展。客观事实说明，那种以盲目扩大投资规模、乱铺摊子为基础的经济增长，其增长速度越快，资源浪费就越大，环境污染和生态破坏就越严重，发展的持续能力也就越低。这是不可取的。"

1983年12月，我国将环境保护确立为基本国策的同时还确立了"三统一、三同步"的环保方针，即"经济建设、城乡建设、环境建设、同步规划、同步实施、同步发展，做到经济效益、社会效益、环境效益的统一"。江泽民在对经济、人口、环境与资源的关系进行了深刻的思考之后，在以邓小平为首的第二代领导集体提出的"三统一、三同步"方针思想基础之上，提出了坚持"环境保护与经济发展相协调、与人口发展相协调"的战略方针，并提出了"建立环境保护与经济发展的协调机制"思想，为如何落实经济与环境的协调指明了道路。同时，江泽民还指出了协调环境保护与经济发展的具体对策，如"建立环境保护与经济发展综合决策制度"、"将环境保护纳入国民经济和社会发展计划"、"将粗放型经济增长方式转变为集约型经济增长方式"、"建立有利于环境保护的产业结构和消费方式"等。江泽民丰富和发展了第二代领导集体的环保思想，同时也进行了重大创新，他的环保思想对我国环保事业具有现实意义。

（三）完善环境保护法治

在以邓小平为首的党的第二代领导集体的环境保护要走法治的道路的思想指导下，我国制定了一系列的法律、法规。1978年，五届人大一次会议通过的《中华人民共和国海洋保护法》明确提出了"国家保护环境和自然资源，防止污染和其他公害"的法律条文。1979年9月，五届人大十一次会议通过了《中华人民共和国环境保护法（试行）》等一系列法律、法规，使我国环境保护法制化进程又向前迈进了一大步。

20世纪90年代，江泽民继承了以邓小平为首的第二代领导集体的环境保护法制思想，强调环境保护工作必须"将环境保护纳入法制化、制度化的轨道"。但同时，他在新的历史条件下进行了一系列的创新。首先，他提出：要加强环境保护立法，完善环境保护法律体系，加大环境保护执法力度，大力普及环境保护法制教育。对如何走环境法治之路提出了看法。由于历史条件的限制，邓小平没能将环境保护法制化提高到依法治国重要组成部分的战略高度，而江泽民明确指出："资源环境工作切实纳入依法治理的轨道。这是依法治国的重要方面。"使得环境保护法制化成为依法治国的重要组成部分。其次，在环境保护法律体系的内容上，由于《中华人民共和国刑法》增加了"破坏环境和资源保护罪"也成环境保护法律体系的重要组成部分，因此对破坏环境资源的行为加大了惩罚力度。同时，关于清洁生产的法律也成为环境保护法律体系的重要内容。再次，江泽民指出要把环境工作纳入法制化、制度化的轨道，建立完善管理制度，由环保部门统一监管，相关部门分工负责，统管齐下，并界定了主管部门和政府部门之间的责任。他指出，环境保护主管部门必须对环境保护实施统一的监督管理，以便提高执法效果。江泽民强调，环境保护工作单纯依靠政府是不够的，还必须调动一切可以调动的力量，动员公众参与，使环境保护工作形成社会合力。

二、江泽民的环保思想意义深远

江泽民在继承了前几代领导集体环保思想的基础上，又与时俱进，丰富和发展了前人的优秀思想。他的环保思想特征鲜明、寓意深刻，为我国经济和社会发展提供了强大的思想武器。

江泽民高度重视我国的环境保护工作，他不仅将环境保护作为一项基本国策，而且也作为一项保障可持续发展的兴国方略。他对环保工作的重视，有利于我国可持续发展能力的不断增强、生态环境的不断改善、资源利用率的不断提高。环境保护工作受到重视，也为促进人与自然的和谐，推动整个社会走上生产发展、生活富裕、生态良好的文明发展道路奠定了基础。

江泽民认识到了我国的实情，发达国家人口仅占世界人口的1/4，但它们消耗的资源和占有的财富却占世界的4/5。我国虽然幅员辽阔，但是人口众多，人均资源占有量少，江泽民指出："发达国家应该充分认识到自己在长期发展过程中曾经对全球环境造成的那些历史影响，因而有责任承担更多的义务，发挥自己强大的经济和科技优势，积极帮助发展中国家解决环境问题。"同时，他提出环境保护是经济可持续发展的基础。在创造性提出西部开发战略时，把环境保护体现在西部大开发的战略之中。这使得我们从国情出发，兼顾环境与经济，逐步缩小经济与环境的不平衡性，协调经济发展与生态的关系、协调经济发展与环境的关系、协调经济发展与资源的关系，达到经济发展与生态平衡的和谐统一、经济发展与资源永续利用的和谐统一、经济发展与社会发展的和谐统一。

江泽民在立法、执法、普法等方面完善了环保法治。他在继承前任领导集体的环境法治思想的同时又丰富和发展了环保法治，提出了很多具体可行的环保措施，使我国的环境保护工作更加规范化、制度化，有利于和谐社会的构建。

江泽民提出的环境管理主管部门要对环境保护实施统一的监督管理，不仅提高了执法效果，而且为环境保护司法工作的加强以及建立一支强有力的环境保护执法队伍提供了基础。江泽民的环境法治思想使以邓小平为首的党的第二代领导集体的环境保护法制思想具有了新的内容，对我国环保事业的

发展具有现实意义

因此,我们要坚持江泽民可持续发展的环保思想,把环保工作提升到战略高度,不断协调环境与经济的关系,把发展经济同保护自然资源、保持良好的生态环境较好地结合起来,完善环保法治,促进整个社会持续、快速、健康的发展。

第四节 胡锦涛的环保思想

胡锦涛非常重视社会发展进程中的生态环境的保护和建设,是具有强烈生态环保意识的领导人。他认识到我国随着工业化、城镇化进程的加快环境所承受的压力,在继承了历代中央领导集体环保理论的基础上,提出了一系列切实可行的生态环境理论,形成了中国特色的环境保护思想,为进一步落实科学发展观、构建和谐社会具有十分重要的现实意义。

一、胡锦涛环保思想的科学内涵

中华文化源远流长,蕴含了许多有价值的生态理念。孟子指出:"数罟不入洿池,鱼鳖不可胜食也,斧斤以时入山林,林木不可胜用也。"道家主张"道法自然",要求人们以自然为法则。胡锦涛批判地借鉴了中国传统的生态文化,以马克思主义生态观作为理论根基,弘扬前几代领导人的优秀环保思想,结合当代社会的实际,形成了与当代社会相适应、与现代文明相协调的环境保护思想,具有丰富的科学内涵。

(一)提出科学发展观的理念

发展是解决人们所面临的一切困难的基础。中国是发展中国家,中国共产党历来重视发展。但是在环境面临着巨大压力的时候,仅仅解决是否要发展的问题是远远不够的,还必须解决如何发展、发展的方式是什么的问题。如果我们一直将 GDP 作为衡量社会经济发展的标准,则会导致过速的经济发展给环境与资源带来更大的压力,从而进一步影响广大人民群众的生活质量。

党的十六届三中全会提出坚持以人为本,树立全面、协调、可持续的发展观。2004 年 3 月 10 日,胡锦涛在中央人口资源环境工作座谈会上指出:"协调发展,就是要统筹城乡发展、统筹区域发展、统筹经济社会发展、统筹人与自然和谐发展、统筹国内发展和对外开放。""可持续发展,就是要促进人与自然的和谐,实现经济发展和人口、资源、环境相协调,坚持走生产发展、生活富裕、生态良好的文明发展道路,保证一代接一代地永续发展。"阐述了科学发展观的深刻内涵和基本要求。中国共产党第十七次全国代表大会把科学发展观写入党章，成为中国共产党的指导思想之一。科学发展观强调的是全面协调可持续的发展，这必将促进我国在经济发展的同时也推动生态环境的保护以及资源的可持续利用。而加强环境保护的最终目的也正是科学发展观的核心——以人为本。胡锦涛强调在以人为本制定环境保护方针的同时坚持走群众路线，一切依靠群众，一切为了群众。他还强调把科学发展提高到战略高度，做好人口资源环境工作。胡锦涛从当今时代特征出发提出的科学发展观的先进理念，强调以人为本，全面、协调与可持续的发展思想，为促进我国社会经济与环境建设的和谐共进奠定了基础。

(二) 主张大力发展循环经济

我国一直在走高投入、高消耗、低产出的经济发展道路，如今，资源的相对短缺以及生态环境的恶化已经制约了我国经济的可持续发展。而寻找一条提高资源利用率、减少废弃物排放的经济增长方式已经迫在眉睫。

胡锦涛基于现实国情提出大力发展循环经济的思想，他在中国共产党第十七次代表大会的报告中再次提出要使"循环经济形成较大规模，可再生资源比重显著上升。主要污染物得到有效控制，生态环境质量明显改善。生态文明观念在全社会牢固树立"。发展循环经济是由我国基本国情所决定，是贯彻落实科学发展观的具体实践，是实现可持续发展的必然选择。长期以来，由于我国现实国情，人们的环保意识不强，因此，胡锦涛很重视对发展循环经济的宣传工作。他提出"要引导全社会树立节约资源的意识，以优化资源的利用提高资源产出率、降低环境污染为重点，加快推进清洁生产，大力发展循环经济，加快建设节约型社会，促进资源系统和社会系统的良性循环"；通过"大力宣传循环经济的理念"，"将发展循环经济的理念贯穿到区域经济发展，城乡建设和产品生产中"。同时，发展循环经济是需要科技技术支撑的，因此，胡锦涛特别重视发展循环经济技术。2006年1月，他在全国科学技术大会上指出："要在重点行业和重点城市建立循环经济的技术发展模式，为建设资源节约型、环境友好型社会提供科技支持。"发展我国的循环经济，认真学习和研究胡锦涛发展循环经济的思想，对于实现我国经济又好又快发展，促进人口、资源和环境协调发展，建设和谐社会具有十分重要的现实指导意义。

(三) 提出科学发展观和生态文明的理念

胡锦涛极为关注人与自然关系的协调，在坚持以马克思主义理论指导的前提下，提出了生态文明的科学概念。他指出："建设生态文明，基本形成节约能源资源和保护生态环境的产业结构、增长方式、消费方式。"

从历史上看，人类主要经历了原始文明、农业文明、工业文明这三个阶段。而生态文明不同于以上3种形态的文明，它是与时代发展潮流相适应的文明，是一种新的生存与发展理念，有着更为广泛的内涵。它致力于消除经济活动对生态环境造成的破坏，逐步形成与自然和谐的生产消费方式；它提倡人们尊重自然，保护共同生存的自然环境，以形成和谐的社会氛围；它注重协调各方的利益关系，避免资源的浪费和对生态造成的破坏。胡锦涛非常重视生态文明建设，他强调："保护自然就是保护人类，建设自然就是造福人类。要倍加爱护和保护自然，尊重自然规律。对自然界不能只讲索取不讲投入、只讲利用不讲建设。""人与自然和谐相处，就是生产发展，生活富裕，生态良好。"他还发出"让江河湖泊休养生息"的号召，提倡要科学地认识自然规律，按照自然规律办事，坚决禁止各种掠夺和破坏自然的做法。

（四）主张构建资源节约型与环境友好型社会

胡锦涛在科学发展观的指导下认识到，在社会构建上生态环境的建设有着举足轻重的地位，需要整个社会系统的共同努力。因此，胡锦涛在社会类型的构建上又进一步提出了资源节约型与环境友好型社会的先进思想。

在党的十七大报告中，胡锦涛指出："必须把建设资源节约型、环境友好型社会放在工业化、现代化发展战略的突出位置。"在《中共中央关于制定国民经济和社会发展第十一个五年规划的建议》中，也将"建设资源节约型、环境友好型社会"作为基本国策，提到前所未有的高度。环境友好型社会是对社会经济系统与生态环境系统之间的高度概括描述。其主要内容包括：有利于环境的生产和消费的方式；无污染或低污染技术、工艺和产品；对环境和人体健康无不利影响的各种开发建设活动；符合生态条件的生态布局；少污染与低损耗的产业结构；持续发展的绿色产业；人人关爱环境的社会风尚和文化氛围。环境友好型、资源节约型社会要求我们大力发展循环经济，大力进行技术改革。这是转变我国高消耗、低产出、高污染的粗放型发展方式的必然要求，是我国目前阶段协调经济发展与环境保护的重要政策目标。胡锦涛认为：坚持节约资源和保护环境的基本国策，关系人民群众切身利益和中华民族生存发展，必须把建设资源节约型、环境友好型社会放在工业化、现代化发展战略的突出位置，落实到每个单位、每个家庭。因此，我们要加大对建设资源节约型、环境友好型社会的宣传力度，将资源节约型与环境友好型社会构建的先进理念融入到骨子里，动员群众共同完成好这一伟大的系统工程。

二、胡锦涛环保思想的意义

经验表明,一个国家坚持什么样的发展观,对这个国家的发展会产生重大的影响,不同的发展观往往会产生不同的发展结果。胡锦涛提出的科学发展观理念,要求坚持在经济发展的基础上促进社会全面进步和人的全面发展,坚持在开发利用自然中实现人与自然的和谐相处,实现经济社会的可持续发展。这无疑为促进我国社会经济与环境建设的和谐奠定了基础,为建设富强、民主、文明、人与自然和谐相处的美好国家铺平了道路。

胡锦涛主张大力发展循环经济。循环经济是一种以资源的高效利用为核心,以减量化、再利用、资源化为原则,以低消耗、低排放、高效率为基本特征,符合可持续发展理念的经济增长模式,是对大量生产、大量消费、大量废弃的传统模式的根本变革。发展循环经济符合我国的基本国情,是贯彻落实科学发展观的具体实践,也是实现可持续发展的必然选择。对于顺利完成十七大提出的建设生态经济的目标,实现我国经济又好又快发展,促进人口、资源和环境协调发展,建设和谐社会都具有十分重要的现实指导意义。

胡锦涛提出生态文明的理念,将我国生态环境建设提升到了全党理论的高度,它有助于唤醒全民族的生态忧患意识,使人们持之以恒地重视生态环境保护工作,尽最大可能地节约能源资源,保护生态环境。生态文明理念是建设社会主义和谐社会理念在生态与经济发展方面的升华,是构建社会主义和谐社会不可或缺的精神力量。它不仅对中国自身发展具有重大而深远的影响,对维护全球生态安全也具有重要意义,充分体现了我党对生态建设的高度重视和对全球生态问题高度负责的精神。

胡锦涛提出的构建资源节约型、环境友好型社会,是符合可持续发展理念的、具有中国特色社会主义的发展指针,是实现全面建设小康社会目标的必然选择。它要求人们关注生产和消费活动对于自然生态环境的影响,强调人类必须将其生产和生活强度规范在生态环境的承载能力范围内,强调综合运用技术、经济、管理等多种措施对经济社会的环境影响;对全面落实科学发展观,不断提高资源环境保护能力,实现国民经济健康快速发展具有重要意义。

第四章 我国环境政策的演进

第一节 环境政策的奠基和成长时期（1972～1978年）

一、这一时期的环境形势

（一）环境形势概况

我国的环境污染问题是伴随着工业化发展而产生的，这一点与世界上所有的工业化国家并无二样。新中国成立之初，百废待兴，我国的工业化建设刚刚起步，环境污染问题并未突出显现。但是20世纪50年代以后，随着我国开展大规模的工业化建设，尤其是重工业的快速发展，环境污染问题开始日益严峻。这一时期的环境污染范围主要局限于城市地区，污染的危害程度也有限，但也发生了几起社会影响比较大的污染事件。1973年，我国连续出现比较重大的污染事故和环境问题，其中影响最大的有北京市官厅水库污染、天津市蓟运河污染和渤黄海近岸海域污染。官厅水库是北京市1 000多万人民群众赖以生存的水源，由于受到来自河北省沙城农药厂、磷肥厂，宣化钢铁公司焦化厂，宣化造纸厂、氮肥厂、农药厂的污染，官厅水库水质恶化，威胁着北京用水安全。天津市蓟运河由于受到两岸工矿企业的污染，已经不适宜农业灌溉。受蓟运河水污染的小麦地约有313公顷，其中186公顷颗粒无收。渤黄海近岸海域污染也十分严重，渤黄海海域500多千米出现大量原油漂浮在海面上，给沿海资源和沿海居民健康造成了严重损害。这些情况汇报到国务院以后，国务院认为我国的环境污染已到了非治不可的程度，连续召开各有关部门会议研究治理污染的对策，其中的一项重要措施就是要对那些污染危害严重的工厂进行限期治理、限期搬迁和转产，并且适时地召开第一次全国环境保护会议。

在这一阶段，我国建立了相应的环境管理和环境保护科研、监测机构，开展了部分区域的污染调查及治理，但环境问题依然日益严峻。1972～1976年，我国正处于"文化大革命"时期，国家的各项建设事业基本处于停滞状态，甚至出现了一定程度的倒退，国民经济已经到了崩溃的边缘，环境污染和生态破坏已达到相当严重程度。事实上，我国目前面临的许多环境问题都直接或间接地来自这个时期。这个时期的环境问题很多，主要表现在城市和自然环境两个方面。在城市建设中，冲破了规划和一切规章制度的约束，无视科学，任意布设有严重污染的工厂。在此期间建设的工厂有13万个之多，大都建在了大中型城市，由于布局的不合理和没有任何防治污染的措施，导致城市环境质量急剧恶化，特别是大气污染和水质污染达到了十分严重的程度。在自然环境方面，主要江河湖海都受到不同程度的污染，森林资源锐减，草原大面积退化，土地沙摸化急剧蔓延，水土流失日益加剧。在此期间铸成的严重环境问题，直到1982年才开始有所缓解，而自然生态破坏的恢复则需要付出更加长期的努力，有的甚至难以挽回了。

（二）这一时期的环境问题具体表现

1. 环境污染日益加剧

20世纪60年代末70年代初，我国部分地区的环境污染和生态破坏已非常严重。在环境污染方面，随着工业结构的调整，重工业成为工业发展中心，伴随着重工业规模的日益增大，到20世纪70年代中期，全国每天工业污水排放量为3 000万～4 000万吨，而且绝大部分没有经过净化处理而直接排放，导致很多河流、近海污染。这一时期影响比较大的污染事件如大连湾污染事件，因污染而导致荒废的滩涂达300多公顷，每年损失海参1万多千克、贝类10多万千克、蚬子150多万千克。海港淤塞，堤坝腐蚀损坏。

2. 工业布局不合理，城市污染严重

新中国成立后最初的工业建设主要集中于大中城市，有的建在居民区、文教区、水源地甚至建在名胜游览区。工业布局的混乱局面由部分城市的部分地区拓展到几乎所有的大中城市，使城市环境质量急剧恶化，特别是大气污染和水质污染达到了十分严重的程度。

3. 森林资源过度开发带来生态的破坏

新中国成立后，为满足国家经济建设对木材的需求，森林资源在短时期内过度开发，导致我国的森林资源总体质量下降，森林资源的生态功能逐渐衰退。表现为由于同期的集中过度采伐、乱砍滥伐和毁林开荒，导致天然林、成熟林数量不断下降，人工林和中幼龄林比重持续上升，森林总体质量呈下降趋势，生态功能衰退。20世纪50年代末到60年代初的"大跃进"，尤其是全民大炼钢铁和国家大办重工业的政策，给我国森林资源带来了严重的破坏。为了解决吃饭问题，一些地区片面强调"以粮为纲"，毁林毁草也是森林资源遭到破坏的原因。可以说，这一时期对森林资源的破坏影响深远。

4. 土壤沙漠化严重

由于承受着超载和过度放牧的压力,以及不合理的开发利用,20世纪50~70年代草原退化现象非常严重。其表现是草原稀疏低矮,优良牧草减少,草原沙漠化和盐渍化现象严重,生境条件恶化。沙漠化是我国一直面临的最为严重的环境问题之一。20世纪50~70年代,我国沙漠扩张十分迅速且呈加速态势,沙漠化土地平均每年扩展1560千米^2,20世纪80年代发展到平均每年扩展2100千米^2。沙尘暴是沙漠化加剧的警报,我国北方地区20世纪50年代共发生沙尘暴5次,60年代发展到了8次,70年代则增加到23次。

5. 水土流失现象严重

由于乱砍滥伐森林,植被受到严重破坏,导致水土流失现象严重。据统计,这一时期全国水土流失面积达到153万千米^2,约占中国土地面积的1/6。20世纪50~70年代,我国开展了大量的水土流失治理工作,但总的情况是点上有治理,面上在发展,治理赶不上破坏。全国各大流域中,黄河流域水土流失程度最为严重,举世罕见。据不完全统计,仅20世纪60~70年代,黄土高原就发生较大规模滑坡千余次,造成数千人死亡。长江流域水土流失发展态势也存在极大威胁,十分危险。据资料统计表明,长江流域1957年水土流失面积为36.38万千米^2,占流域总面积20.2%;而到了20世纪80年代末,水土流失面积占流域总面积的比例增加到31.5%。

6. 水资源破坏严重,水污染加剧

20世纪50~70年代,由于水资源的过度开发、围湖造田、填河造地和泥沙淤积等多种因素的影响,我国湖泊退化和河川断流现象日趋严重,河川断流又造成周围生态环境日益恶化。中国最大的淡水湖——洞庭湖的面积比20世纪50年代减少了30%。我国是世界上河川断流问题最为严重的国家之一,不仅西北地区河流普遍断流,连孕育了数千年中华文明的母亲河——黄河也开始出现断流现象。1972年黄河出现历史上的首次断流,其后,断流天数逐渐增加,断流河段长度也逐渐加长。到20世纪70年代末,断流年份达6年,累计断流天数达78天。水污染现象加剧。据水利部1979年对532条河流调查,受污染河流比例占到82.3%;在所调查的5万多千米河长中,86%的河长不符合饮用水和渔业用水标准,严重污染导致无任何利用价值的河流长达2400千米,占4.3%。城市地下水也受到了污染。据对全国47座主要城市调查显示,有43座城市的地下水受到不同程度的污染,占总数的91%,其中污染程度较重的有北京等10座城市,中度污染的有上海、石家庄等20座城市。同时,由于盲目超量开采破坏了采储平衡,地下水水位下

降,水源枯竭,地面下沉。

二、主要的环境政策

(一) 这一时期主要环境政策概述

我国的环境保护工作是借着人类环境会议的东风开始起步的。1973年8月,国务院召开的第一次全国环境保护会议揭开了中国环境保护事业的序幕,会议通过了我国第一个环境保护文件《关于保护和改善环境的若干规定(试行草案)》,确定了"全面规划、合理布局、综合利用、化害为利、依靠群众、大家动手、保护环境、造福人民"的环境保护工作"三十二字"方针,确定了经济发展和环境保护同时并进、协调发展的原则及"三同时"制度。为加强环境保护,我国成立了环境保护工作机构——国务院环境保护领导小组。

这段时期,我国政府比较重视"三废"问题,特别强调"三废"的治理和综合利用。为此1973年我国颁布了第一个环境标准《工业"三废"排放试行标准》,为开展"三废"治理和综合利用工作提供依据。同时,结合我国实际,在吸收国外经验的基础上,1977年4月国家计委、国家建委和国务院环境保护领导小组联合下发了《关于治理工业"三废",开展综合利用的几项规定》的通知,标志着中国以治理"三废"和综合利用为特色的污染防治进入新的阶段。这一时期进行了重点区域污染调查,制定了全国环境保护规划,实行了"三废"治理和综合利用为特色的污染防治工作,开始推行"三同时"(即污染防治设施要与生产主体工程同时设计、同时施工、同时投产)、排污收费制度(对一切排污单位和个人征收超标排污费或排污水费,其中大部分以拨款或贷款形式用于补助企业的污染防治,20%左右用于环保系统自身建设)、污染源限期治理和环境影响评价制度(一切建设项目在批准立项之前必须审查批准其环境影响报告)等管理制度。将环境保护写入宪法——国家保护环境和自然资源,防治污染和其他公害,从而为我国环境法制建设和环境保护事业开展奠定基础。

这一时期我国环境政策相关文件有:1973年出台的《国家建委关于进一步开展烟囱除尘工作的意见》《关于贯彻执行国务院有关在基本建设中节约用地的指示的通知》《防止企业中矽尘和有害物质危害的规划》和《工业"三废"排放试行标准》,1974年出台的《关于研究解决天津市蓟运河污染等问题的情况报告》《关于防止食品污染问题的报告》《环境保护规划要点和主要措施》《国务院环境保护机构及有关部门的环境保护职责范围和工作要点》,1975年出台的《关于水源保护工作和今后工作意见的报告》《关于转发全国安全生产会议纪要的通知》《关于配合有关部门做好珍贵动物资源保护工作的通知》《关于切实做好油运、防油,制止海域继续污染的紧急通知》,1976年出台的《关于编制环境保护长远规划的通知》《生活饮用水卫生标准(试行)》《关于加强环境保护工作的报告》,1977年出台的《关于治理工业"三废"开展综合利用的几项规定》《防治渤海、黄海污染会议纪要》,1979年出台的《关于加强厂矿企业防尘防毒工作的报告》《关于全国环境保护会议情况的报告》《关于加强自然环境保护工作的通知》《关于工矿企业治理"三废"污染开展综合利用产品利润提留办法的通知》等。

(二)环境政策的具体内容

1. 确定环境保护的"三十二字"方针

第一次全国环境保护会议确定的"全面规划、合理布局、综合利用、化害为利、依靠群众、大家动手、保护环境、造福人民"的环境保护方针,是我国第一个环境保护工作方针,简称"三十二字"方针。1979年颁布的《中华人民共和国环境保护法(试行)》在法律上肯定了"三十二字"方针和"谁污染、谁治理"的政策,明确要建立机构,加强管理。从此,我国环境保护事业迎来了新的曙光。"三十二字"方针是这一时期环境政策的指导思想。

2. 保护和改善环境的10项政策

在《关于保护和改善环境的若干规定》中做出了10个方面的政策规定:做好全面规划;工业要合理布局;逐步改善老城市的环境,综合利用,化害为利;加强对土壤和植物的保护;加强水系和海域的管理;植树造林、绿化祖国;认真开展环境监测工作;大力开展环境保护的科学研究工作;做好宣传教育;环境保护所必要的投资、设备、材料要安排落实。这个规定在1973~1978年起了临时环保法的作用。

3. 确立"三同时"制度

"三同时"制度是指新建、改建、扩建项目和技术改造项目,其防止污染和其他公害的设施,必须与主体工程同时设计、同时施工、同时投产的制度。"三同时"制度适用于在我国领域内的新建、改建、扩建项目(含小型建设项目)和技术改造项目,以及其他一切可能对环境造成污染和破坏的工程建设项目和自然开发项目。实行这一制度,能有效地控制基本建设中产生的新污染源。

1972年6月,国务院批转的《国家计委、国家建委关于官厅水库污染情况和解决意见的报告》中首次提出"三同时"概念。1973年,国务院批转的《关于保护和改善环境的若干规定（试行草案）》中提出"一切新建、扩建和改建的企业，防治污染项目，必须与主体工程同时设计、同时施工、同时投产"，这一规定扩大了"三同时"的适用范围。

1976年，中共中央批转的《关于加强环境保护工作的报告》中重申了这项原则。报告中指出："把好建设关，防止新污染。一切新建、扩建、改建的工矿企业，交通运输，科研单位，凡有'三废'污染危害的，都必须在建设的同时采取治理措施，做到同时设计、同时施工、同时投产。否则，不准建设，不准投产。"

1977年4月，国家计委、国家建委、财政部、国务院环境保护领导小组联合发布《关于治理工业"三废"开展综合利用的几项规定》，就"三同时"原则做出了更为具体的要求。其中规定"为防止新污染的产生，新建、改建、扩建和采取技术措施增加生产能力的挖潜改造项目，凡是排放'三废'和污染环境的，必须严格执行治理'三废'措施与主体工程同时设计、同时施工、同时投产的规定。否则，不准建设、不准投产。正在建设的项目，没有采取措施的一律要补上，所需资金由原批准部门负责安排。企业在改造、扩建和更新改造时，对于与改建、扩建和更新改造项目相联系的原有'三废'污染，应采取措施，一并解决。各级计划部门、建设部门和主管部门在制定基本建设计划和审批计划任务书、扩大初步设计时，都要切实认真地贯彻执行'三同时'的规定，凡没有包括'三废'治理设施，没有经过环境保护部门和主管部门同意的，计划部门不纳入计划，设计部门不承担设计，城建部门不予拨地，建设银行不予拨款，施工部门不给施工。对每年投产的项目执行'三同时'规定的情况，各级建设部门和环境保护部门年终要向上级提出报告，对不执行'三同时'规定，人为造成环境污染的单位，要追查责任，严肃处理。"可以看出，这个时期的"三同时"原则适用的范围又进一步扩大，而且在执行"三同时"原则时有了相应的保证措施。

1979年9月13日，《中华人民共和国环境保护法（试行）》出台。在该法的第六条中规定："……在进行新建、改建和扩建工程时，必须提出对环境影响的报告书，经环境保护部门和其他有关部门审查批准后才能进行设计；其中防止污染和其他公害的设施，必须与主体工程同时设计、同时施工、同时投产……"这是"三同时"制度第一次以法律形式得到确认。

"三同时"制度是建设项目环境管理的一项基本制度，是我国以预防为主的环保政策的重要体现。"三同时"制度要求建设项目中环境保护设施必须与主体工程同步设计、同时施工、同时投产使用。"三同时"制度的适用范围包括：新建、改建、扩建项目；技术改造项目；可能对环境造成污染和破坏的工程项目。具体内容包括如下几点：第一，建设项目的初步设计，应当按照环境保护设计规范的要求，编制环境保护篇章，并依据经批准的建设项目环境影响报告书或者环境影响报告表，在环境保护篇章中落实防治环境污染和生态破坏的措施以及环境保护设施投资概算；第二，建设项目的主体工程完工后，需要进行试生产的，其配套建设的环境保护设施必须与主体工程同时投入试运行；第三，建设项目试生产期间，建设单位应当对环境保护设施运行情况和建设项目对环境的影响进行监测；第四，建设项目竣工后，建设单位应当向审批该建设项目环境影响报告书、环境影响报告表或者环境影响登记表的环境保护行政主管部门申请该建设项目需要配套建设的环境保护设施竣工验收；第五，分期建设、分期投入生产或者使用的建设项目，其相应的环境保护设施应当分期验收；第六，环境保护行政主管部门应当自收到环境保护设施竣工验收申请之日起30日内，完成验收；第七，建设项目需要配套建设的环境保护设施经验收合格，该建设项目方可正式投入生产或者使用。

"三同时"制度是我国环境管理的一项基本制度，违反这一制度要承担相应的法律责任。如果建设项目涉及环境保护而未经环境保护部门审批擅自施工的，除责令其停止施工，补办审批手续外，还可处以罚款；如果建设项目的防治污染设施没有建成或者没有达到国家规定的要求投入生产或者使用的，由批准该建设项目环境影响报告书的环境保护行政主管部门责令停止生产或使用，并处罚款；如果建设项目的环境保护设施未经验收或验收不合格而强行投入生产或使用，要追究单位和有关人员的责任；如果未经环境保护行政主管部门同意，擅自拆除或者闲置防治污染的设施，污染物排放又超过规定排放标准的，由环境保护行政主管部门责令重新安装使用，并处以罚款。"三同时"制度是总结我国环境管理的实践经验为中国法律所确认的一项重要的控制新污染的法律制度，它和环境影响评价制度结合起来，成为贯彻"预防为主"原则完整的环境管理制度。

4. 排污收费制度

排污收费制度是我国环境管理中最早提出并普遍实行的管理制度之一。20世纪70年代初，世界经济合作与发展组织提出了"污染者负担"的理论。在其影响下，世界一些地区和国家相继实行了污染征税或收取排污费制度。如德国于1976年9月制定了一部专门的排污收税法律——《向水源排放废水征税法》，之后法国、日本、英国、荷兰、瑞典、丹麦、挪威、美国、波兰、罗马尼亚、捷克斯洛伐克、前苏联、澳大利亚、新西兰、新加坡、韩国等国家也相继开始实行排污收费，并以法律的形式将其确定下来。

20世纪70年代末期，我国根据环境保护工作发展的需要，结合中国国情，开始摸索建立排污收费制度。1978年12月31日，中共中央批转《环境保护工作汇报要点》的通知中提出："工业企业要大力节约用水，尽量采取循环用水，减少排放工业废水。实行排放污染物的收费制度，由环境保护部门会同有关部门制定具体收费办法。"实行排放污染物的收费制度的设想首次在我国的正式文件中提出。

1979年9月13日，颁布《中华人民共和国环境保护法（试行）》。该法第十八条规定："超过国家规定的标准排放污染物，要按照排放污染物的数量和浓度，根据规定收取排污费。"从而为建立我国的排污收费制度提供了法律依据。1979年9月，江苏省苏州市率先在15个企业开始进行征收排污税的试点工作，苏州市的重点污染源之一华盛造纸厂，当月支出排污费63 000元，开创了在我国缴纳排污费的先例；同年10月，云南省在螳螂川水域等地方开始试行征收排污费；同年底，安徽省在蚌埠、合肥、淮南等地开始进行征收排污费的试点工作。

5. 实行限期治理制度

限期治理制度是指对造成严重污染的企业、事业单位和在特殊保护区域内超标排污的已有设施，依法限定在一定期限内完成治理任务的制度。限期治理制度主要来源于1973年国务院批转施行《关于保护和改善环境的若干规定（试行草案）》的批文。该批文要求各级政府"对现有污染，要迅速做出治理规划，分期分批加以解决"。而1973年我国连续出现的3起严重的环境污染事件，即北京官厅水库的水质恶化、天津蓟运河污染、渤黄海近岸海域污染事件则是促成限期治理制度的客观条件。国家计委于1973年8月在《关于全国环境保护会议情况的报告》中明确提出："对污染严重的城镇、工矿企业、江河湖泊和海湾，要一个一个地提出具体措施，限期治理好。"1978年10月17日，国家计委、国家经委、国务院环境保护领导小组联合提出一批严重污染环境的重点工矿企业名单，要求其限期治理，并且正式发出文件。这批限期治理的项目主要包括冶金、石油、轻工、纺织、建材等7个部门、167个企业、227个重点项目，这是中国的第一批限期治理项目，是我国限期治理制度的第一次具体实践。限期治理制度的实施使得重点的污染源得到有效的控制，而且推动企业技术提升，可以在短期内达到良好的治污效果。1979年9月13日颁布的《中华人民共和国环境保护法（试行）》第十七条明确规定："在城镇生活居住区、水源保护区、名胜古迹、风景游览区、温泉、疗养区和自然保护区，不准建立污染环境的企业、事业单位。

已建成的，要限期治理、调整或者搬迁。"至此，限期治理制度首次以法律的形式得以正式确立。

限期治理制度作为我国环境保护的一项重要制度，见证了我国当代环境保护的整个历程。限期治理在此后制定的环境保护法律、法规中都有体现，如《中华人民共和国水污染防治法》《中华人民共和国大气污染防治法》等都规定有限期治理内容，使得限期治理制度得到逐步完善。

6. 实行环境影响评价制度

环境影响评价是指在某地区进行某项活动之前，对这一活动将会对社会环境、自然环境以及对人体健康的影响进行调查和预测，并制定出减轻这些不利影响的对策和措施，从而达到经济发展与环境相协调的目的。这一概念最早是在1964年加拿大召开的一次国际环境质量评价会议上提出的。美国于1969年制定的《国家环境政策法》首先将环境影响评价作为制度在法律中确立。1974年5月，国务院成立了国务院环境保护领导小组，在其领导协调下，对北京西郊、官厅水库、渤黄海、南京、茂名、北京东南郊、沈阳、天津、上海吴淞等区域性的环境质量进行评价；也对松花江、图们江、湘江、白洋淀等水系或水域的环境质量进行评价。这些工作是我国环境影响评价的第一次实践，为我国的环境影响评价制度的建立做了理论上、技术上的准备工作。《中华人民共和国环境保护法（试行）》规定：在扩建、改建、新建工程的时候，必须提出环境影响报告书。这标志着环境影响评价制度正式建立。此后《建设项目环境保护管理办法》《海洋环境保护法》《环境噪声污染防治条例》等众多的法律、法规都给予环境影响评价以大量的关注。环境影响评价制度的最大特点就是前瞻性，将环境保护与经济发展的问题提到了社会工作的前面。同时为工程项目的开展进行了科学的验证，有利于实现一个地区社会效益和经济效益的双赢。

7. 实行环境管理标准化

我国的环境保护标准是与环境保护事业同时起步的。1973年，全国环境保护会议筹备小组办公室组织当时的国家基本建设委员会、农林部、卫生部、燃料化学工业部、冶金工业部、轻工业部、水利电力部、中国科学院和北京市、上海市、黑龙江省、吉林省等的有关单位，共同编制了我国第一个环境保护标准——《工业"三废"排放试行标准》，并提交8月召开的第一次全国环境保护会议进行讨论。同年11月17日，该标准由国家计划委员会、国家基本建设委员会、卫生部颁布（标准编号：GBJ4—73），自1974年1月1日起实施。当时，我国还没有环境保护立法，因此该标准实际上在一段时期内起到国家环境保护法规的作用。《工业"三废"排放试行标准》

的颁布奠定了我国环境标准的基础,这一标准为我国刚刚起步的环保事业提供了管理和执法依据,在"三同时"、排污收费、污染源控制和污染防治等方面发挥了重大作用。

1979年3月,第二次全国环境保护工作会议在成都召开,决定进一步加强环境标准工作,同时国家颁布了《中华人民共和国环境保护法(试行)》,明确规定了环境标准的制(修)订、审批和实施权限,使环境标准工作有了法律依据和保证。同时开始制定大气、水质和噪声等环境质量标准及钢铁、化工、轻工等40多个国家工业污染物排放标准。这一时期国家的环境管理有了定量指标的标准,主要的环境标准文件有《工业"三废"排放试行标准》《生活饮用水卫生标准》《食品卫生标准》等。

三、保护环境的行动

(一) 概述

为了改善环境,我国采取了一系列环境保护行动,主要有召开全国环境工作会议;颁布环境保护标准,实行环境保护标准化管理;健全环境保护机构;开展环境污染状况调查行动;实施三北防护林建设工程;等等。

(二) 环境保护具体行动

1. 召开第一次全国环境保护工作会议

20世纪70年代,随着我国社会主义建设事业的推进,环境污染问题日益严重。1972年6月,联合国在瑞典首都斯德哥尔摩召开了第一次人类环境会议,我国政府派出40多人的代表团出席了此次会议。中国代表团通过会议内外的交流,开阔了视野,在回国后的总结汇报中指出了我国环境问题的严重性:中国城市和江河污染程度不比西方国家轻,而在自然生态某些方面破坏的程度甚至在西方国家之上。时任国务院总理周恩来明确表示:对环境问题再也不能放任不管了,应当把它提到国家的议事日程上来,要立即召开全国性的环境保护会议。1973年8月5~20日,国务院在北京召开了第一次全国环境保护工作会议,各省、区、市及国务院有关部门负责人,工厂的代表、科学界的代表共300多人参加。会议在讨论交流中充分认识到我国在环境污染和生态破坏方面的突出问题,如大连湾、胶州湾、广州等地海湾的污染非常严重,森林破坏、草原退化、水土流失都有所加剧,北京、上海等城市环境问题也比较集中。会议将各部门反映严重的问题集中登载在简报增刊上。

第一次全国环境保护会议取得了如下成果:一是做出了环境问题"现在就抓,为时不晚"的结论;二是将"全面规划、合理布局、综合利用、化害为利、依靠群众、大家动手、保护环境、造福人民"确定为我国第一个环境保护工作方针（简称"三十二字"方针）；三是审议通过我国第一部环境保护的政策性文件——《关于保护和改善环境的若干规定（试行草案）》。《关于保护和改善环境的若干规定（试行草案）》提出防治污染措施必须与主体工程同时设计、同时施工、同时投产的"三同时"原则，后来成为我国第一项环境管理制度。第一次全国环境保护会议揭开了我国环境保护事业的序幕，这次会议及其前后一系列工作，为我国环境保护事业奠定了坚实基础。应该说，我国的环境保护事业是这一时期开始起步的。

2. 颁布环境保护标准文件

1973年11月，我国颁布了第一个环境标准——《工业"三废"排放试行标准》，为开展"三废"治理和综合利用工作提供了依据。该标准内容包含了废水排放的若干规定等，主要体现了当时我国环境保护的主要目标是对工业污染源的控制，主要控制的污染物是重金属、酚、氰等19项水污染物。该标准在我国环境保护初期，对控制工业污染源的重金属污染和酚氯污染起了重要作用。污染物排放标准是国家环境保护法律体系的重要组成部分，也是执行环保法律、法规的重要技术依据，在环境保护执法和管理工作中发挥着不可替代的重要作用。自1973年全国第一次环境保护会议发布第一个环境保护法规标准《工业"三废"排放试行标准》GBJ 4—73以来，环境保护行政主管部门已经发布了一系列的水环境污染物排放标准，从而形成了我国比较完整的水环境污染物排放标准体系。这一时期我国开始治理污染源，并开始进行区域性综合治理的试点工作。如对北京市地面水源官厅水库进行跨行政区划的水体污染源的监测和水体质量的评价，成立了官厅水系水源保护办公室，对官厅水系的污染源进行了全面的控制和管理。

3. 建立健全环境保护机构

1974年4月，国务院成立了国务院环境保护领导小组，建立了一个全国性的环境保护工作机构，当时叫"国务院环境保护领导小组办公室"；同年11月，重庆市成立了市环保局，这也是我国出现的第一个环保局，当时各省甚至连环保办都没有。时任重庆市环保局局长的曾宇石说："当时我们还是'挂靠'在市科技局，七八个工作人员也都是从各个局和企业'借'来的。"

4. 开展环境污染状况调查行动

1973年，我国开展了一系列的环境污染状况调查研究，如1973年北京西郊环境质量评价研究，1974年天津蓟运河污染调查，1976年湖北鸭儿湖污染情况调查，1977年渤海、黄海污染防治调查研究等。其中影响较大的是北京官厅水库污染调查。1972年3月，北京发生了一次水污染事件。在北京市场出售的鲜鱼有异味，吃了这些鱼的人，感到全身无力，出现头痛、胃痛、恶心、呕吐等中毒症状。卫生部门把这个情况向国务院作了报告。周恩来看了这份报告之后非常重视，立即指示要查清事件的原因、污染源，并商讨应对措施。国家计委、国家建委立即组成调查组，调查的结果是官厅水库的鱼受到了污染。污染源除来自宣化地区外，还有来自张家口、大同等地区的污水。调查组在当年6月向国务院提交了一份报告。仅过4天，周恩来就做出批示，要求立即组织一个领导小组，下设办公室，开展对官厅水库的治理。随后，由北京、河北、山西和中央有关部委组成了一个领导小组，万里任组长。官厅水库水源保护领导小组在做了详细、大量实地调查后，写出《关于桑干河水系污染情况的调查报告》。9月5日，国务院批转了这份报告，并做出批示，要求各有关部门和地区必须严肃对待此事，积极行动起来，根治桑干河的污染，一抓到底，不要半途而废。经过3年的努力，到1975年官厅水库水质已经好转。1976年以后，水库水质基本接近饮用水标准。新中国历史上由国家进行的第一项污染治理工程，取得了圆满成功，为以后的环境治理提供了重要的经验。

5. 实施"三北"防护林建设工程

1978年，党中央、国务院针对"三北"地区日益恶化的生态环境，以加快经济建设步伐和促进社会进步的总体目标为出发点，决定上马"三北"防护林体系建设工程。1978年11月25日，国务院批转国家林业总局《关于在"三北"（东北、华北、西北）风沙危害、水土流失的重点地区建设大型防护林的规划》，规划提出，从1978~1985年在此地区建设533万公顷的防护林。8年规划实现以后，加上原有的造林保存面积，使"三北"防护林达到800万公顷。建设"三北"工程，是我国政府在环境与发展问题上做出的一项重大战略决策。建设"三北"工程是改善生态环境、减少自然灾害、稳定并拓宽生存空间的战略需要；是实现民族团结、巩固国防、实现各民族共同繁荣的战略需要；是促进区域经济发展、加快农民脱贫致富、实现经济社会可持续发展的战略需要。"三北"地区恶劣的生态环境严重地制约了区域社会经济发展，影响了农民脱贫致富。建设"三北"工程不仅对促进当地的经济社会发展、早日实现农民脱贫致富具有非常重要的现实意义，而且对于改善"三北"地区生态环境、促进我国国民经济社会可持续发展具有重要的战略意义。

四、环境政策评价

20世纪70年代初是我国环境保护工作的起步阶段，但由于当时混乱无序和对环境保护工作认识不足，成效不大，环境污染仍在不断加重。这一阶段的环保政策没能从整体上认识环境问题，主要是就事论事，重点关注的是某个地方、某个工厂"三废"如何污染环境，如何治理或综合利用。如20世纪70年代初大连湾滩涂养殖业遭污染、官厅水库的鱼有异味等，都是针对一件件具体事情的调查和处理，头痛医头、脚痛医脚，并没有与全国的环境状况整体联系。甚至原全国人大环资委主任委员曲格平也认为环境问题是一个技术工程问题，对于工业污染，只要采用适当技术和工艺就可以解决；对于自然生态方面的环境问题，只要实施生态技术和适当的工程也可以防治。可以看出，当时我国对环境污染问题的认识是有限的。

把环境保护与经济社会联系起来，是从1972年联合国斯德哥尔摩人类环境会议后开始的。我国派出人数众多的代表团出席人类环境会议，人类环境会议的召开使我国开始对环境问题有了新的认识。在1973年召开的中国环境保护第一次会议上，出台了"全面规划、合理布局、综合利用、化害为利、依靠群众、大家动手、保护环境、造福人民"的"三十二字"方针，把经济发展、全面规划、综合利用、依靠群众和保护环境的目的都包括进去，体现出当时对环境保护事业的认识。这个方针在社会上还是得到了一定的好评，并对环保事业开展起到了指导作用。现在人们很少再提到这个方针了。到20世纪70年代末，人们开始意识到环境保护工作特别是对现有污染源的治理不能仅局限于对工业污染的防治，而应从更高的高度和更大的范围去认识。这时起开始把环境保护和经济社会发展联系起来，开始认识到环境污染是社会生产力发展到一定阶段的产物，它是和经济社会的发展紧密联系在一起的。因此，必须妥善处理好经济发展和环境保护的关系，在经济发展中搞好环境保护。

（一）取得的成绩

（1）我国在环境政策方面取得了很大的成就。这一阶段的环境政策，以《关于保护和改善环境的若干规定（试行草案）》为代表，提出了比较全面的环境保护任务，形成了环境保护工作的方针、基本原则和制度，为以后环境政策体系的发展打下了基础。

（2）提出环境保护工作的"三十二字"方针，把经济发展、全面规划、综合利用、依靠群众和保护环境的目的都包含进去，充分体现了对环境保护事业的重视。"三十二字"方针在社会上得到了一定的好评，并对环保事业开展起到指导作用。

(3) 环境保护问题入宪。1978年第五届全国人民代表大会第一次会议通过的《中华人民共和国宪法》对环境保护做了明确规定:"国家保护环境和自然资源,防治污染和其他公害。"这是新中国第一次在宪法中明确规定环境保护,为我国开展环境保护工作提供了宪法基础。

(二) 存在的问题

环境政策规定虽然不完善,但都是必要和正确的。但是,在"文化大革命"时期这些政策是无法认真执行的。政策本身也有不足,如有些规定虽有号召力,但缺乏约束力;有些规定过严,又难以实行。此外,环境管理机构不健全,监督管理也软弱无力。

(1) 我国环境政策进入了以防治工业污染为中心的发展时期,但对于防治其他污染和环境破坏关注不够。污染防治的重点完全放在治理工业污染方面,还没有认识到其他方面同样会带来环境的污染与破坏。

(2) 政策手段方面,以行政干预为主,对于运用经济手段、法律手段来推行环境政策力度不够。政府居于主导地位,没能重视社会力量。从环境政策的整个实施过程来看,作为行动者的政府无疑处于直接管理的阶段。而此时的社会却几乎没有有效地参与,因为虽然环境教育带给了人们观念上的很大转变,有效的社会团体也得以建立,但是就整个环境行为的实施过程来看,社会力量的参与是不够的。经历了思想解放的人们把更多的精力用在了发展生产力、进行经济建设中。在环境政策所提供的这个领域中,还很难看到社会力量意志的主动参与。这也是计划经济体制下,政府在环境行为方面所采取的主要措施。而环境政策在这一时期主要体现在环境立法方面。环境立法的形成体现了政府在我国环境政策的发展过程中所处的主导地位,这也就成为政府直控型的环境政策的起点。

(3) 在环境政策文件中综合利用的思想很突出,但生态观点不强,很少采用生态平衡、生态系统良性循环等生态学的科学概念。从表现形式看,这个阶段的环境政策文件级别较低,大多是行政法规、纪要和批文,政策条款比较粗糙,原则性的方针、任务、原则、道理较多,切实可行的办法和措施较少,如"三十二字"方针过于宽泛,不够概括和集中。许多政策没有法律规范化;有关政策手段及加强环境法制建设方面的政策则特别欠缺。

(4) 部分环境政策打上了"左"倾错误的烙印。有的环境政策文件带有说假话、空话、大话、套话,不真实、不切实、不求实,生搬硬套政治口号等不良习气。总之,这个阶段的环境政策是国内外环境问题日益严重的局势与"文化大革命"的特定社会环境复合作用的产物,虽然在联合国人类环境会议所确定的环境保护对策的影响推动下，我国的环境政策进入了以防治污染为标志、与现代世界环境保护紧密相连的新时期，但总的看来，这个阶段的环境政策仍然处于探索、试验的阶段。

第二节 环境政策的发展和壮大时期（1980~1989年）

一、这一时期的环境形势

（一）环境形势概况

20世纪80年代，随着改革开放以来经济的高速发展，我国的环境污染渐呈加剧之势，特别是乡镇企业的异军突起，使环境污染由城市向农村蔓延，生态破坏的范围也在扩大。环境问题与人口问题一样，成为我国经济和社会发展的两大难题。

1979~1988年的10年中，我国开始了现代化建设，国民经济得到恢复和发展。在此期间，保护环境被确定为我国的一项基本国策。国家的各项建设从规划、计划到生产建设管理等各个环节，都采取了一些防治环境污染和生态破坏的措施，取得了明显成效。特别是1984~1987年的4年间，无论是环境建设还是环境管理，都有了重大进展。据不完全统计，1981年和1982年共安排治理工业污染项目5.6万个，其中67%已竣工投入使用；到1982年年底，已建成城市污水处理厂36个，日处理污水能力70万吨，改造锅炉4.5万台，占总数的48.1%；1980~1982年城市新增绿化面积3.85万公顷，占城市总建成面积的15.5%；到1982年年底，全国治理水土流失面积达41万公顷，其中黄河流域已治理了7万多千米，全国7.24万千米^{2}盐碱耕地治理面积已达4.26万千米^2。

这一时期我国环境保护事业发生重大转折，进入新的发展时期。环境保护事业在国家经济社会发展总体战略的正确指导下，认真地总结了环境污染与生态破坏的沉痛教训，吸收和借鉴了世界各国的有益经验，大力进行环境保护宣传与教育，全民族的环境意识有了明显的提高。国家的环境保护战略思想逐步成熟，环境保护的方针政策基本形成，开始走出一条适合我国国情的环境保护发展道路，污染防治和自然保护工作都取得了可喜的成就。城市环境综合整治效果明显，重点城市的环境状况有了部分改善。1979年以来，国家先后确定北京、天津、上海、苏州、桂林等21个环境保护重点城市，到1986年增加到51个。1985年，全国大中城市安排治理河流、湖泊99处，有10个城市兴建了10个污水处理厂，有90多个大中城市建立了148个烟尘控制区。截至1985年，全国已有城市污水处理厂41个，总日处理能力为120万米^3，其中二级处理厂16个。另外，在城市环境卫生、绿化、美化市容、讲究城市建筑艺术等方面也取得了一些成效，使城市的环境面貌有了较大的改观。工业方面，我国确定了走内涵扩大再生产的政策，把建设的重点逐步转到对现有企业的技术改造和扩建、升级，大大降低了能源和物资消耗，同时也降低了污染物的排放量，既促进了工业发展，又减少了环境污染。加强企业管理，减少了跑、冒、滴、漏，减轻了污染物对环境的压力。1979年，国家下达的167项重点污染源限期治理项目和各省、自治区、直辖市下达的限期治理项目，到1985年已基本完成。1980～1984年，全国共安排12万个治理项目，到1985年年底竣工投入使用的有近9万项。1985年，全国工业废水处理率达到22%，合格排放率达38%，工业废渣综合利用率达23%，"三废"综合利用产品的产值达28.2亿元，利润达6.5亿元。全国有1 100多家环境保护工业企业，2 000多种产品，年产值达15亿元。农业方面，在抓粮食生产的同时坚持多种经营方式，改变了过去那种"以粮为纲"的片面做法，因地制宜地按照自然规律安排农业生产，促进了农、林、牧、副、渔业的全面发展，农业生态环境正在向着良性循环的方向转化。林业方面，党中央、国务院发出了"绿化祖国"的号召，全国开展了大规模的植树造林活动，绿化有了突破性的进展。

虽然对于环境污染和生态破坏采取了一些控制手段，取得了一些成绩。但是从实践中看我国的环境污染和生态破坏并没有得到有效控制，在一些污染重灾区环境问题非但没能得到解决，反而有愈演愈烈之势。环境污染与生态破坏日益加重，自然资源过度开发，破坏巨大。而且随着改革开放的进行，出现了新形式的环境问题，如乡镇企业的污染与破坏、森林资源的破坏、珍稀动植物和农业生态环境的破坏。

（二）具体的环境问题

（1）生物多样性下降。由于滥采、滥捕现象屡禁不止，森林过度采伐、湿地开垦、草原退化等因素所导致的生物栖息地的环境破坏，生物种类和数量下降均十分严重，其中最主要原因是对生物栖息地的环境破坏。1984年，第一批被列入国家濒危植物名录的植物就达到354种，1988年因濒危和濒于灭绝被列为国家重点保护动物的物种和种群达258种。我国的水污染、大气污染和生态破坏都非常严重。人口负担过重，人口增长过快，给环境带来沉重压力。水资源匮乏，我国有超过20%的城市供水发生困难。

（2）土地沙漠化严重。截至20世纪80年代末，我国沙漠化面积已达149万千米^2，占国土面积的15.5%；水土流失现象严重，我国水土流失面积已达 155 万千米^2，约占国土总面积的 1/6；流失范围遍及 1 000 个县，全国有 1/3 的耕地受水土流失的危害；每年表土流失量为 50 亿吨，被冲走的氮、磷、钾约 1 亿吨，相当于我国 1989 年化肥总产量的 6 倍，注入海域泥沙量约 20 亿吨。森林覆盖率低，我国森林面积为 1.2 亿公顷，覆盖率为 12.98%，远低于 31.3% 的世界平均水平，且每年在以 150 万公顷的速度消失。草地退化严重，我国现有可利用草地 2.2 亿公顷，已退化面积约 7 亿公顷，而且每年在以 33.3 多万公顷的退化速度扩大。

（3）大气污染严重。大气的主要污染物是可悬浮颗粒物和二氧化硫，据 1983 年曲格平在平顶山发表的讲话显示，北方城市可悬浮颗粒物平均浓度为每立方米 930 微克，普遍超标；南方城市可悬浮颗粒物平均浓度为每立方米 410 微克，大部分超标。由二氧化硫形成的酸雨几乎具有毁灭一切的威力，可使土壤酸化、贫化，严重者成为不毛之地，还可抑制植物和鱼类生长甚至导致大批死亡。据 1982 年中国酸雨普查显示，2 400 多个雨水样品中属酸雨的占 44.5%，苏州、广州、南昌、贵阳、重庆等城市雨水的 pH 值甚至已经低于 4，酸雨污染已经相当严重。

（4）固体废弃物、噪声污染。随着工业化和城镇化建设步伐的加快，工业和生活垃圾日渐增多，由于疏于基础设施建设，管理工作相对滞后，污染日趋严重，出现了垃圾围城、废物占地等现象。另外，许多大城市市区噪声强度都在 80 分贝以上，有些地区和街道夜间噪声强度高达 70 分贝，而工厂车间及其附近地区噪声强度则更高，严重影响了人民的生活。

二、重要的环境政策

（一）这一时期主要环境政策综述

十一届三中全会以后，党和国家对环境保护工作给予了高度重视，明确提出保护环境是社会主义现代化建设的重要组成部分。1979 年 9 月，五届人大十一次常委会通过新中国的第一部环境保护基本法——《中华人民共和国环境保护法（试行）》，我国的环境保护工作开始走上法制化轨道。1983 年 12 月，国务院召开第二次全国环境保护会议，明确提出：保护环境是我国一项基本国策；制定了我国环境保护事业的战略方针：经济建设、城乡建设、环境建设同步规划、同步实施、同步发展，实现经济效益、环境效益、社会效益的统一，实行"预防为主，防治结合"、"谁污染、谁治理"和"强化环境管理"三大政策。这次会议在我国环境保护发展史上具有重大意义，标志着中国环境保护工作进入科学发展阶段。以后又陆续颁布了《水污染防治法》《大气污染防治法》及《防治煤烟型污染技术的政策规定》

《防治水污染技术的政策规定》等法律、法规。

1989年4月,国务院召开第三次环境保护会议,提出积极推行深化环境管理的环境保护目标责任制、城市环境综合整治定量考核制、排放污染物许可证制、污染集中控制和限期治理5项新制度和措施,连同继续实施的环境影响评价、"三同时"、排污收费三项老制度,使中国环境管理走上科学化、制度化的轨道。

这一时期的主要环境政策有:预防为主,防治结合;污染者负担;强化环境管理。与之配套的是比较详细的工业建设布局环境政策、能源环境政策、水域环境政策、自然环境保护政策等。此阶段我国的环境政策建设主要致力于:建立环境标准法规、加强环境检测和统计、"三同时"政策、排污收费、环境影响评价、环境保护目标责任制、企业环保考核、城市环境综合整治定量考核、排污许可证制度、污染集中控制、污染源限期治理等。20世纪80年代,我国环境政策制度建设的总原则就是"谁污染,谁治理"。这一时期,环境保护的"三大政策"逐步形成,标志着中国的环境政策开始走向成熟。老三项制度的执行率逐年提高,大中型项目的环境影响报告书制度的执行率近100%,"三同时"执行率也达96%。

这一时期的环境政策文件有:1981年的《关于保护保护森林发展林业若干问题的决定》《1981年环保决定》《基本建设项目环境保护管理办法》,1982年的《村镇规划原则(试行)》《村镇建房用地管理条例》《征收排污费暂行办法》《农药登记规定》《农药安全使用规定》《国务院关于发展煤炭洗选加工合理利用资源的指令》,1983年的《关于严格保护稀有野生动物的通令》《关于贯彻〈关于"六五"期间防治工业污染的具体要求〉的通知》,1984年的《关于深入扎实地开展绿化祖国运动的指示》《1984年环保决定》《关于环境保护资金渠道的规定的通知》《关于加强防尘防毒工作的决定》《国务院关于加强乡镇、街道企业环境管理的决定》《关于防治煤烟型污染技术政策的规定》,1985年的《关于开展企业环境保护考核制度试点工作的通知》《关于发展生态农业加强农业生态环境保护工作的意见》《国家经委关于开展资源综合利用若干问题的暂行规定》,1986年的《环境保护技术政策要点》《关于防治水污染技术政策的规定》等。

(二)主要环境政策的具体内容

1. 将环境保护定位为我国的一项基本国策

1983年12月31日,国务院在北京召开第二次全国环境保护会议。时任国务院副总理李鹏在开幕式上作了主题为《环境保护是我国的一项基本国策》的重要讲话,讲话中明确指出"保护环境是中国现代化建设中的一项战略任务,是一项重大国策"。李鹏副总理的讲话代表国务院宣布:保护好环境是我国的一项基本国策。所谓国策,就是立国之策、治国之策。环境问题是当今世界,特别是经济发达国家所面临的重大问题之一,也是中国面临的重大问题之一。这是根据我国的具体国情,把环境保护列为对国家经济建设、社会发展和人民生活具有全局性、长期性影响的一个重大问题,从而确定了环境保护在我国经济社会发展中的战略地位。这次会议大大推动了全国的环境保护工作,对我国的环境保护事业产生了深远影响。把环境保护作为基本国策是由我国的国情所决定的。这是因为防治环境污染、维护生态平衡是保证农业发展的基本前提;制止环境进一步恶化、改善环境质量是促进经济持续发展的重要条件;创造适宜、健全的生活环境和自然环境是四化建设的重要目标;环境保护是社会主义建设基本方针和社会主义制度优越性的具体体现。

环境问题,既是经济问题,又是社会问题。经济的增长,社会的发展,不仅依赖于科学技术的进步,还取决于环境资源的支撑能力。在发展经济过程中,如果没有强有力的保护环境的政策和措施,就会导致环境的进一步恶化和资源的枯竭,甚至破坏经济的发展。实践证明,保护环境就是保护生产力,良好的生活环境和生态环境是社会经济发展的基础。保护环境直接关系到国家的强弱、民族的兴衰、社会的稳定,关系到全局战略和长远发展。我国是发展中国家。我国的国情是人口众多,对环境造成了极大地冲击,人均资源占有量很低。产业结构不合理,能源、资源利用率低,能源、资源的大量消耗还造成了严重的环境污染和生态破坏。这些日益加剧的矛盾,已在一定程度上制约了经济发展。因此,早在1983年召开的第二次全国环境保护会议上国务院副总理李鹏代表国务院宣布:"保护环境是我国现代化建设中的一项战略任务,是一项基本国策。"江泽民总书记又在党的十四大报告中把环境保护列为20世纪90年代改革和建设的十大任务之一。1990年2月17日,国务院总理李鹏在北京人民大会堂会见出席中国环境问题国际研讨会的80多位中外专家和列席代表时指出,中国政府为管理自己的国家,制定了很多政策,但是作为基本国策只有两项:控制人口和保护环境,进一步强调了环境保护为我国的一项基本国策。

环境保护被确立为我国的一项基本国策,是由环境保护在我国经济社会发展中的地位、作用以及我国环境资源的状况决定的。

第一,环境保护是解决我国环境问题的基本途径,是实施可持续发展战略的关键,是保障经济社会可持续发展的基本前提。环境问题是当今世界,特别是经济发达国家所面临的重大问题之一，也是我国面临的重大问题之一；但对于这个问题，我国长期以来认识不够。

第二，防治环境污染，维护生态平衡，是保证农业发展的基本前提。中国人均生物资源不丰富这一现实，决定了我国必须十分重视环境保护工作。把有限的资源充分地、合理地使用起来，使之永续利用，不断增殖。以保证人民的食物供应，并促使国民经济稳定而持续地发展。

第三，环境保护是自然生态和社会经济发展的客观规律要求。制止环境进一步恶化，不断改善环境质量，是促进经济持续发展的重要条件。由于我国的资源、能源，特别是有限的生物资源遭到比较严重的污染与破坏，成为我国经济发展特别是农业经济发展的一大障碍。因此，必须采取环境保护措施，制止环境质量的继续恶化，不断改善环境质量，为国民经济顺利发展扫清道路。

第四，环境保护是我国现代化建设的必然要求，是关系到民族发展的重要问题。我国是社会主义国家，发展生产的目的是为了造福于人民。创造和建设一个适宜的、健全的生活环境和自然环境是四个现代化建设的重要目标。正确处理经济建设与环境保护关系，将直接影响这一目标的早日实现。

第五，远近结合，统筹兼顾，既要看到今天，又要想到后代，是社会主义建设的基本方针。如果现在不注意、不抓紧环境保护工作，那么到20世纪末，我国环境污染和生态破坏的状况也会像今天的人口问题一样，成为难以解决的问题。

2. 谁污染谁治理政策

谁污染谁治理是根据联合国经济合作与发展组织的"污染者负担"原则提出来的。当时提出这一政策，主要是为了明确环境责任和解决环保资金问题。1979年9月，《中华人民共和国环境保护法（试行）》将"谁污染谁治理"的思想上升为法律制度，成为后续环境政策责任制的指导思想。"谁污染谁治理"是中国污染防治政策的核心，它确立了污染者承担治理污染责任并缴纳排污费的制度；"谁开发谁保护"、"谁破坏谁恢复"是我国资源保护、自然保护政策的核心，它确立了自然资源开发利用者承担自然保护责任、对环境破坏进行整治的制度；"谁主管谁负责"、"谁承包谁负责"是我国环境管理制度的核心，它确立了省长、市长、县长、镇长等行政首长对所辖区域环境质量负责的环境保护目标责任制度，确立了厂长、经理和承包者对其主管、承包的生产经营活动所产生的环境后果负责的制度。

3. 发布《国务院关于在国民经济调整时期加强环境保护工作的决定》

1981年2月，国务院发布了《国务院关于在国民经济调整时期加强环境保护工作的决定》，该决定是这一阶段环境保护的政策依据。环境和自然资源，是人民赖以生存的基本条件，是发展生产、繁荣经济的物质源泉。管理好我国的环境，合理地开发和利用自然资源，是现代化建设的一项基本任务。长期以来，由于对环境问题缺乏认识以及经济工作中的失误，造成了生产建设和环境保护之间的比例失调。当前，我国环境的污染和自然资源、生态平衡的破坏已相当严重，影响人民生活，妨碍生产建设，成为国民经济发展中的一个突出问题。必须充分认识到，保护环境是全国人民的根本利益所在。在国民经济调整时期，要根据中央关于在经济上实行进一步的调整、在政治上实现进一步的安定的重大方针，结合经济调整的各项政策措施，认真贯彻执行《中华人民共和国环境保护法（试行）》，以积极的态度，千方百计把这项工作抓紧抓好。具体要求如下：

（1）严格防止新污染的发展。在压缩基本建设规模的过程中，基本建设和环境保护部门要认真审查在建的工程项目。属于布局不合理，资源、能源浪费大的，对环境污染严重、又无有效的治理措施的项目，应坚决停止建设。

新建、改建、扩建的基本建设项目，都要严格执行《中华人民共和国环境保护法（试行）》关于"防止污染和其他公害的设施，必须与主体工程同时设计、同时施工、同时投产"的规定。新安排的大、中型建设项目，必须在建设前期提出环境影响报告书，经环境保护部门审查同意后才能定址建设，否则不得列入计划，不予拨款或贷款。凡列入国家计划的建设项目，环境保护设施的投资、设备、材料和施工力量必须给予保证，不准留缺口。环境保护设施没有建成的竣工项目，不予验收，不准投产；强行投产的，要追究责任。对挖潜、革新、改造项目，各级经委要按照"三同时"的规定，加强管理。

小型企业和社队、街道、农工商联合企业的建设，也必须合理布局，严格执行"三同时"的规定。企业主管部门和工商行政管理部门要认真把关，环境保护部门要监督检查。

（2）抓紧解决突出的污染问题。各城市和工业集中的地区，要对环境污染源进行调查分析，按照轻重缓急，有计划、有步骤地进行治理。当前要重点解决一些位于生活居住区、水源保护区、风景游览区的工厂企业的严重污染问题。一些生产工艺落后、污染危害大又不好治理的工厂企业，要根据实际情况有计划地关停并转。

为了减轻城市大气污染，要采取既节约能源、又保护环境的技术经济政策。在城市规划和建设中，要积极推广集中供热和联片供热，有计划地发展煤气，合理使用石油液化气。特别是新建的工业区、住宅区和卫星城镇，今后不要再搞那种一个单位一个锅炉房的分散落后的供热方式。要继续狠抓消烟除尘、锅炉改造工作。从现在起，出厂的锅炉在1蒸吨以上的，必须采用机械燃烧，配除尘器；1蒸吨以下的，也要采取有效的消烟除尘措施，否则不许出厂。

工厂企业及其主管部门，必须按照"谁污染谁治理"的原则，切实负起治理污染的责任。在整顿企业中，要建立环境保护的责任制度和奖惩制度。在以节能为中心的技术改造中，要把消除污染、改善环境作为重要目标。改革工艺，更新设备，要同时解决污染问题。现有的防治污染设施，必须保持正常运转，发挥效益。要打破行业界限，或采取联合经营的方式，积极开展工业"三废"的综合利用，做到环境效果、经济效果、节能效果的统一。

要利用经济杠杆，促进企业治理污染。对超过国家标准排放污染物的单位要征收排污费；对"三废"综合利用的产品，要采取奖励的政策，按照有关规定，实行减、免税和留用利润；对进行"以税代利、独立核算、自负盈亏"试点的企业的环境保护设施，要给予减、免固定资产占用费的照顾。

（3）制止对自然环境的破坏。开发利用自然资源，一定要按照自然界的客观规律办事。各级环境保护部门要会同农业、林业、水利、水产、交通、海洋、地质、城市园林等部门，加强对自然环境的规划和管理。特别要制止住对水土资源和森林资源的破坏。

江河湖泊和地下水的开发利用，都要注意维护生态平衡。尤其是大型水利工程和用水工程项目，应经过环境保护部门审查其对环境的影响后，方能建设。禁止盲目围湖、填河和过量开采地下水等破坏水资源的行为。对违反者要追究责任。

要做好自然保护区的区划工作，建立和扩大各种类型的自然保护区，使我国有代表性的自然生态系统、珍贵野生动物植物原产地、重要的自然史迹地和风景名胜地等自然环境得到妥善保护。各地区、各部门要加强对所属自然保护区的建设和管理。

（4）搞好北京和杭州、苏州、桂林的环境保护。北京是我国的首都，环境保护工作要走在全国的前面。北京市人民政府要认真贯彻中央书记处对首都建设的4条建议，搞好城市建设和环境整治规划，要组织发动群众，落实各项措施，努力在三五年内使北京市的环境面貌有明显的改善。

杭州、苏州和桂林是我国著名的风景游览城市，一定要很好保护。有关省（区）、市人民政府要把保护好这三个风景区作为一项重要工作，按照风景游览城市的性质和特点，做出规划，严加管理。要采取有效措施，防止污染，制止破坏自然景观，逐步恢复已被破坏的风景点。

国务院环境保护领导小组要会同国家计委、国家经委、国家建委、国家城建总局和旅游总局等部门，帮助和督促这4个城市特别是北京市制定规划，积极实施，切实做出成绩。各省、市、自治区人民政府，也都要重点抓好一两个城市的环境保护工作，改善城市环境质量。

（5）加强国家对环境保护的计划指导。保护环境和自然资源是一项重要的国民经济工作，各地区、各部门必须加强计划指导。要搞好自然资源的综合评价、综合开发，因地制宜，合理地配置生产力。我国是一个有8亿农民的国家，做好农业自然资源调查和农业区划工作至关重要，必须严格遵循自然规律，充分利用调查和区划的成果，进行农业调整，促进生态系统的良性循环。同时，在四个现代化的建设过程中，对工业布局、城镇分布、人口配置等问题进行统筹规划，创造适宜人们生活和工作的良好环境。环境保护部门和经济研究部门要组织开展环境经济学和国土经济学的研究。有条件的地区要加强对本地区国土资源的综合考察，为制定我国国土整治、开发、利用的规划和加强管理工作创造条件。

各级人民政府在制定国民经济和社会发展计划、规划时，必须把保护环境和自然资源作为综合平衡的重要内容，把环境保护的目标、要求和措施，切实纳入计划和规划，加强计划管理。工交、农林、科研、卫生等企事业单位及其主管部门，都要制定具体的环境保护目标和指标，在年度计划中做出安排。

为了掌握环境状况，给制定环境保护方针、政策、计划和加强环境管理提供科学依据，各级环境保护部门和统计部门要做好环境统计工作，逐步实行统计监督。

（6）加强环境监测、科研和人才培养。环境监测是开展环境管理和科研工作的基础。环境保护部门要抓紧各级环境监测站的建设，争取尽快把全国环境监测总站和64个省级、重点城市的环境监测站装备起来，具备工作能力。同时，由环境保护部门牵头，把各有关部门的监测力量组织起来，密切配合，形成全国环境监测网络。要把各地区的环境状况逐步调查清楚，并在一部分地区和城市试行环境监测报告制度，定期提出环境质量报告书。

环境科学是一个新兴的综合性的重要科学领域，因而要支持环境保护科研、教育。要组织自然科学和社会科学的研究力量，分工合作，开展环境基础理论和技术经济政策的研究。同时，要针对当前突出的环境问题，研究防治技术，总结推广投资小、效果好的技术成果。各级科委要加强领导，在经费和设备上给予支持。各省、市、自治区要对环境保护研究机构进行整顿和调整，集中力量把现有的、条件较好的省级研究机构建设好，形成各自的专业特色。环境保护部门为建设监测系统、科研院所和学校以及环境保护示范工程所需要的基本建设投资，按计划管理体制，分别纳入中央和地方的投资计划。这方面的投资数额应逐年有所增加。各级环境保护部门需要的科技三项费用和环境保护事业费，要根据需要与可能，适当予以增加。

环境保护是一项新的事业，需要大量具有专业知识的人才。要把培养环境保护人才纳入国家教育规划中。中、小学要普及环境科学知识。大学和中等专业学校的理、工、农、医、经济、法律等专业，要设置环境保护课程。有条件的院校，应设置环境保护专业。各地区、各部门在培训干部时，要把环境保护教育作为一项内容。各级环境保护部门要积极培训在职人员，努力提高他们的业务技术水平。要加强宣传环境保护法和环境科学知识，营造"保护环境，人人有责"的良好社会风尚。

（7）加强对环境保护工作的领导。国务院环境保护领导小组及其办公室，要按照环境保护法所规定的职责，通过制定政策、执行法律法令条例进行计划指导和必要的行政干预，加强对全国的环境和自然资源的综合管理，指导国务院所属各部门和各省、市、自治区的环境保护工作。要认真总结贯彻《中华人民共和国环境保护法（试行）》的经验，抓紧制定各项具体的环境管理法规，做到有法可依。国务院各部门要加强对本系统环境保护工作的领导。各级人民政府要把环境保护工作作为自己的一项重要职责并切实抓好。要定期讨论和检查环境保护工作，解决实际问题，切实对本地区的环境和自然资源进行有效的管理和保护。

4. 重视环境保护机构建设

国务院成立国务院环境保护委员会，其任务是：研究审定有关环境保护的方针、政策，提出规划要求，领导和组织、协调全国的环境保护工作。国家计委、国家经委、国家科委负责做好国民经济、社会发展计划和生产建设、科学技术发展中的环境保护综合平衡工作；工交、农林水利、海洋、卫生、外贸、旅游等有关部门以及军队，要负责做好本系统的污染防治和生态保护工作。工业比重大、环境污染和生态环境破坏严重的省、市、县，设立一级局建制的环境保护管理机构。区、镇、乡人民政府也应有专职或兼职干部做环境保护工作。大中型企业和有关事业单位，也应根据需要设置环境保护机构或指定专人做环境保护工作。

5. 重视环境保护法制建设

单纯强调环境保护还不够，还需要有完善的法律保障。国外环境保护的一条成功经验是运用法律手段来管理环境。我国的环境法制建设刚刚起步，需要加紧制定环境保护的各项法规，形成我国的环境保护法律体系。一些已有的环境保护法律、法规需要修改或具体化以适应实践的需求，一些环保领域尚处空白亟须立法填补。

6. 重视农业环境保护建设

要认真保护农业生态环境，各级环境保护部门要会同有关部门积极推广生态农业，防止农业环境的污染和破坏。要合理开发和利用农业资源，发展多种经营。要充分注重保护土地、水面、森林、草原和珍稀野生动植物资源。根据资源条件，宜林则林，宜渔则渔，宜牧则牧，使农业资源得到合理的利用，保持生态平衡。

7. 重点解决老企业的污染治理问题

工业污染是造成环境污染的主要原因。各个工业部门对环境保护的认识比过去有所提高，一些企业坚持自力更生，综合利用资源、能源，治理工业污染，取得了可喜的成绩。但是，总的来看，我国的工业污染仍然十分严重。为了进一步消除污染，保护环境，促进生产，提高经济效益，把"三废"治理、综合利用和技术改造有机地结合起来进行，国务院发布了《关于结合技术改造防治工业污染的几项规定》（国发［1983］20号文）。规定要求：对现有工业企业进行技术改造时，要把防治工业污染作为重要内容之一，通过采用先进的技术和设备，提高资源、能源的利用率，把污染物消除在生产过程之中。所有工业企业及其主管部门在编制技术改造规划时，必须提出防治污染的要求和技术措施作为规划的组成部分，并在年度计划中做出安排，组织实现。技术改造的规划不仅要考虑本企业、本行业、本部门的效益，而且应当考虑国民经济全局的效益。对于那些从局部和眼前来看可以增产增收，但严重污染环境、破坏生态平衡、危害社会和国民经济发展的项目，不得列入技术改造的规划和计划。技术改造的方案，必须符合经济效益和环境效益相统一的原则。对技术改造项目进行经济评价、方案比较等可行性研究时，要对环境效益进行充分的论证。要求做到：采用能够使资源能源最大限度地转化为产品、污染物排放量少的新工艺，代替污染物排放量大的落后工艺；采用无污染、少污染、低噪声、节约资源能源的新型设备，代替那些严重污染环境、浪费资源能源的陈旧设备；采用无毒无害、低毒低害原料，代替剧毒有害原料；采用合理的产品结构，发展对环境无污染、少污染的新产品，并搞好工业产品的设计，使其达到环境保护的要求；采用技术先进、效率高和经济合理的净化处理设施，代替效率低、运行费用高、占地面积大的净化处理设施。凡是有污染的技术改造项目，在改造后必须保证其排放的污染物符合国家或地方规定的排放标准。凡是没有达到以上要求的技术改造项目，一律不得批准。

对污染严重的企业进行技术改造时，各级经委和有关工业主管部门要积极组织建立行业专门化协作中心。当前，特别要把分散的电镀、热处理、铸造、锻压、纸浆、制革等污染严重的厂点加以合并集中，并切实搞好集中以后的污染物净化处理和噪声治理。

结合技术改造进行的防治污染的工程项目及其配套的净化处理设施所需资金，应统一列入企业、地方或国家计划，在折旧资金、企业利润留成的生产发展基金、结余的大修理费、地方征收的排污费、国家预算拨款、银行贷款和外资等资金渠道中解决。所需设备、材料应统一列入技术改造计划，一并解决。

国家经委和矿产、燃料工业部门在制定或修订各种矿产原料、燃料商品质量标准时，要充分考虑防治环境污染的要求，提出有关环境的商品质量标准。要按照企业特别是大钢铁厂、大有色冶炼厂、大化肥厂、大电厂、大水泥厂所在地区的环境保护要求和企业设备、工艺需要，逐步实行原料、燃料定点定质供应，做到合理使用。在受到供应条件限制时，要采取洗选加工或脱取污染物质的工程技术措施。

各工业主管部门要针对当前突出的工业污染问题，把一些关键的急需解决的防治污染的技术，尤其是结合技术改造解决污染的技术、废弃物综合利用的技术和高效率净化处理技术，列为科学研究的重要课题。污染严重行业的大中型企业也要组织技术力量，针对本企业污染问题，积极开展防治污染的技术革新和科研活动。

在技术改造中搞好环境保护工作，必须一手抓治理，一手抓管理。要建立健全环境保护的各项规章制度，明确企业对社会和职工对企业的环境保护责任，按照责、权、利相结合的原则，把车间、班组和职工的经济利益同企业环境管理的好坏联系在一起，作为考核和奖惩的一个条件。要把搞好环境管理、防治工业污染列为企业整顿验收的条件之一，达不到要求的不能验收。

对于经济效益差、污染严重的企业，要求环境保护部门要会同经济管理部门做出决定，坚决进行整治，必要时下决心关、停一批。为治理污染、开展综合利用，需要新建、扩建附属企业或独立车间、工段，或对全厂、全车间进行整体技术改造时，其工程项目应按规定列入固定资产投资计划，所需资金、材料、设备由各级计委在投资计划中安排解决。治理污染开展综合利用的一般技术措施，以及与原有固定资产的更新、改造结合进行的治理污染措施，所需资金应在企业留用或上级集中的更新改造资金中解决。各级经委、工交部门和地方有关部门及企业所掌握的更新改造资金中，每年应拿出7%用于污染治理；污染严重、治理任务重的，用于污染治理的资金比例可适当提高，企业留用的更新改造资金，应优先用于治理污染。企业生产发展基金也可以用于治理污染。具体实施办法由国家经委、财政部、城乡建设环境保护部另行规定。集体企业治理污染的资金，应在企业"公积金"、"合作事业基金"或更新改造资金中安排解决。缴纳排污费的企业在采取治理污染措施时，可以按国家规定向环境保护部门和财政部门申请环境保护补助资金，这种补助一般不超过其所缴纳排污费的80%。留给各地环保部门掌握的排污费，应主要用于地区的综合性污染防治和环境监测站的仪器构置以及业务活动等费用，不准挪作与环境保护无关的其他用途。排污费应专户存入银行，并由银行监督使用。治理项目应纳入地方固定资产投资计划或技术措施计划，所需材料、设备要给予保证。

8. 采取鼓励综合利用的政策

各工业企业应紧密结合技术改造，开展工业废弃物的综合利用。要求做到：充分回收利用工厂的余热和可燃性气体，作为工业或民用的燃料和热源；采用清污分流、闭路循环、一水多用等措施，提高水的重复利用率；把废弃物中的有用物质加以分离回收，或者进行深加工，使废弃物转化为新的产品；凡本企业不能综合利用的废弃物，要打破企业和行业界限，免费供应利用单位，经过加工处理的，可收取少量加工费，但不得任意要价。国家对工矿企业开展综合利用、防治污染实行奖励的政策。各地区、各部门应当按照国家有关规定，给企业以留用利润和减免税收的鼓励。各企业对综合利用搞得好的车间、班组和职工，要给予表彰和奖励。工矿企业为防治污染、开展综合利用所生产的产品可以5年不上缴利润，留给企业继续治理污染，开展综合利用。这项规定在实行利改税后不变，仍继续执行。工矿企业用自筹资金和环境保护补助资金治理污染的工程项目，以及因污染搬迁另建的项目，免征建筑税。企业用于防治污染或综合利用"三废"项目的资金，可按规定向银行申请优惠贷款。

9. 继续推行排污收费制度

20世纪70年代末，根据我国环境保护工作发展的需要，结合我国国情，我国开始摸索建立排污收费制度。这项制度是我国环境管理中最早提出并普遍实行的管理制度之一。1978年12月31日，中共中央批转《环境保护工作汇报要点》的通知中提出："工业企业要大力节约用水，尽量采取循环用水，减少排放工业废水。实行排放污染物的收费制度，由环境保护部门会同有关部门制定具体收费办法。"1979年9月13日颁布的《中华人民共和国环境保护法（试行）》第十八条规定："超过国家规定的标准排放污染物，要按照排放污染物的数量和浓度，根据规定收取排污费。"1980年5月，财政部和国务院环境保护领导小组在《关于城镇集体企业排污费和罚款列支问题的复函》中，同意城镇集体企业缴纳的排污费在计征所得税时准予列支。1981年2月，《国务院关于在国民经济调整时期加强环境保护工作决定》中指出：要利用经济杠杆，促进企业治理污染，对超过国家标准排放污染物的单位要征收排污费。1982年2月5日，在总结开展排污收费试点工作基础上，国务院发布了《征收排污费暂行办法》。这个暂行办法对实行排污收费的目的、原则、对象、依据及排污费的使用和管理等做出了明确规定，这标志着中国的排污收费制度正式建立。1987年年底，全国共征收排污费14.3亿元，比排污收费制度试行的初期增长近10倍。从1988年开始，是中国排污收费制度改革、发展和不断完善的阶段。1988年9月1日，国务院总理李鹏签发《污染源治理专项基金有偿使用暂行办法》，在全国实行排污收费有偿使用，污染源治理专项基金委托银行贷款。

10. 同步发展方针

1973年我国就提出，新建工矿企业防治污染的设施必须与主体设施同时设计、同时施工、同时投产。这就是"三同时"的规定。这一规定体现了把防治污染同发展工业生产结合起来的思想。但是，一方面这一规定在20世纪70年代没有得到严格执行；另一方面把环境保护事业和经济发展协调起来，仅仅有"三同时"的规定是远远不够的。1978年，中共中央在批转《国务院环境保护领导小组办公室环境保护工作汇报要点》的通知中指出：我们正在进行大规模的经济建设，我们决不能走先建设、后治理的弯路，我们要在建设的同时就解决环境污染问题。1981年，国务院在《关于在国民经济调控时期加强环境保护工作的决定》中要求，各级人民政府、各有关部门要在国民经济调整时期，根据中央的方针政策做好环境保护工作。

1983年年底，在全面总结10年环境保护工作的基础上，李鹏副总理在第二次全国环境保护会议上宣布："我们主张，要把环境污染和生态破坏解决于经济建设的过程之中，使经济建设和环境保护同步发展。通过环境保护工作，创造一个让人们能够更好地工作和生活的良好环境。同时，通过环境保护来保证和促进经济建设的发展。概括起来说就是经济建设、城乡建设和环境建设要同步规划、同步实施、同步发展，做到经济效益、社会效益、环境效益的统一。我们要从这一基本指导思想出发，积极地防治污染，改善生态，促进四化，造福人民。"第二次全国环境保护会议的召开和环境保护"同步发展"战略思想的确立，标志着我国环境保护发展战略的形成，标志着我国环境保护从消极治理开始转入和经济社会协调发展的新阶段。

"经济建设、城乡建设、环境建设同步规划、同步实施、同步发展"的战略思想主要包括如下内容：

(1) 在制订国民经济和社会发展计划时，通过综合平衡，正确处理我国经济发展与人口、资源、环境的关系，把保护和改善环境的项目列入各项计划中，疏通环境保护的资金渠道，不仅要搞好经济的综合发展，还要注意保证生态的平衡。

(2) 坚持"预防为主"的方针，全面规划，合理布局。全面规划就是把国土规划、区域规划、城市规划和环境规划作为一个统一体，互相联系，各有侧重，协调进行。合理安排工业、农业、牧业、林业、渔业和城乡人民生活环境及其他事业协调生产结构、产业结构与自然地理条件，在城市内划分好不同功能区。

(3) 认真搞好工业污染防治。对新建、扩建、改建的项目实行"三同时"管理制度和环境影响报告书制度，严格控制新污染的产生；对老污染结合技术改造，通过采用无污染、少污染的先进技术、装备和合理的工艺去代替那些耗能高、浪费大、污染严重的老技术、老装备、老工艺；对污染严重、治理技术不成熟的企业，要结合工业调整，实行关、停、并、转、迁。

(4) 深入开展城市环境综合整治。把城市的建设发展和环境保护同步规划，一体实施，加速城市基础设施建设，建立污水处理厂，发展煤气和集中供热，合理处置城市垃圾，大力开展园林绿化，不断提高城市综合防治污染能力和自然净化水平，促进城市生态的良性循环。

(5) 端正乡镇企业的发展方向，合理安排产业结构和生产布局。在国家"热情扶持、积极引导"方针的指导下，重点抓好3项工作。一是对乡镇企业的发展要选择和确定正确的发展方向，利用本地的特点和优势，大力发展无污染或少污染的生产行业；二是把好布局关，建设乡镇企业要选择适当地址，不准在居民集中区、水源保护区、风景游览区等地建设有污染危害的企业；三是有污染危害的企业，要采取必要的防治污染措施，尽量减轻对环境的影响。但是当时对于该方针的宣传不够，没能在国民经济和社会发展的战略、规划和政策层面引起足够的重视。

三、保护环境的行动

(一) 概述

这一时期的环境保护行动主要有颁布《中华人民共和国环境保护法(试行)》，继续推进"三北"防护林建设，将环境保护定为一项基本国策，开展城市环境综合整治行动，召开全国城市环保工作会议等行动。

(二) 环境保护具体行动

(1) 1979年9月，全国人大常委会颁布了《中华人民共和国环境保护法(试行)》，该法明确规定"各级人民政府必须切实做好环境保护工作，在制定发展国民经济计划的时候，必须对环境的保护和改善统筹安排，并认真组织实施"。《中华人民共利国环境保护法(试行)》的颁布以法律的形式确定了环境保护在社会主义现代化建设中的地位。1981年2月24日，国务院做出"关于在国民经济调整时期加强环境保护工作的决定"。该决定指出："管理好我国的环境，合理地开发利用自然资源，是现代化建设的一项基本任务。……必须认识到，保护环境是全国人民根本利益所在。在国民经济调整时期，要结合经济调整的各项政策措施认真贯彻执行《中华人民共和国环境保护法(试行)》，以积极的态度，千方百计把这项工作抓紧抓好。"1982年8月23日和1984年5月11日，全国人大常委会先后发布了《中华人民共和国海洋环境保护法》和《中华人民共和国水污染防治法》。

(2)《中华人民共和国环境保护法(试行)》规定，国务院应当设置环保机构，各级人民政府需设立环保局。1982年国务院解散环保领导小组，成立城乡建设环境保护部，下设环保局。1984年6月8日，国务院根据第二次全国环境保护会议精神，做出《关于环境保护工作的决定》，成立由24个部委负责人组成的国务院环境保护委员会，李鹏副总理任主任委员。其主要任务是：研究审定相关环境保护的方针、政策，提出规划要求，领导和组织、协调全国的环境保护工作。委员会每季度开一次会，讨论、研究、协调和解决一些重大的环境保护问题。国务院环境保护委员会的成立大大加强了我国环境保护的宏观管理，有力地促进了环境保护工作。而后，环保局改为国家环境保护局，从1988年起成为国务院直属的独立机构，负责全国环保行政管理。国务院在19个部、司、局设立了环境保护机构。在冶金部、电子工业部、轻工部、解放军等部门也设立了环境委员会。分别在其主管范围内从事污染防治工作。到1989年，全国23个省、自治区、直辖市人民政府均设置了指导、规划环保工作的环境保护委员会，而所有的省级人民政府都成立了环境保护局。大部分县级以上地方政府，也都设置了环保行政机构。

(3) 1983 年，第二次全国环境保护会议将环境保护作为我国的一项基本国策。1983 年 12 月 31 日，国务院召开第二次全国环境保护会议，将环境保护确立为基本国策。制定经济建设、城乡建设和环境建设同步规划、同步实施、同步发展，实现经济效益、社会效益、环境效益相统一的指导方针，实行"预防为主，防治结合"、"谁污染谁治理"和"强化环境管理"三大政策。李鹏副总理在第二次全国环境保护会议开幕式上作了题为《保护环境是我国的一项某本国策》的讲话。讲话共分 5 个部分，其中第一部分的题目即是"保护环境是我国的一项基本国策"。讲话中指出："环境保护，是中国现代化建设中的一项战略任务，是一项重大国策。"

(4) 1985 年 10 月 13 日，国务院环境保护委员会在洛阳市召开了有 100 多个城市市长参加的"全国城市环境保护会议"，重点推广了洛阳、哈尔滨等一批城市的经验。李鹏针对在执行"三同时"中表现的严于执法、敢于监督、勇于守法的典型意义，提出"古交精神"。"古交精神"对全国环境保护特别是对执行"三同时"制度产生了重大影响。古交矿区建设是国家在山西省的重点工程，但是在建设中未按"三同时"制度提出的要求去做，没有污染防治措施。后来，在环保部门监督检查及省市领导的直接干预下，补上了污染治理措施的设计，但是一直不进行施工。1984 年 10 月，主体工程已经竣工，计划同年 12 月 1 日剪彩投产，并已向国内外有关团体和厂商发出邀请，中央有关领导人也要来参加剪彩仪式。在这种情况下，太原市人民政府及环境保护部门坚决执行"三同时"规定，并严令：在它的环境保护设施未建设之前不得投产，并向省政府紧急上报此事。在省、市人大及政府的监督下，古交矿区建设指挥部采取紧急措施，昼夜施工，终于如期保质保量地完成了环境保护设施的施工建设。李鹏副总理指出："省长、市长、区长是为人民服务的，在任期内应该为人民办几件实事，使环境面貌有所改善。"这次会议确定了城市是我国环境保护工作的重点，为今后工作指明了主攻方向，引起了各级城市政府的重视。

(5) 1979 年 2 月，在第五届全国人民代表大会常务委员会第六次会议上，国家林业总局局长罗玉川提请审议《中华人民共和国森林法（试行草案）》和对"决定以每年 3 月 12 日为我国植树节"进行说明。1981 年 12 月 13 日，五届全国人大四次会议讨论通过了《关于开展全民义务植树运动的决议》。该决议要求，凡是条件具备的地方，年满 11 周岁的中华人民共和国公民，除老弱病残外，因地制宜，每人每年义务植树 3～5 棵，或者完成相应劳动量的育苗、管护和其他绿化任务。此后，国务院颁布《关于开展全民义务植树运动的实施办法》，进一步规定：凡是中华人民共和国公民，男 11～60 岁，女 11～55 岁，除丧失劳动能力者外，均应承担义务植树任务。1984 年 2 月 18 日，国家绿化委员会第三次会议确定了中国植树节节徽。植树节节徽的含义是：树形表示全民义务 3～5 棵，人人动手，绿化祖国大地；"中国植树节"和"3.12"字样表示改造自然、造福人类，年年植树坚忍不拔的决心（扎根地下）；5 棵树可意会为"森林"，由此引申连接着外围，显示着绿化祖国实现以森林为主体的自然生态系统的良性循环。从此，全民义务植树运动作为一项法律开始在全国实施。

（6）1989 年 5 月，国务院召开第三次全国环境保护会议，提出要加强制度建设，深化环境监管，向环境污染宣战，促进经济与环境协调发展。

四、环境政策评价

我国的环境保护事业以 1972 年派代表团参加斯德哥尔摩联合国人类环境大会为起点，1982 年建立国家环境保护总局，1983 年国务院第二次环境保护会议规定把环境保护定为我国的一项基本国策。20 世纪 80 年代我国环境政策的基本内容是预防为主，防治结合；谁污染，谁治理；加强环境管理。与之配套的是比较详细的工业建设布局环境政策、能源环境政策、水域环境政策、自然环境保护政策等。

（一）取得的成绩

20 世纪 80 年代的环境政策建设主要致力于：建立环境标准和法规、加强环境监测和环境统计，这是实施一切环境政策的基础；带有计划经济色彩的指导企业治理污染的"三同时"政策，即企业生产计划与环境保护技术投资相联系；由独立于生产管理机构的环境保护部门监督企业的污染行为。此外，作为中国环境政策重要组成部分的还有："排污收费"，即对排放污染物超过排放标准的企、事业单位征收超标排污费，然后将其中的大部分返还给被征收的单位，用于治理污染；"环境影响评价"，规定所有建设项目在建设开工之前，要给出该项目可能对环境造成影响的科学论证和评价，提出防治方案，提交环境影响报告；"环境保护目标责任制"，规定各级政府的主要官员对当地环境质量负责，企业家对本企业的污染防治负责，这些将列入政绩进行考核；"企业环保考核"，即将产品质量、物质消耗、经济效益和环境保护同时列为企业考核的指标，避免企业生产经营与环境保护脱节；"城市环境综合整治定量考核"，即对城市各项环境建设和管理的总体水平、综合整治成效、城市环境质量等项目制定定量指标进行考核，每年评定一次；"排污许可证制度"包括排污申报、确定污染物总量控制目标和排污总量削减指标、核发排污许可证、监督检查执行情况 4 个内容；"污染集中控制"，即充分发挥环境治理中的规模经济效益，降低污染治理成本；"污染源限期治理"，即对老污染源由各级政府分别做出完成治理的期限。在各地的实践中，这些宏观环境政策的原则被不断深化和细化，形成了各具地方特色的环境政策和环境管理制度。上述环境政策的制度建设的总原则可以归纳为"谁污染谁治理"。

中国环境保护的政策思想主要有3点：一是把"预防为主"作为环境政策的基本出发点，要求环境保护与经济建设和城乡建设同步进行，而不是在建设之后再去补救，以达到预防环境问题的目的；二是谁造成环境问题，谁就要承担治理的责任和费用；三是强化环境管理，就是制定规划和相应的政策法规，并建立强有力的机构去实行监督管理。这是考虑到中国的环境污染和生态破坏主要是管理不善造成的；同时，中国的经济实力有限，不可能投入更多的资金用于环境治理，必须靠强有力的环境管理来控制环境问题的发展。这3项政策是我国环境保护工作长期实践经验的结晶。"三大政策"也成为长期指导中国环境保护工作的基本政策。"预防为主"、"谁污染谁治理"和"强化环境管理"3项基本政策互为支撑，缺一不可，相互补充，不可替代。其中，预防为主的环境政策是从增长方式、规划布局、产业结构和技术政策角度考虑的；谁污染谁治理的环境政策是从经济和技术角度来考虑的；强化管理是从环境执法、行政管理和宣传教育角度来考虑的。这3项政策是一个有机整体，是环境保护工作的原则性规定，基本涵盖了环境管理的各个方面，既有宏观管理的内容，也有微观管理的部分。目前中国所实行的许多环境管理对策、制度等都是从这3项基本政策出发制定的。

这一阶段的环境政策已经不再局限于单纯的行政管理手段，除了行政管理外，还运用了经济、社会调控等手段。这一时期，地方环境政策体系发展迅速，地方环境政策已逐步形成体系，与国家一级的环境政策构成有机整体，共同为我国的环保事业发挥积极作用。综上所述，这一阶段的环境政策具有如下特点：

（1）环境政策有了坚实的党的政策文件根据和宪法根据。这一时期，中共中央制定发布了一系列的有关环境保护的政策文件，充分显示了党中央对环境保护的重视。1978年颁布的《中华人民共和国宪法》规定：国家保护环境和自然资源，防治污染和其他公害。这一规定为中国的环境保护事业提供了宪法保障。

（2）这一时期的环境政策，更加科学、合理。随着我国环境问题的日益严峻，环境保护科学技术的发展，环境保护的科技含量越来越高。环境政策的制定紧密与环境科学相连，其科学性得到加强，更加有效地应对环境问题。

(3) 环境政策涉及环境问题更加全面，环境政策体系更加完善。这个阶段的环境政策把环境保护和改善生态环境、防治污染和环境破坏有机地结合成一个整体。环境政策从单一、分散的管理向统一、整体性转变。环境政策由原来的事后治理向预防为主的行政管理方向转变，调整手段突破行政手段向经济手段、社会手段、法律手段渗透，调整手段更加丰富多样。

(4) 我国的环境保护工作国际合作加强，加入了若干世界环境保护组织，签订了一些国际环境保护条约、协定，开展了较为广泛的国际合作。

(5) 环境政策由"末端治理"型向"预防控制"型转变。这一时期环境政策更加具体、细化，许多政策将环境污染的防止与污染的产生紧密结合起来，力图从源头上进行环境保护，这是对于一直以来我们所采取的"末端治理"方式的有力突破。

(二) 存在的问题

此阶段的环境政策由于对污染问题管得过细，资金过于分散，没有形成环境保护的整体合力，没有从整体上把握环境污染的特性，而且缺乏带有社会经济可持续发展的长期观点的奖励技术改造减排、鼓励综合利用的内容特性；没有重视环境问题的本质原因——外部不经济性，不能切断计划经济市场机制带来的消极联系，如治理费用的转嫁、没有利用市场提供的价格、税收、信贷的经济杠杆作用。其中最典型的就是排污收费政策，但排污收费标准远远低于为达标排放所需的边际处理费用；超额收费和单项收费不能促使企业从总量和减少污染物上控制排放；排污费的无偿使用和贷款豁免实际上是把污染处理费转嫁到其他市场主体身上，从而提高宏观的边际成本，降低了宏观的边际收益。

我国实行的排污收费制度仍存在一定的问题，如排污费的收费标准偏低、将超标准排污的行为不视为违法而以缴纳超标排污费予以替代的做法，使得企业宁肯缴纳超标排污费也不愿意运转自己的污染治理设施，环境保护主管部门也乐于收费。这便是一个突出的例证。因此，需要结合国家政治、经济体制的发展而进行大幅度地修改和完善。

另外，环境政策的制定不够科学。在制定环境政策时缺乏统计资料，某些环境政策的制定没有经过深入的研究论证。在研究、制定、实施环境政策方面，没能充分发动群众、依靠群众，发扬民主作风不够。

第三节 环境政策的成熟时期（1990~2000年）

一、环境形势

（一）环境形势概述

这一时期，伴随着我国经济的高速发展，环境问题日益突出。我国环境污染的突出特点是污染范围广、污染重，大气水体污染遍布城市乡村，特别是乡镇工业的发展，环境污染开始由城市转向农村。在亚洲，5个污染最严重的城市都在中国。

1999年，我国政府加大了经济结构战略性调整力度，继续采取拉动内需的积极财政政策，增加了对城市基础设施建设和环境保护的投入，坚持污染防治与生态保护并重的方针，强化环境综合整治，污染物排放总量得到有效控制，工业污染源达标排放和重点城市环境质量按功能达标工作取得较大进展，滇池和巢湖水污染防治工作完成阶段任务，北京市大气污染防治取得初步成效。全国环境污染恶化趋势总体上得到基本控制，部分地区和城市环境质量有所改善。据环境监测结果统计分析，全国环境形势仍然相当严峻，各项污染物排放总量很大，污染程度仍处于相当高的水平，一些地区的环境质量仍在恶化，相当多的城市水、气、声、土壤环境污染仍较严重，农村环境质量有所下降，生态恶化加剧的趋势尚未得到有效遏制，部分地区生态破坏的程度还在加剧。

（二）具体的环境问题

经过长期努力，我国的环境保护工作取得了一定进展。但是，随着人口增长和现代工业的发展，向环境中排放的有害物质大量增加，还有局部地区人为造成的对自然生态环境的损害致使环境质量逐步恶化。当前，防治环境污染和生态破坏已成为十分紧迫的任务。我国面临的环境形势具体内容如下。

1. 大气污染严重

据《中国环境状况公报》显示，1997年，我国城市空气质量仍处在较重的污染水平，北方城市重于南方城市。二氧化硫年均值浓度在3~248微克/米^3，全国年均值为66微克/米^3。一半以上的北方城市和1/3以上的的南方城市年均值超过国家二级标准（60微克/米^3）。北方城市年均值为72微克/米^3，南方城市年均值为60微克/米^3。以宜宾、贵阳、重庆为代表的西南高硫煤地区的城市和北方能源消耗量大的山西、山东、河北、辽宁、内蒙古及河南、陕西部分地区的城市二氧化硫污染较为严重。氮氧化物年均值浓度在4~140微克/米³，全国年均值为45微克/米。北方城市年均值为49微克/米³；南方城市年均值为41微克/米³。34个城市超过国家二级标准（50微克/米³），占统计城市的36.2%。其中，广州、北京、上海三市氮氧化物污染严重，年均值浓度超过100微克/米³；济南、武汉、乌鲁木齐、郑州等城市污染也较重。大气中总悬浮颗粒物年均值浓度在32~741微克/米³，全国年均值为291微克/米³。超过国家二级标准（200微克/米³）的有67个城市，占城市总数的72%。北方城市年均值为381微克/米³，南方城市年均值为200微克/米³。从区域分布看，北京、天津、甘肃、新疆、陕西、山西的大部分地区及河南、吉林、青海、宁夏、内蒙古、山东、河北、辽宁的部分地区总悬浮颗粒物污染严重。据世界银行研究报告表明，我国一些主要城市大气污染物浓度远远超过国际标准，在世界主要城市中名列前茅，位于世界污染最为严重的城市之列。

　　二氧化硫等致酸污染物引发的酸雨，是我国大气污染危害的又一重要方面。酸雨是大气污染物（如硫化物和氮化物）与空气中水和氧之间化学反应的产物。燃烧化石燃料产生的硫氧化物与氮氧化物排入大气层，与其他化学物质形成硫酸和硝酸物质。这些排放物可在空中滞留数天，并迁移数百或数千千米，然后以酸雨的形式回到地面。目前我国酸雨正呈急剧蔓延之势，是继欧洲、北美洲之后世界第三大重酸雨区。20世纪80年代，我国的酸雨主要发生在以重庆、贵阳和柳州为代表的川贵两广地区，酸雨区面积为170万千米²。到20世纪90年代中期，酸雨已发展到长江以南、青藏高原以东及四川盆地的广大地区，酸雨面积扩大了100多万千米²。以长沙、赣州、南昌、怀化为代表的华中酸雨区现已成为全国酸雨污染最严重的地区，其中心区年降水pH值低于4.0，酸雨频率高于90%，已到了逢雨必酸的程度。以南京、上海、杭州、福州、青岛和厦门为代表的华东沿海地区也成为我国主要的酸雨区。华北、东北的局部地区也出现酸性降水。酸雨在我国已呈燎原之势，危害面积已占全国面积的29%左右，其发展速度十分惊人，并继续呈逐年加重的趋势。据对南方八省份研究表明，酸雨每年造成农作物受害面积1 287亿亩，经济损失42.6亿元，造成的木材经济损失18亿元。从全国来看，酸雨每年造成的直接经济损失为140亿元。

　　2. 水资源污染严重

　　据《中国环境状况公报》和水利部门报告显示，1997年，我国七大水系、湖泊、水库、部分地区地下水受到不同程度的污染，河流污染比重与1996年相比，枯水期污染河长增加了6.3个百分点，丰水期增加了5.5个百分点，在所评价的 5 万多千米河段中，受污染的河道占 42%，其中污染极为严重的河道占 12%。全国七大水系的水质继续恶化。长江干流污染较轻。监测的 67.7% 的河段为Ⅲ类和优于Ⅲ类水质，无超Ⅴ类水质的河段。但长江江面垃圾污染较重，这是沿岸城镇和江上客船乱扔垃圾所致。成堆的垃圾已严重妨碍了葛洲坝水电站的正常运行，影响了长江三峡的自然景观。黄河面临污染和断流的双重压力。监测的 66.7% 的河段为Ⅳ类水质。20 世纪 70 年代，黄河断流的年份最长历时 21 天，1996 年为 133 天，1997 年长达 226 天，珠江干流污染较轻。监测的 62.5% 的河段为Ⅲ类和优于Ⅲ类水质，29.2% 的河段为Ⅳ类水质，其余河段为Ⅴ类和超Ⅴ类水质，主要污染指标为氨氮、高锰酸盐指数和总汞。淮河干流水质有所好转，尤其是往年高污染河段的状况改善明显。干流水质以Ⅲ类、Ⅳ类为主，支流污染仍然严重，一级支流有 52% 的河段为超Ⅴ类水质，二、三级支流有 71% 的河段为超Ⅴ类水质。海滦河水系污染严重，总体水质较差。监测的 50% 的河段为Ⅴ类和超Ⅴ类水质，主要污染指标为高锰酸盐指数、氨氮和生化需氧量。大辽河水系总体水质较差，污染严重。监测的 50% 的河段为超Ⅴ类水质，主要污染指标为氨氮、总汞、挥发酚、生化需氧量和高锰酸盐指数。松花江水质与往年相比有所改善，监测的 70.6% 的河段为Ⅳ类水质，主要污染指标为高锰酸盐指数、挥发酚和生化需氧量。大淡水湖泊和城市湖泊均为中度污染，水库污染相对较轻。与 1996 年相比，1997 年巢湖和滇池污染程度有所加重，太湖有所减轻。主要大淡水湖泊的污染程度次序为：滇池最重，其次是巢湖（西半湖）、南四湖、洪泽湖、太湖、洞庭湖、镜泊湖、博斯腾湖、兴凯湖和洱海。湖泊水库突出的环境问题是严重富营养化和耗氧有机物增加。大淡水湖泊和城市湖泊的主要污染指标为总氮、总磷、高锰酸盐指数和生化需氧量。大型水库主要污染指标为总磷、总氮和挥发酚；部分湖库存在汞污染；个别水库出现砷污染。

3. 固体废弃物污染严重

1997 年，全国工业固体废弃物产生量为 10.6 亿吨。其中，乡镇企业固体废弃物产生量 4.0 亿吨，占总产生量的 37.7%；危险废物产生量 1 077 万吨，约占 1.0%。1996 年，工业固体废弃物排放量为 1 690 万吨，其中危险废物排放量占 1.3%。全国工业固体废弃物的累计堆存量已达 65 亿吨，占地 51 680 公顷，其中危险废物约占 5%。目前城市生活垃圾产生量约 14 亿吨，全国有 2/3 的城市陷入垃圾包围之中。塑料包装物用量迅速增加，"白色污染"问题突出。

4. 噪声污染严重

据《中国环境状况公报》显示，1997年我国多数城市噪声处于中等污染水平，其中生活噪声影响范围大并呈扩大趋势，交通噪声对环境冲击最强。全国道路交通噪声等效声级分布在67.3～77.8分贝，全国平均值为71分贝（长度加权）。在监测的49个城市道路中，声级超过70分贝的占监测总长度的54.9%。城市区域环境噪声等效声级分布在53.5～65.8分贝，全国平均值为56.5分贝（面积加权）。在统计的43个城市中，声级超过55分贝的有33个，其中大同、开封、兰州三市的等效声级超过60分贝，污染较重。各类功能区噪声普遍超标。超标城市的百分率分别为：特殊住宅区57.1%；居民、文教区71.7%；居住、商业、工业混杂区80.4%；工业集中区21.7%；交通干线道路两侧50.0%。

（三）造成上述环境问题的主要原因分析

1. 人口总量过多、增长过快，导致人口与生态环境之间的矛盾不断加剧

这一阶段，我国的人口总数已接近13亿，每年还净增人口1 300万以上。由于我国资源环境的有限性，人口的增长不仅会导致人均资源拥有量的减少，而且还将直接导致资源消耗的增长，人口对资源、环境的压力进一步增大。

2. 经济的超常发展，给环境带来很大的冲击

改革开放以来，我国经济一直在快速增长，党和政府对环境问题给予了很大关注，采取了一系列防治环境污染的措施，特别是投入不断增加，由仅占GDP的0.3%逐渐上升到占0.7%左右。按照联合国有关部门的估计，发展中国家对环境的投入达到0.5%，即可控制环境污染的发展。我国投入虽然超出了这一指数，但环境污染的发展趋势却没有控制住。其中主要原因是我国的经济增长速度比大多数发展中国家高得多，同第二次世界大战后一些发达国家经济"黄金时代"相比也不逊色。经济的高增长要伴随环境的高投入，环境投入要高过1%，甚至1.5%，才可能有效控制污染，这是发达国家的经验。我国环保投资比例与高速增长的经济相对照，显然是不足以控制环境污染发展的。这就是说，我国的经济发展，在一定程度上是靠牺牲环境作代价取得的。

3. 结构性污染问题突出，加大了环境保护的难度

从工业发展过程来看，工业发达国家一般是先轻工业和加工业（对环境污染较轻），后基础工业、重工业（对环境污染较重）的发展模式。我国却反其道而行之，把基础工业放在优先发展地位。结果是西方工业发达国家一般在人均GDP 2 000～3 000美元时才出现的比较严重的环境污染在我国则

在人均 GDP 几百美元的情况下就出现了。发展经济学称我国这种低收入与工业重型化结合的产业结构为"超常结构"。超常结构的环境后果是严重的结构性污染，使我们在着手解决环境问题时，面临着与发达国家很不相同的经济条件，成为我们现阶段有效解决环境问题的巨大障碍。我们在产业建设中，对环境保护注意不够，没有采取积极的防治环境污染的措施。像钢铁、有色金属、化工、建材等工业企业，除少数外，污染都很严重，在污染物排放中占有很大比重。

4. 工业总体技术水平低，物料消耗高、流失大

由于我国工业技术的起点低，导致了能源和原材料的过量消耗，产品成本高，经济效益差，并且加重了环境污染。与国外先进水平相比，企业资源利用效率和污染控制的差距很大。乡镇企业遍地开花，已成为我国工业的"半壁江山"，它在解决农村剩余劳动力就业问题和提高农民收入上做出突出贡献。作为中国所独有的一种工业方式，乡镇企业是中国工业化的重要组成部分。但由于它的技术起点低，能源和原材料消耗的多，布局不合理，生产管理不健全，用于控制污染的投入有限，因此造成更大的环境污染危害。特别是有些乡镇企业采用原始的、极为落后的工艺进行生产，如小炼硫、小炼矿、小炼焦等，往往使原本生机盎然的地区被搞得寸草不生。据 1997 年公布的《全国乡镇工业污染源调查公报》显示，1995 年全国乡镇工业"三废"排放量达到了工业企业"三废"排放量的 1/5～1/3，一些主要污染物排放量已经接近或超过工业企业的一半以上，特别是小造纸对农村水域的污染，小水泥对农村大气环境的污染，小煤矿、小矿山对农村耕地的污染已经十分突出，可以说，这三类企业是农村环境恶化的主要元凶。乡镇工业污染有这样几个特点：一是量大面广。在工业废水方面，1995 年全国乡镇工业废水排放量为 59.1 亿吨，占当年全国工业废水排放总量的 21%。在工业废气方面，1995 年全国乡镇工业二氧化硫排放量 441.1 万吨，占当年全国工业二氧化硫排放总量的 23.9%；烟尘排放量 849.5 万吨，占全国工业排放总量的 50.3%；全国乡镇工业固体废物排放量 1.8 亿吨，占全国工业固体废物排放总量的 88.7%。二是增长迅速。同 1989 年乡镇工业污染源调查结果相比，工业废水排放量增加了 121%，化学需氧量增加了 246%，二氧化硫排放量增加了 23%，烟尘排放量增加了 56%，工业粉尘排放量增加了 182%，工业固体废物产生量增加了 396%，工业固体废物排放量增加了 552%。三是原材料和初级产品加工业污染占很大比重。乡镇工业中的造纸、纺织、煤炭采选、金属矿物制品、化工及食品加工 6 个行业的废水排放量占全国乡镇工业废水排放总量的 73.1%，其中造纸业占总量的 44.9%。乡镇

工业中的造纸、饮料、食品加工、纺织、化工5个行业化学需氧量的排放量占全国乡镇工业排放总量的85.3%。四是中西部乡镇工业技术水平低，污染水平高。中西部地区乡镇工业由于起点低，起步晚，技术水平和管理水平均不如东部地区，因此，污染水平也比东部地区明显要高。据调查，中西部地区乡镇工业的产值仅为乡镇工业总产值的22.4%，但污染企业的规模和数量却占到60.3%。

5. 工业布局不合理，加剧污染危害

工业布局不合理是全国性的，突出表现在城市。在我国的建设中，除"一五"对工业布局有所控制外，在一个很长的期间，工业布局随意性很大，往往不顾地理环境特点，不顾城市不同功能区划分，不顾人民群众的生活健康，随心所欲，在城市的上风向、水源上游、居民区、文教区、风景名胜区，到处布设对环境污染危害的工业项目。对这些工业项目，不要说没有采取积极防治环境污染的措施，即使采取了严格的防污染措施，由于处在敏感地区，其污染危害也是很大的。在我国的城市，这种不合理布局比比皆是。北京市是比较早地注意调整工业布局的城市，制订出搬迁计划，据报道每年搬迁费达1亿元，已经连续搬迁了10多年，现在还没完成搬迁任务，可见调整这种不合理布局绝非一件易事。

6. 历史欠账多，环境保护投入缺口大

20世纪80年代以前的30年里，我国对控制环境污染可以说基本上没有投入，同环境相关的城市基础设施的投资也非常有限，各种公用设施严重不足。从20世纪80年代起，我国开始把环境保护纳入国民经济计划，投入逐年增加。但是在"六五"期间的投入是很少的，"七五"、"八五"的投入有了明显增加，但是也一直没有达到规划要求的目标，欠账年年增加，新老欠账主要表现在以下两个方面：一是工业污染治理欠账很大。经过10多年的努力，大中型企业和矿山都采取了防治污染的工程技术措施，这是偿还欠账、治理污染迈出的可喜一步。但是，总体看来，治理程度低，达不到环境排放标准的要求，如果进一步提高排放标准，差距就更大。据统计，工业欠账在1 500亿~2 000亿元。二是城市与控制环境污染相关的基础设施欠账也很大，包括污水处理厂、集中供热、煤气供应、垃圾处置、绿化工程等，据估计至少有3 000亿元。由于历史欠账大，因此需要很长的时间才能补上。假定每年以500亿元的速度偿还，也需要10年时间。如果加上现在每年实际支出的钱，总数可达CNP的15%。

二、主要的环境政策

（一）这一时期主要环境政策概述

1992年8月，党中央、国务院批准了我国环境与发展的十大对策，总结了我国环保工作20年的实际经验，包括综合决策和可持续发展，具体内容是：实行持续发展战略；采取有效措施，防治工业污染；深入开展环境综合整治，认真治理城市"四害"；提高能源利用效率，改善能源结构；推广生态农业，坚持不懈地植树造林，切实加强生物多样性保护；大力推进科技进步，加强环境科学研究，积极发展环保产业；运用经济手段保护环境；加强环境教育，不断提高全民族的环境意识；健全环境法制，强化环境管理；参照联合国环境与发展大会精神，制订中国的行动计划。

1996年，第四次全国环境保护会议通过《关于环境保护若干问题的决定》，要求今后"增产不增污"，控制污染负荷盲目发展，从根本上促进经济增长方式的转变；要求有目标、有项目、有重点，集中财力、物力，打几个大战役，使突出的区域性污染得到有效控制，并以此带动全局。认真贯彻国务院的决定，切实落实环境保护"九五"计划，是今后一个时期环保工作的主要任务。各级党委和政府要把环境保护问题摆上重要议事日程，进一步提高认识，加强领导，狠抓落实，确保任务的实现。第一，要加强环境法制建设，坚决扭转有法不依、执法不严、违法不究的局面。第二，要切实加强环境监督管理。环境管理要参与综合决策，建立环境与发展综合决策的机制。宏观上要预防因产业结构或规划布局不合理造成新的环境问题，微观上要解决管理不善带来的污染和破坏。要建立各级党政领导和各有关部门领导的环保工作责任制，省长、市长、县长、乡长要对本辖区的环境质量负责，部长和各行业主管部门的领导要对本部门、本行业、本系统的环保工作负责。要不断加强环境保护机构和管理队伍的建设，把发挥专业队伍的作用同发动和依靠广大群众搞好环保很好地结合起来。第三，要紧紧依靠科技进步。各地方、各部门要将"科教兴国"与可持续发展战略密切结合起来，集中力量，开发和推广环保实用技术，依靠科技进步，提高资源利用率，提高污染防治能力，提高管理水平。企业处在污染防治的第一线，应大力开展技术改造与创新，积极推行清洁生产。第四，要不断增加环保投入。解决环境问题，必须有一定的经济投入，这是其他方法所不能替代的。污染防治这个钱迟早要花，晚花不如早花。等到污染严重了再去治理，花费会更大。各级政府要以对大局负责、对未来负责、对子孙后代负责的高度责任感，克服困难，通过多种形式切实增加环保投入，随着经济发展逐步提高环保投入占国民生产总值的比重，扭转环保投入偏低的状况。第五，要加强环境保护的宣传教育，发挥公众和舆论的监督作用。各级政府要积极引导公众参与环保的积极性，提供参与的机会和条件。逐步建立公众环境投诉制度，使公众能够通过各种渠道，反映环境状况的问题，维护自身的合法权益。对那些环保工作搞得好的地方、部门、单位和个人，应当大力表彰，予以鼓励和奖励；对那些环保工作搞得不好的地方、部门、单位和个人，则应予揭露、批评，情节严重的则应依法追究责任。

在此期间，我国确立了保护环境的8项制度，即环境影响评价制度、"三同时"制度、排污收费制度、环境目标责任制度、城市环境综合整治定量考核制度、排污许可证制度、限期治理制度和污染集中控制制度。同时，还制定了一系列配套的具体规定和措施。这些制度和措施构成了一个较为完整的环境管理体系，从而使环境管理由定性管理走向定量管理，由行政命令走向制度约束，为完善中国的环境管理体系奠定了坚实的基础。

（二）具体的环境政策

1. 三大政策，八项制度

1989年，第三次全国环境保护会议确定了"预防为主、防治结合"、"谁污染谁治理"、"强化环境管理"3项政策和"环境影响评价"、"三同时"、"排污收费"、"目标责任"、"城市环境综合整治"、"限期治理"、"集中控制"、"排污登记与许可证"8项制度。

（1）预防为主、防治结合的政策。预先采取防范措施，不产生或尽量减少对环境的污染和破坏，防患于未然，是解决环境问题的最好办法。这项政策是针对我国经济建设飞速发展需要而制定的，各项建设工程不可避免地会污染环境破坏生态环境，因此采取必要的预防措施尤为重要。对过去发展建设造成的环境污染和破坏，必须采取有效措施治理。"预防为主、防治结合"，就是通过采取各种防范措施，不产生或少产生对环境的污染破坏，同时还要对已有的污染和破坏积极进行治理。主要措施是把环境保护纳入国民经济和社会发展的规划和计划，实行"三同时"制度和环境影响评价制度，防止新污染源的产生。主要措施包括：把环境保护纳入国家的、地方的和各行各业的中长期和年度经济社会发展计划，对开发建设项目实行环境影响评价制度和"三同时"制度。

（2）谁污染谁治理的政策。这项政策是污染者负担原则在中国的具体体现。环境保护应是社会全体成员的责任与义务，但是一些主体尤其是严重污染环境的工矿企业等缺乏环境保护意识，认为环境保护是政府和社会的事，环境保护与己无关。为了扭转这种错误观念，我国以法律的形式把谁污染谁治理的政策加以明确，使污染者承担相应的治理责任和费用。实行这一政策，可以促进排污者积极筹集资金治理污染，还可以促进企业进一步加强管理和进行技术改造。这项政策通过法律规定了污染者必须承担治理的责任和费用。主要措施有：一是结合技术改造防治工业污染。新中国成立以来，我国工业技术比较落后，原料和能源消耗高，废物排放量大，污染严重，我国面临着紧迫和繁重的工业技术改造任务。国家规定：在技术改造中要把控制污染作为一项重要目标，并且规定防治污染的费用不得低于总费用的7%。二是对历史上遗留下来的一批工矿企业的污染，实行限期治理制度。根据企业对环境污染的轻重和经济支持能力，规定出分期分批治理任务。三是对排放污染物的单位实行收费制度。利用价值规律和经济政策，让排放污染物的企业或单位支付环境补偿费用。我国已在污水、废气、固体废物、噪声、放射性废物等领域普遍实施了这一制度。收取的费用，由各地设立专项资金，用于治理环境污染的有关项目。

（3）强化环境管理的政策。要切实加强环境监督管理。环境管理要参与综合决策，建立环境与发展综合决策的机制。宏观上要预防因产业结构或规划布局不合理造成新的环境问题，微观上要解决管理不善带来的污染和破坏。要建立各级党政领导和各有关部门领导的环保工作责任制，省长、市长、县长、乡长要对本辖区的环境质量负责，部长和各行业主管部门的领导要对本部门、本行业、本系统的环保工作负责。要不断加强环境保护机构和管理队伍的建设，把发挥专业队伍的作用同发动和依靠广大群众很好地结合起来。

加强环境管理是一项现实的、积极的政策，也是我国现阶段需要长久坚持的一项政策。主要措施是：制定法规和标准，扭转有法不依、执法不严、违法不究的局面。"八五"以来，我国颁布了一批环保的法律、法规，截至1992年，我国颁布了4部环境保护专门法律和8部相关的资源法律、20多件环境保护行政法规、231项环境标准，初步形成了环境、法规体系。有了法律依据后，环境保护的关键在于严格执法。要求环保、工商、公安、司法等部门要切实履行职责，相互配合，加大执法力度，坚决打击违法行为。对于严重违法行为和造成严重后果的单位和个人，要依法从严惩处，决不能姑息迁就。这一时期，我国环境执法也不断得到加强。从中央到省、市、县四级政府都建立了环境管理机构，达到7万人。同时，环保系统还建立了2 039个环境监测站，及时反映各地的环境状况。此外，大中型工业企业也都建立了自己的环境管理机构，达到20万人。环境管理部门依照法规，严格进行环境管理，使得环境规划、制度和标准得到实施。近年来，为了推动环境保护的不断前进，又推行了两项新制度：一是鉴于地方各级政府领导人在当地环境质量改善上的重要作用而推行的环境目标责任制，规定各级政府的领导人在任期内要达到的环境目标，要每年向公众公布实施进度，并作为政绩考核的一项内容。这项制度实行3年来收到了显著成效。二是城市环境综合整治定量考核制度。城市是人口、工业集中的地区，也是污染严重的地方，是中国环境保护工作的一个重点，为了推进和衡量城市的环境保护状况，把城市环境质量和环保工作确定为20项指标，每年进行一次考核，考核结果向公众公布，并作为考核城市政府领导人政绩的一个方面。

2. 进一步强化"三同时"制度

1980年11月，国家发布了《关于基建项目、技措项目要参与执行"三同时"的通知》。"三同时"原则的基本含义是指建设项目的环境保护设施必须与主体工程同时设计、同时施工、同时投产使用，它标志着我国环境政策向事前控制转变。1984年，国务院发布的《关于环境保护工作的决定》中，又把"三同时"制度执行的范围扩大到了自然开发项目："……新建、扩建、改建项目（包括小型建设项目）和技术改造项目，以及一切可能对环境造成污染和破坏的工程、建设和自然开发项目，都必须严格执行'三同时'制度……" 1989年12月26日颁发的《中华人民共和国环境保护法》，再次对"三同时"制度加以确认。该法的第二十六条规定："建设项目中防治污染的设施，必须与主体工程同时设计、同时施工、同时投产使用……"为了确保"三同时"制度的实施，《中华人民共和国环境保护法》第五章"法律责任"中，对违反"三同时"的法律责任做出了规定。由于"三同时"原则缺乏系统的理论构建和具体的执行措施，因此我国引入了在国外发展良好的环境影响评价制度，从而奠定了我国环境政策事前控制的根基。

根据1987年3月国家计委和国务院环境保护委员会联合发布的《建设项目环境保护设计规定》，"三同时"制度的主要内容可概括为以下几部分：第一，设计阶段。设计阶段又可分为项目建议书、项目可行性研究和初步设计3个部分。项目建议书应根据建设项目的性质、规模、建设地区的环境现状等有关资料，对建设项目建成后可能造成的环境影响进行简要说明。项目可行性研究报告中，应有环境保护的专门篇章，其内容应包括建设地区的环境现状、主要污染源和主要污染物、资源开发可能引起的生态变化、设计采用的环境标准、控制污染物和生态变化的初步方案、环境保护的投资估算、环境影响评价的结论或环境影响分析、存在的问题及建议。初步设计中必须落实环境影响报告书（表）及审批意见中确定的环境保护措施，其主要内容包括环境保护设计的依据、主要污染源和主要污染物及排放方式、采用的环境保护标准、环境保护设施及简要工艺流程、对建设项目引起的生态变化所采取的防范措施、绿化设计、环境管理机构及其定员、环境监测机构、环境保护投资概算。第二，施工阶段。建设项目中环境保护的措施必须与主体工程同时施工。在施工过程中，应当保护施工现场周围的环境，防止对自然环境造成不应有的损害；防止和减轻粉尘、噪声、振动等对周围生活环境的污染和危害；建设项目在施工过程中，环境保护部门可以进行现场检查，建设单位应提供必要的资料。第三，竣工验收阶段。建设项目在正式投产或使用前，建设单位必须向负责审批的环境保护行政主管部门提交"环境保护设施竣工验收报告书"，说明环境保护设施运行的情况、治理的效果、达到的标准。经建设项目主管部门预审，由环境保护主管部门审核，合格的发给"环境保护设施验收合格证"，方可正式投入生产或使用。

"三同时"制度的重要作用：第一，"三同时"制度是控制新的环境污染和生态破坏的重要保证。实行"三同时"制度，在允许开发建设的情况下，可以使在环境影响报告书（表）中提出的环境保护措施得到落实，从而有效地防止新的环境污染和破坏，使环境保护的预防为主的方针得以贯彻执行。第二，"三同时"制度是强化建设项目环境管理的重要手段。"三同时"制度明确了建设单位、主管部门和环境保护行政主管部门各自的职责，有利于促使建设项目主管部门认真落实环境保护要求，同时也有利于环境保护行政主管部门具体管理和监督。

3. 环境影响评价制度

环境影响评价是指在某地区进行某项活动之前，对这一活动将会对社会环境、自然环境以及对人体健康的影响进行调查和预测，并制定出减轻这些不利影响的对策和措施，从而达到经济发展与环境相协调的目的。把环境影响评价工作用法律的形式予以规定，作为一种必须遵守的法律程序，叫做"环境影响评价制度"。

环境影响评价是对工程建设项目可能对周围环境产生的不良影响进行评定。它的主要作用在于保证选址的合理性。对那些投资效果好但布局不合理、严重污染环境、破坏生态平衡、影响长远发展的项目，不允许建设，必须另选厂址。这项政策的推行，基本上保证了工业的合理布局。环境影响评价制度的另一个作用，是可以对开发建设项目提出防治污染的要求，防止新污染的产生。

1979 年 9 月，《中华人民共和国环境保护法（试行）》正式颁布，中国环境保护部门吸取了国外的经验和做法，在该法中写入了在扩建、改建、新建工程的时候，必须要提出环境影响报告书，这标志着中国的环境影响评价制度的正式建立。环境影响报告书制度从20世纪80年代初开始推行，并且效果显著。据统计，1981～1985年全国大中型建设项目中有76%执行了环境影响报告书制度；1986～1987年，全国大中型工业建设项目100%地执行了环境影响报告书制度。1986年至今，是中国环境影响评价制度发展成熟阶段。在这个阶段从法律到管理都颁发了若干项行政法规或法律，使中国的环境影响评价制度日臻完善。1986年3月26日，国家环境保护委员会、国家计划委员会、国家经济委员会联合颁发了《建设项目环境保护管理办法》作为对原办法的修改。另外，在《中华人民共和国海洋环境保护法》《中华人民共和国水污染防治法》《中华人民共和国大气污染防治法》《环境噪声污染防治条例》《对外经济开放地区环境保护管理办法》《中华人民共和国环境保护法》《中华人民共和国环境噪声污染防治法》等一大批法律、法规中，都有关于环境影响评价的规定。大量的地方法规也规定了环境影响评价的内容。为提高编制环境影响报告书的质量，从1986年起，国家环境保护局对全国从事环境影响评价工作的单位进行了一次资格审查，对符合条件的400多个单位发放了"评价证书"。加上各省、自治区、直辖市环境保护部门发放在内的，全国获得评价资格证书的单位已有1 000个。

建设项目环境影响评价的宏观目标就是保证经济与环境的协调发展。在建设项目的可行性研究阶段进行环境影响评价，从环境角度充分论证项目的可行性，这是贯彻"预防为主，防治结合，综合治理"方针的重要手段。起着协调经济持续发展和保护环境两者关系，实现经济效益、社会效益、环境效益相统一的重要作用。

第一，为生产的合理布局提供科学依据。生产的合理布局，不仅是经济可持续发展的基础，而且也是保护环境的前提条件。中国属于发展中国家，随着"四个现代化"建设的加快进行，新的工业区会不断出现。在这种情况下，建设项目的环境影响评价是对传统的经济发展方式的重大改革。在传统的经济发展中，往往考虑的是眼前的直接经济效益，没有或很少考虑环境效益，从而导致经济发展与环境保护的尖锐对立。实行环境影响评价制度就可以改变这种状况，它可以把经济效益与环境效益统一起来，实现经济与环境的协调发展。进行建设项目环境影响评价过程，也就是认识生态环境与人类经济活动的相互依赖和相互制约关系的过程。在认识并掌握经济规律和自然规律的基础上，为合理布局产业结构提供了可能。

第二，为确保某一地区的经济发展方向和规模提供科学依据。如何确定一个地区的经济发展方向和规模，从环境生态学角度讲，是一件十分慎重的事情。除了进行经济效益论证之外，必须要有环境效益的论证。如果没有环境的综合分析评价，盲目确定某一地区的经济发展方向和规模，是一定会出环境问题的。通过建设项目的环境影响评价，掌握一个地区、一座城市的环境特征和自净能力（环境容量），并以此来确定某一地区的经济发展方向和规模，将会收到巨大的环境效益。这样做的结果是制止环境污染和破坏，或者把环境污染和破坏控制在尽可能小的限度之内。

第三，为环境管理提供科学依据。所谓环境管理，就是协调经济发展和环境容量这两个目标的过程。通过环境管理，能够解决人类面临的最大挑战——经济发展与环境保护问题。在保证环境质量的前提下来提高经济效益，就必须对环境问题进行全面、合理的规划，并对规划方案的环境影响进行经济效益分析。一般来说，环境管理必须讲求经济效益，要把经济发展和环境效益两者统一起来，选择它们之间最佳的"结合点"。这个"结合点"是以最小的环境代价取得最大的经济效益。通过建设项目环境影响评价，可以得知对一个建设项目的污染破坏限制在一个什么程度范围内才符合环境标准的要求。在此基础上制定环境质量标准要考虑区域环境功能、企业类型、污染物危害程度和环境容量，以及采取的技术措施难易和效益大小等不同情况，从实际出发，力求获得最佳的环境效益和社会效益。环境影响评价制度已被写入《中华人民共和国环境保护法》，被规定为一切建设项目必须遵守的法律制度，在"合理布局"、"调整产业结构"、"防止新污染"、"改善城市环境质量"等方面起到了巨大的推动作用。据统计，1996年共有80 220个建设项目立项，履行环境影响报告制度的有65 438个，执行率为81.6%，其中编写报告书2 656份，填写报告表45 988份，办理备案16 736份。

4. 环境保护目标责任制

环境保护目标责任制是以签订责任书的形式，具体规定各级首长在任期内的环境目标和任务，并作为政绩考核内容之一，根据完成的情况给予奖惩。这项制度明确了各级行政首长保护环境的责任，理顺了不同层次和各个部门在保护环境方面的关系，使改善环境质量的任务得到层层落实。

根据《中华人民共和国环境保护法》第十六条的规定，"地方各级人民政府应当对本辖区的环境质量负责，采取措施改善环境质量"，它以责任书的形式落实省长、市长、县长在其任期内的环境保护目标和任务。该制度是针对各级政府及排污单位，在各自责任范围内，赋予其改善环境任务的行政管理制度，即根据国家长期规划，给一个地区、一个部门、甚至一个企业设定环保责任范围、实施目标等，并要求在其任期内努力完成。地方政府首长及部门、企业负责人，在自己的责任范围内，应该承担起完成环保目标的责任。现行环保目标责任制主要分3种形式：政府间层层签订责任状，分别负责；政府与部门间签订责任状；政府与直属企业签订责任状。地方各级人民政府必须加强对环境保护工作的统一领导，充分发挥各部门、各单位的力量，有计划、有步骤、有重点地解决环境问题。要依照《中华人民共和国环境保护法》的规定，切实对本辖区的环境质量负起责任。根据国家制定的环境保护目标和当地的实际情况，制定本地区的环境保护目标和实施措施，并在年度计划中予以落实。环境保护目标的完成情况应作为评定政府工作成绩的依据之一，并向同级人民代表大会和上一级政府报告。

国务院各有关部门要做好国民经济和社会发展计划中环境保护方面的综合平衡工作，制定有利于环境保护的经济、技术及能源政策；加强宏观指导，根据经济发展水平，逐步增加环境保护投入；原有环境保护资金渠道应根据新情况予以落实，并应抓好对重点污染项目的治理和重点环境保护示范工程的建设。

国家环境保护局对全国环境保护工作实施统一监督管理；县级以上政府环境保护部门对所辖地区的环境保护工作实施统一监督管理。各级环境保护部门要根据职责权限，采取具体措施完善环境保护法规、标准体系，逐步推行污染物排放总量控制和排污许可证制度，建立环境状况报告制度，会同有关部门对重点污染治理项目进行检查。省级以上政府环境保护部门必须定期发布环境状况公报。

各级人民政府应根据环境保护的职责和任务，健全环境保护机构，加强基层环境监督执法队伍建设，增强执法力量，积极支持环境保护部门独立行使监督管理职权。

5. 城市环境综合整治定量考核制度

城市环境综合整治，就是把城市环境作为一个系统、一个整体，运用系统工程的理论和方法，采取多功能、多目标、多层次的综合战略、手段和措施，对城市环境进行综合规划、综合管理、综合控制，以最小的投入换取城市质量优化，做到经济建设、城乡建设、环境建设的同步规划、同步实施、同步发展，从而使复杂的城市环境问题得以解决。城市人民政府应当组织各方面的力量继续开展环境综合整治工作，积极推进污染的集中控制，提高治理投资效益和污染防治能力；按照城市性质、环境条件和功能分区，合理调整工业结构和建设布局，对严重污染又缺乏有效治理措施的工厂，视其情况予以关闭或有计划地搬迁；在新城建设和老城改造时，应充分考虑环境保护和综合整治的要求，实行配套开发建设；在环境保护方面，坚持每年为人民群众办好一些实事，有重点地解决群众意见较大的环境问题。

城市环境综合整治定量考核制度，是指通过实行定量考核，对城市在推行城市环境综合整治中的活动予以管理和调整的一项环境监督管理制度。城市环境综合整治自1984年起在我国得到广泛推行。城市环境综合整治是指在城市政府的统一领导下，以城市生态学理论为指导，以发挥城市综合功能和整体最佳效益为前提，为保护和改善城市总体环境，对制约和影响城市生态系统发展的综合因素，采取综合性的对策进行整治、调控。该项措施在全国推行后，对改善城市环境发挥了促进作用。

实行城市环境综合整治定量考核制度的意义在于：①使城市环境保护工作逐步由定性管理转向定量管理，有利于污染物排放总量控制制度和排污许可证制度的实施。②该制度明确了城市政府在城市环境综合整治中的职责，使城市环境保护工作目标明晰化，对各级领导既是动力也有压力。通过考核评比，能大致衡量城市环境综合整治的状况和水平，找出差距和问题，促进这项工作的深入开展。③可以增加透明度，接受社会和群众的监督，发动广大群众共同关心和参与环境保护工作。

这项制度要对环境综合整治的成效、城市环境质量制定量化指标进行考核，每年评定1次城市各项环境建设与环境管理的总体水平。考核包括大气、水、噪声、固体废弃物综合利用及城市绿化5个方面、21项指标，考核结果要公布。城市环境综合整治定量考核制度是综合运用行政、法律、经济、技术、建设等各种手段，结合污染治理和环境管理，通过定量指标体系，审查城市环境综合整治效果，从而促进城市环境状况改善的一种新制度。审查是对各指标项目以评分形式进行，如城市环境质量指标为6项37分，城市污染控制指标为8项37分，城市环境基础设施水平指标为6项26分，共计20项100分。接受国家审查的重点城市，包括北京、上海、省级政府所在地城市、旅游城市、计划单列市共37个。接受省级审查的城市目前已达230个，约占全国城市的一半。1985年，在洛阳召开了第一次全国城市环境保护工作会议。会议原则通过了《关于加强城市环境综合整治的决定》。提出了中国城市环境综合整治的方针政策、目标与任务。进一步确认了把城市的环境综合整治与城市建设、改造、城市的经济建设"同步发展"密切结合的指导思想。强调城市综合整治是各级人民政府的一项基本职责，在市长的统一领导下，政府各部门分工负责，坚持"人民城市人民建，人民城市人民管"的原则，使城市环境综合整治成为全社会的共同任务。省、自治区、直辖市人民政府环境保护部门负责对本辖区的城市环境综合整治工作进行定量考核，每年公布结果。直辖市、省会城市和重点风景游览城市的环境综合整治考核结果，由国家环境保护局核定后公布。

6. 污染集中控制政策

污染集中控制是指采用集中供热、污水集中处理、固体废物集中处置和处理等工程技术措施和配套的管理体制，集中控制"三废"污染，它是20世纪80年代以来逐渐形成的一项中国环境保护制度，在改善环境质量、提高污染防治的经济效益方面具有显著的优势。1981年2月24日，国务院发布的《关于在国民经济调整时期加强环境保护工作的决定》中指出："在城市规划和建设中，要积极推广集中供热和联片供热……特别是新建的工业区、住宅区和卫星城镇，今后不要再搞那种一个单位一个锅炉房的分散落后的供热方式。要打破行业界限，或采取联合经营的方式，积极开展工业'三废'的综合利用，做到环境效果、经济效果、节能效果的统一。"这个决定最早提出了污染集中控制的要求。

污染防治走集中与分散治理相结合的道路，以集中控制为发展方向，以期达到规模效益，并便于走污染控制社会化的道路。对重点污染源的主要污染物进行定量管理。本制度是以区域、流域作为特定控制单位，依据污染防治规划及各污染因子的性质种类等，采取集中管理的方法，力求以小投入获得大效益的一项重要措施。污染集中控制主要以4种方式进行：将污染控制规划纳入城市建设规划；分功能区治理；政府与部门、企业合作治理；集中控制与分散治理并行。

7. 限期治理制度

限期治理制度是指对造成严重污染的企业、事业单位和在特殊保护区域内超标排污的已有设施，依法限定在一定期限内完成治理任务的制度。限期治理制度是适合中国国情的一项有效环境管理制度。限期治理制度的出台是源于1973年我国连续出现的3起严重的污染事件：北京官厅水库的水质恶化、天津蓟运河污染、渤黄海近岸海域污染。1973年8月，国家计委在《关于全国环境保护会议情况的报告》中明确提出："对污染严重的城镇、工矿企业、江河湖泊和海湾，要一个一个地提出具体措施，限期治理好。"1979年9月13日颁布的《中华人民共和国环境保护法（试行）》第十七条明确规定："在城镇生活居住区、水源保护区、名胜古迹、风景游览区、温泉、疗养区和自然保护区，不准建立污染环境的企业、事业单位。已建成的，要限期治理、调整或者搬迁。"从此，限期治理制度首次以国家法律的形式正式确立。此后，我国又陆续出台了一系列的法规，如《中华人民共和国水污染防治法》《中华人民共和国大气污染防治法》等，使限期治理制度得到逐步完善。限期治理制度的实施使得重点的污染源得到有效的控制，而且推动企业尤其是乡镇企业的技术提升，可以在短期内达到良好的治污效果。1978年，第一批国家限期治理项目277项已基本完成。1990年，第二批国家限期治理项目140项已部分完成，部分尚在实施。

8. 排污收费制度

排污收费制度也称征收排污费制度，它是指向环境排放污染物以及向环境排放污染物超过国家或地方污染物排放标准的排污者，按照污染物的种类、数量和浓度，根据排污收费标准向环境保护主管部门设立的收费机关缴纳一定的治理污染或恢复环境破坏费用的法律制度。排污收费制度是环境立法有关"谁污染谁治理"原则的具体体现。排污收费制度，是西方国家贯彻执行"污染者负担原则"而在环境行政管理过程中成功实行的一项环境法律制度，目的主要在于填补因环境污染所造成的社会费用，以实现社会的公平，不至于由国家或社会来承担这笔巨大的费用。

国务院总理李鹏在谈到中国的排污收费制度时指出："我国实行排污收费制度的实践证明，用经济杠杆推动企业积极治理污染，是一项正确的政策，体现了《环境保护法》规定的谁污染谁治理的原则。这项政策还为治理环境污染提供了一个可靠的资金来源。"

实施排污收费的作用，可概括为以下几个方面。

第一，促进老污染源治理。中国开展征收排污费以前，防治工业污染的进展一直非常缓慢，企业治理污染主要是向国家伸手要投资、要技术、要材料，缺乏防治污染的自觉性和主动性。近年来，通过开展环境保护宣传教育，特别是运用经济杠杆和法律手段进行环境监督，深入开展征收排污费，促进了"谁污染谁治理"原则的落实，提高了企业的环境意识，增强了防治污染的自觉性。

第二，控制新污染源产生。国务院发布的《征收排污费暂行办法》对《中华人民共和国环境保护法（试行）》公布以后，新建、扩建、改建的工程项目和挖潜、革新、改造的工程项目排放污染物超过标准的，以及有污染物处理设施而不运行或擅自拆除，排放污染物又超过标准的，应当加倍收费，全国大中型建设项目"三同时"执行率已由1979年的39%提高到1995年的85.7%。

第三，提高企业的经济效益。由于征收排污费触及了企业自身的利益，企业开始积极主动地抓污染防治，建立健全管理制度，通过技术改造和"三废"综合利用，使污染物排放量不断减少，提高了企业的经济效益。

第四，为防治污染提供了大量专项资金。排污费的使用进一步促进防治污染的作用，为防治污染开辟了一条可靠的资金渠道。

第五，促进了环境保护事业的发展。根据排污收费使用的有关文件规定，排污费中可以将20%部分留给环境保护部门用于购买监测仪器、设备以及小型基本建设和环境保护事业费，如环境保护宣传、教育等。全国仅"八五"期间用于环境保护事业发展的资金达47.11亿元，大大提高和加强了各级环境保护部门和环境监测部门业务活动的能力，促进了环境保护事业的发展。

排污费的征收对象是排放污染物超过国家或地方制定的污染物排放标准的排污者（排污单位），包括企业、事业单位以及个人（个体工商户）。目前中国征收排污费使用的标准是国家制定的污染物排放标准。对于制定有地方污染物排放标准的，地方标准高于国家标准的，应当按照地方标准执行征收。征收排污费的直接依据是排污单位向当地环境保护部门申报、登记并经环境保护部门或其指定的监测单位核定后的排放污染物的种类、数量和浓度。

排污费的使用也有相应的规定：①排污费的一般使用。中央部属和省（自治区、直辖市）属排污单位缴纳的排污费，缴入省级财政，其他排污单位的排污费缴入当地地方财政。中央部属和省属企业集中的城市，经省人民政府批准，排污费可以缴入当地地方财政。征收的排污费纳入预算内，作为环境保护补助资金，按专项资金管理，不参与体制分成。环境保护补助资金，由环境保护部门会同财政部门统筹安排使用。要坚持专款专用，先收后用，量入为出，不能超支、挪用。如有节余，可以结转下年使用。环境保护补助资金，主要用于补助重点排污单位治理污染源以及环境污染的综合性治理措施。②建立污染源治理专项基金。为了提高对排污费的使用效率，有重点地治理环境污染，国务院在1988年发布了《污染源治理专项基金有偿使用暂行办法》。该办法规定，由地方各级环境保护部门从超标排污费中用于补助重点污染单位治理污染源资金中提取20%～30%，加上历年超标排污费的未使用部分以及贷款利息、滞纳金和挪用贷款的罚息除按照国家规定支付银行手续费外的部分，设立污染源治理专项基金。

污染源治理专项基金主要用于重点污染源治理项目、"三废"综合利用项目、污染源治理示范工程，为解决污染实行并、转、迁的污染源治理设施。

9. 排污许可证制度

对排污单位实行排污登记，发放排污许可证，实行总量控制。20世纪80年代中期，天津、苏州、扬州、厦门等10余个城市在排污申报登记的基础上，向企业发放水污染物排放许可证。1988年3月，国家环境保护局发布了《水污染物排放许可证管理暂行办法》。1989年7月，经国务院批准，国家环境保护局发布的《水污染防治法实施细则》规定：直接或间接向公共水域排污的单位，必须按国务院环保部门规定，向当地环保部门申报登记所有排污设备，处理设施及正常状况下排污种类、数量、浓度，同时要提供与污染治理有关的技术资料。另外国家环境保护局规定：环保局受理申报，审查后对未超出国家、地方排污标准及污染物排放总量指标的，将颁发污染物排放许可证。排污许可证以污染物总量控制为基础，以改善环境为目标，规定了允许排污单位排放的污染物种类、数量及排放方式。因为排污登记作为排污许可的实施基础，排污许可证确定排污单位污染物排放量，所以各排污单位务必依照法律、法规及实际情况，如实进行申报登记。但目前仅对重点区域、重点污染源的主要污染物进行定量管理。

10. 严格环保执法，强化环境监督管理

各级环境保护行政主管部门必须切实履行环境保护工作统一监督管理的职能，加强环境监理执法队伍建设，严格执法，规范执法行为，完善执法程序，提高执法水平。县级以上人民政府应设立环境保护监督管理机构，独立行使环境保护的统一监督管理职责。地方各级环境保护行政主管部门主要负责人的任免，应征求上一级环境保护行政主管部门的意见。县级以上人民政府的有关部门，要依照有关法律的规定，实施对环境污染防治和资源保护的监督管理。要进一步健全环境保护的法律、法规体系和管理体系，开展经常性的环境保护行政执法检查活动，严肃查处有法不依、执法不严、违法不究和以言代法、以权代法、以罚代刑等违法违纪行为。构成犯罪的，应依法追究其刑事责任。

要求各级人民政府、各部门、各企事业单位，必须严格执行《中华人民共和国环境保护法》和其他环境保护的法律、法规，采取有效措施切实改变有法不依、有章不循、执法不严、违法不究和以权代法的状况。环境保护监督管理部门应当会同政府法制部门进行经常性的环境保护执法检查，及时处理和纠正违反环境保护法律规定的行为。各级人民政府、环境保护部门和有关部门应当根据职责权限，制定和完善环境保护规定和实施办法，健全环境保护法制。

11. 在资源开发利用中重视生态环境的保护

国务院要求各级人民政府和有关部门必须执行国家有关资源和环境保护的法律、法规，按照"谁开发谁保护，谁破坏谁恢复，谁利用谁补偿"和"开发利用与保护增殖并重"的方针，认真保护和合理利用自然资源，积极开展跨部门的协作，加强资源管理和生态建设，做好自然保护工作。林业部门应加强森林植被的保护和管理，制止乱砍滥伐森林，提高森林覆盖率、造林质量和绿化工作管理水平，做好大型防护林工程建设的组织工作。水利部门应加强对水资源的统一规划和管理，在开发利用水资源时，应充分注意对自然生态的影响，会同有关部门做好环境影响评价、节约用水、保护饮用水源地、防治水土流失等项工作。农业部门必须加强对农业环境的保护和管理，控制农药、化肥、农膜对环境的污染，推广植物病虫害的综合防治；根据当地资源和环境保护要求，合理调整农业结构，积极发展农业生产。各主管部门要进一步加强对野生动植物的管理，做好物种资源保护工作。对破坏野生动植物的违法犯罪活动，执法部门必须给予严厉打击。各主管部门必须加强所属自然保护区的建设和管理，积极开展自然保护的区划、规划工作。凡有保护价值的地区，应尽快建立自然保护区。环境保护部门应加强对自然保护工作的统一监督管理，统筹全国自然保护区的区划、规划工作，提出建设自然保护区的方针、政策和法规、制度，负责向国务院提出国家级自然保护区的审批意见；对开发利用自然资源影响自然环境的建设项目，实行环境影响报告书制度，并会同有关部门制定生态环境考核指标和考核办法。

12. 积极研究开发环境保护科学技术，大力发展环境保护产业

国家、地方和有关部门的各项中长期科技发展规划和年度计划，应优先安排环境保护科学技术研究及开发工作。要重点研究节能降耗、清洁生产、污染防治、生物多样性和生态保护等重大环境科研课题，努力采用高新技术及实用技术。加强基础环境科学和环境标准及监测技术的研究，大力推广应用科技成果。

要继续认真贯彻《国务院办公厅转发国务院环境保护委员会关于积极发展环境保护产业若干意见的通知》（国办发［1990］64号），制定鼓励和优惠政策，大力发展环境保护产业。要提高环境保护产品和环境工程的质量和技术水平，对生产性能先进可靠、经济高效的环境保护产品的企业，在固定资产投资等方面优先予以扶持，促进环境保护产业形成规模。国家计委、国家科委在综合平衡时，对重要的环境保护课题应优先安排。各地区、各部门应积极研究和采用无污染或少污染的先进工艺、技术和装备，限期改造、淘汰严重污染环境的落后生产工艺和设备，积极推广、使用环境保护科技新成果。

13. 积极参与解决全球环境问题的国际合作

我国坚持独立自主的外交政策，广泛开展环境保护的国际合作与交流。在签订有关国际公约时，应做好调查研究和各项准备工作，采取既积极又慎重的态度。

各部门、各单位在参加有关国际活动时，应认真贯彻和积极宣传我国政

府关于全球性环境问题的原则立场，注意维护我国和发展中国家的利益。外交部和国家环境保护局应会同有关部门做好环境保护重要国际活动的国内外协调工作。

14. 确定了环境与发展十大对策和措施

1992年8月，在联合国环境与发展大会以后不久，党中央、国务院批准了我国环境与发展的十大对策。这十大对策吸取了国际社会的新经验，包括综合决策和可持续发展，也总结了我国环保工作20年的实践经验，集中反映了当前和今后相当长的一个时期我国的环境政策，它是确保可持续发展在中国成为现实的环境政策。

（1）实行持续发展战略。1992年，我国率先引入了可持续发展的理念，先后颁布了包括中国《21世纪议程》在内的近10部环境政策，奠定了可持续发展基本国策的地位。1996年在《国民经济与社会发展"九五"计划和2010年远景目标纲要》中，首次将可持续发展战略列为国家基本战略，实现了走可持续发展之路的战略转变。而党的十六届三中全会提出的科学发展观是对可持续发展理念的完善和提升，它强调了以人为本和可持续发展的重要性，在与环境政策融合过程中主要体现为公众参与和循环经济两个方面。以循环经济为例，目前循环经济工作的重点是3R理念支撑下的生态省、市、县及生态工业园区的建立和企业零排放目标的实现。

当时，我国经济发展仍然沿用以大量消耗资源和粗放经营为特征的传统发展模式，这种模式不仅造成对环境的极大损害，而且使发展本身难以持久。因此，转变发展战略，走持续发展道路，是加速我国经济发展、解决环境问题的正确选择。为此，必须重申"经济建设、城乡建设、环境建设同步规划、同步实施、同步发展"的指导方针。各级人民政府和有关部门在制定和实施发展战略时，要编制环境保护规划，切实将环境保护目标和措施纳入国民经济和社会发展中长期规划和年度计划，并将有关的污染防治费用纳入各级政府预算，确保其实施。在产业结构调整中，要严格执行产业政策，淘汰那些能源消耗高、资源浪费大、污染严重的工艺、装备和产品。在项目建设中，必须严格按法律规定，先评价，后建设。在考核各地经济工作和干部政绩时，不但要看发展速度和经济效益，而且要考核社会效益和环境效益。

（2）采取有效措施，防治工业污染。当前，影响环境质量的主要污染物来源于工业生产。工业设备陈旧、技术落后是主要原因。因此，在新建、扩建、改建项目时，技术起点要高，尽量采用能耗物耗小、污染物排放量少的清洁工艺，要根据环境承载能力，合理布局，实行资源优化配置，各级政府主管部门在审批项目时要严格把关,凡是采用落后工艺、布局不当、污染环境的工业项目,一律不得批准建设;工业污染防治要提倡区域综合治理和集中控制,提高规模效益,要坚持引导和限制的原则,积极防治乡镇企业污染,严禁对资源乱采滥挖,大力开展综合利用,最大限度地实现"三废"资源化;在转换企业经营机制的过程中,要明确企业治理污染的责任,坚持"污染者付费"的原则,不允许企业向社会转嫁污染换取自身的高效益;广泛开展创建"清洁文明工厂"和"环保先进企业"活动,努力建立现代工业新文明。

各级人民政府和有关部门对经济效益差、严重污染环境、影响附近居民正常生活的企业,必须停产治理;对浪费资源和能源、严重污染环境的企业,特别是小造纸、小化工、小印染、小土焦、土硫黄等乡镇企业,根据管理权限,必须责令其限期治理或分别采取关、停、并、转等措施;对直接危害城镇饮用水源的企业,一律关停;禁止在饮用水源保护区和环境敏感地区及自然保护区新建污染环境的建设项目。

凡产生环境污染和其他公害的企事业单位,必须把消除污染、改善环境、节约资源和综合利用作为技术改造和经营管理的重要内容,建立环境保护责任制度和考核制度。有关部门应将保护环境作为考核企业升级和评选先进文明单位的必备条件之一。具体考核办法由国家环境保护局会同有关部门组织制定。企业治理污染、开展综合利用的资金,有关部门应优先给予保证。

新建、扩建、改建项目和技术改造项目,以及一切可能对环境造成污染和破坏的工程建设和自然资源开发项目,必须严格执行国家有关建设项目环境保护管理的规定。已建成的防治污染设施,必须正常运转,不得擅自拆除或闲置。对违反有关规定的,环境保护部门应当依法给予处罚。

从国外、境外引进技术和设备的单位,必须遵守我国环境保护法律、法规和政策,不得损害我国的环境权益和放宽环境保护规定。禁止将国外、境外列入危险特性清单中的有毒、有害废物和垃圾转移到国内处置,严格防止转移污染。

(3) 深入开展城市环境综合整治,认真治理城市"四害",尽快改变城市环境污染面貌,对改善投资环境、促进改革开放、提高人民生活水平都有十分重要的意义。要继续实行以工业污染防治和基础设施建设为主要内容的城市环境综合整治。重点是:治理烟尘污染,普及工业与民用型煤,限制原煤散烧,大力推行集中供热和联片采暖;对城市污水要逐步实行清污分流、污水截流和集中处理,并尽可能回收利用;广泛开展固体废物、生活垃圾综合利用和无害化处理，尽快改变垃圾围城的状况；严格控制工业与交通噪声污染。新区建设和老城改造，应把集中供热、燃气、园林绿化、垃圾和污水处理等统一规划，配套建设。

（4）提高能源利用效率，改善能源结构。为履行气候公约，控制二氧化碳排放，减轻大气污染，最有效的措施是节约能源。目前，我国单位产品能耗高，节能潜力很大。因此，要提高全民节能意识，落实节能措施，逐步改变能源价格体系，实行煤炭以质定价，扩大质量差价，加快电力建设，提高煤炭转换成电能的比重，发展大机组，淘汰和改造中、低压机组以节能降耗，实现能源部规划的"2000年全国供电煤耗每千瓦时比1990年降低80克"的目标；逐步提高煤炭洗选加工比例，鼓励城市发展煤气和天然气以及集中供热、热电联产，并把优质煤优先供应城市民用；要逐步改变我国以煤为主的能源结构，加快水电和核电的建设，因地制宜地开发和推广太阳能、风能、地热能、潮汐能、生物质能等清洁能源。

（5）推广生态农业，植树造林，切实加强生物多样性的保护。农业土壤和森林植被是生态环境的重要组成部分。大力植树造林，加强土地和森林资源保护，改变目前我国农田土壤沙化和森林覆盖率低的状况，是一项紧迫和长期的任务。国家和地方要逐步加大对生态农业、植树造林和培育森林的投入，并且调动社会各方面的积极性，多渠道、多层次筹集资金，加快改土、造林步伐，坚持以法治土、治林，认真执行采伐限额，加强农田、林政和林地管理，确保土壤改良和森林资源的稳定增长。我国的生物资源极为丰富，蕴藏着巨大的经济和科学价值，应该加快查明我国生物资源和濒危物种现状，进一步加强对生物多样性的保护和合理利用。要逐步扩大自然保护区的面积，加强建设和管理，要有计划地建设野生珍稀物种及优良家禽、家畜、作物、药物良种保护和繁育中心，切实抓好物种和遗传基因的保护和开发利用，并加强出口管理。开展对生物资源的科学研究、合理开发和利用，对乱捕滥猎、乱采滥挖珍稀动植物的行为，要依法严惩。

（6）大力推进科技进步，加强环境科学研究，积极发展环保产业。解决环境与发展问题，根本的出路在于依靠科技进步。各级政府、有关部门、各企事业单位都要针对本地区、本行业存在的主要环境问题，积极研究、开发或引进无废、少废、节水、节能的新技术、新工艺，筛选、评价和推广环境保护适用技术。为了尽快把科技成果转化成现实的污染防治能力，必须正确引导和大力扶持环保产业的发展。要把环保产业列入优先发展领域，开发和推广先进实用的环保装备，积极发展绿色产品生产，建立产品质量标准体系，提高环保产品质量。各级计划、科技部门，要充分支持污染防治和自然保护的示范工程和示范区建设，在项目和资金安排方面给予优先考虑。

（7）完善环境经济政策，切实增加环境保护投入。随着经济体制改革的深入，市场机制在我国经济生活中的调节作用越来越强，企业经营机制也在逐步发生变化。因此，各级政府应更多地运用经济手段来达到保护环境的目的。《国务院关于环境保护若干问题的决定》第七项规定：国务院有关部门要按照"污染者付费、利用者补偿、开发者保护、破坏者恢复"的原则，在基本建设、技术改造、综合利用、财政税收、金融信贷及引进外资等方面，抓紧制定、完善促进环境保护、防止环境污染和生态破坏的经济政策和措施。在制定区域和资源开发、城市发展和行业发展规划、调整产业结构和生产力布局等经济建设和社会发展重大决策时，必须综合考虑经济、社会和环境效益，进行环境影响论证。各省、自治区、直辖市应遵循经济建设、城乡建设、环境建设同步规划、同步实施、同步发展的方针，切实增加环境保护投入，逐步提高环境污染防治投入占本地区同期国民生产总值的比重，并建立相应的考核检查制度。

国务院有关部门要尽快制定限制氯氟化碳，含铅汽油生产、进口和使用的有关政策，建立并完善有偿使用自然资源和恢复生态环境的经济补偿机制。要按照"排污费高于污染治理成本"的原则，提高现行排污收费标准，促使排污单位积极治理污染。要加强排污费征收、使用和管理。各级环境保护行政主管部门和地方各级人民政府要足额征收排污费。对征收的排污费、罚没收入要严格实行"收支两条线"的管理制度，按规定使用，不得挪用、截留。建设城市污水集中处理设施的城市，可按照国家规定向排污者收取污水处理费。

按照资源有偿使用的原则，要逐步开征资源利用补偿费，并开展对环境税的研究；研究并试行把自然资源和环境纳入国民经济核算体系，使市场价格准确反映经济活动造成的环境代价，制定不同行业污染物排放的时限标准，逐步提高排污收费标准，促进企业污染治理达到国家和地方规定的要求；对环境污染治理、废物综合利用和自然保护等社会公益性明显的项目，要给予必要的税收、信贷和价格优惠；在吸收和利用外资时，要把环境保护工程作为同时安排的内容；引进项目时，要切实把住关口，防止污染向我国转移。

（8）加强环境教育，不断提高全民族的环境意识。环境意识是衡量社会进步和民族文明程度的重要标志。加强宣传教育，努力提高全民族的环境意识是一项长期任务。各级宣传部门和广播、电视、报刊等单位要把环境保护宣传作为一项重要职责和经常性的任务，大张旗鼓地宣传环保方针、政策、法规和好坏典型。各级教育和有关部门都要重视环境教育,在中、小学和幼儿园中普及环境保护知识;办好大中专院校环保专业。各级党校、干校也要加强环境教育,提高各级干部对联合国环境与发展问题综合决策的能力。

各地区、各部门必须把环境保护法律知识作为干部和职工培训的重要内容,提高各级领导干部和人民群众遵守环境保护法律、法规的自觉性。大、中、小学要开展环境教育。建立公众参与机制,发挥社会团体的作用,鼓励公众参与环境保护工作,检举和揭发各种违反环境保护法律、法规的行为。报纸、广播、电视等新闻媒介,应当及时报道和表彰环境保护工作中的先进典型,公开揭露和批评污染、破坏生态环境的违法行为。对严重污染、破坏生态环境的单位和个人予以曝光,发挥新闻舆论的监督作用。各地区、各部门在参加有关国际活动时,应认真贯彻和积极宣传我国政府关于全球性环境问题的原则立场,维护我国和发展中国家的权益。国务院责成国家环境保护局会同监察部等有关部门监督检查本决定的贯彻执行情况,向国务院做出报告。各级宣传教育部门应当把环境保护的宣传教育列入计划,利用多种形式大力开展"保护环境是一项基本国策"和《中华人民共和国环境保护法》以及有关资源保护的宣传教育活动,普及环境科学和环境法律知识,提高全民族特别是各级领导干部的环境意识和环境法制观念,树立保护环境人人有责的社会风尚。高等院校应有计划地设置有关环境保护的专业或课程,中、小学及幼儿教育应结合有关教学内容普及环境保护知识;各地区、各部门在培训干部时,应当把环境保护教育作为一项重要内容。

1992年8月,党中央、国务院批准的《环境与发展十大对策》要求各级党校、干校要加强环境教育,提高各级干部对环境与发展问题综合决策的能力。中央党校随即举办了环境保护讲座。山西、山东、河北、辽宁、天津、大连、青岛、武汉、深圳等省、市党校也相继将环境保护内容列入教学计划。山西省委组织部还向各级党校下达培训计划,要求进党校培训的干部必须全部接受环境保护和可持续发展战略思想的教育。

从1994年11月开始,国家计委、国家科委举办了"将《中国21世纪议程》纳入国民经济和社会发展计划培训班",不仅为各级政府和有关部门培养了具有可持续发展思想的干部,更重要的是为可持续发展的继续培训培养了首批教员,并提供了系统的教材。来自国际组织、科研院所和政府机构研究、编制和执行国家可持续发展战略的专家,结合典型案例向学员们系统而深入浅出地讲授了有关可持续发展方面的人口、法律、资源、环境、经济、工业、农业、管理等知识,并组织学员结合自己的工作实际,就实施

《中国21世纪议程》的作用、目标、困难和对策进行了深入的讨论,不仅澄清了学员们的一些模糊认识,帮助他们树立了人口、资源和环境的危机感和贯彻实施可持续发展战略的使命感,而且培养了他们在新的发展观下,认识问题、分析问题和解决问题的能力。

中央组织部、国家计委、国家环境保护局等部门还不定期举办省委书记、省长、市长、专员以及计委、编委主任参加的环保战略高级研讨班。与此同时,各地、各部门也相应举办了各种类型的研讨班、培训班。从1995年5月开始,北京、天津、河北、山西、四川、甘肃、浙江、黑龙江等省、市和林业部、国家海洋局等部门,以将《中国21世纪议程》纳入国民经济和社会发展计划培训为基础,不断组织各类可持续发展的培训与研讨,有的省、市和部门还组成了以受训人员为骨干、推进其地方和部门实施21世纪议程的组织机构,并结合"九五"计划和2010年远景目标制定本地和本部门的21世纪议程和行动方案。

(9) 健全环境法制,强化环境管理。实践表明,在经济发展水平较低、环境投入有限的情况下,健全管理机构,依法强化管理,是控制环境污染和生态破坏的一项有效手段,也是具有中国特色的环境保护道路中一条成功的经验。发达国家"经济靠市场,环保靠政府"的有益经验应该借鉴。在政府机构改革和经济体制改革中,环境保护作为政府的基本职能将更加突出。因此,要健全和强化环境管理体系,提高工作效率和服务质量,但决不能放松对环保的审批要求。认真总结环保法实施中的经验和存在的问题,并在此基础上进一步完善环境保护法规和标准,各级党政领导部门要支持环保管理部门依法行使监督权力,做到有法必依、执法必严、违法必究,继续积极推行各项行之有效的环境管理制度,全面加强环境管理。

(10) 参照联合国环境与发展大会精神,制订我国环境保护行动计划。《21世纪议程》是在全球、区域和各国范围内实现持续发展的行动纲领,涉及国民经济和社会发展的各个领域,为我国的环境与发展提供了有益参考。国务院环委会组织有关部门制订环境与发展的行动计划,经综合平衡后纳入到"八五"后3年和"九五"计划中付诸实施。

我国政府信守对国际社会的庄严承诺,并认真地采取了一系列的实际行动。国家计委、国家科委牵头组织编写的《中国21世纪议程》是响应联合国联合国环境与发展大会精神在中国全面实施可持续发展战略的纲领性文件。由国家环境保护局、财政部、国家计委组织编写的《中国的环境行动计划》是一套具体的环境行动计划,在征求各部门意见后得到国务院批准,并付诸实施。我国的《温室气体排放控制战略》和《生物多样性保护行动计划》是国家环境保护局在世界银行帮助下拟定的在上述领域更加具体的行动计划。中国为执行修订后的《蒙特利尔议定书》的国家行动计划已经编制完成并已着手执行。加强国际合作是中国环境政策的重要一环，我国从国际合作中得到不少有益的帮助和支持，我国一贯以积极负责的态度参与为解决全球的、区域的和本国的环境问题的国际努力。

15. 推行清洁生产政策

早在 20 世纪 70 年代，我国就提出了"预防为主，防治结合"的方针，强调通过调整产业布局和产品结构，通过技术改造和"三废"的综合利用防治工业污染。到了 20 世纪 80 年代，随着环境问题的日益严重，我国提出通过技术改造把"三废"排放减少到最小限度。到了 1993 年，我国政府开始逐步推行清洁生产工作。同时在联合国环境规划署、世界银行的援助和许多外国专家的协助下，我国启动和实施了一系列推进清洁生产的项目。

1983 年国务院就颁发了《关于结合技术改造防治工业污染的几项规定》，其中就提到"对现有工业企业进行技术改造时，要把防治工业污染作为重要内容之一，通过采用先进的技术和设备，提高资源、能源的利用率，把污染物消除在生产过程之中"。这个规定中的一些内容已经体现了清洁生产的思想。1985 年，国务院颁发了《关于开展资源综合利用若干问题的暂行规定》，该规定为我国资源综合利用提供了具体的指导。同时为了调动企业开展资源综合利用的积极性，国家制定了一系列鼓励政策。1989 年，联合国环境规划署提出推行清洁生产的行动计划后，清洁生产的理念和方法开始引入我国，有关部门和单位开始研究如何在我国推行清洁生产。1992 年，国家环境保护局与联合国环境规划署召开了我国第一次清洁生产研讨会。1993 年，我国政府开始逐步推行清洁生产工作。在联合国环境规划署、世界银行的援助和许多外国专家的协助下，中国实施了一系列清洁生产的项目，清洁生产从概念、理论到实践在中国广为传播。当时，全国各地都先后开展了清洁生产培训和试点工作，试点项目达 700 个。通过实施清洁生产，普遍取得了良好的经济效益和环境效益。通过对开展清洁生产审核的 219 家企业的统计，推行清洁生产后获得经济效益 5 亿多元，COD 排放量平均削减率达 40%；废水排放量平均削减率为 40% ~ 60%；工业粉尘回收率达 95%。试点经验表明，实施清洁生产，将污染物消除在生产过程中，可以降低污染治理设施的建设和运行费用，并可有效地解决污染转移问题；可以节约资源，减少污染，降低成本，提高企业综合竞争能力；可以挽救一批因污染严重而濒临关闭的企业，缓解就业压力和社会矛盾。同时，我国政府与世界银行、亚洲开发银行以及加拿大等国家开展了广泛的双边和多边合作，内容涉及清洁生产立法、政策研究、宣传培训、试点以及建立清洁生产信息系统等。同时为我国培养了一批清洁生产专门人才,积累了我国企业开展清洁生产的经验,起到了积极的宣传促进作用。1998年,国家环境保护总局代表中国政府在汉城(现更名为"首尔")《国际清洁生产宣言》上签字,承诺推行清洁生产。1999年,全国人大环境与资源保护委员会将《清洁生产促进法》列入立法计划。

16. 实行ISO14000环境管理系列标准

ISO14000标准是环境管理系列标准的总称。1993年6月,国际标准化组织(ISO)经过充分的筹备,正式成立了ISO/TC207环境管理技术委员会,并在短期内推出ISO14000环境管理系列标准,其目的是规范全球企业及各种组织的活动、产品和服务的环境行为,节省资源、减少环境污染,改善环境质量,保证经济可持续发展。ISO14000环境管理系列标准是继ISO9000系列标准后推出的又一重要的国际通行的管理标准。ISO14000体系由5个要素组成,即环境方针、策划、实施和运行、检查和纠正措施、管理评审。体系认证标准为ISO14001,这是系列标准的核心部分。其他标准则是其技术支撑文件,以保证环境体系审核、认证活动规范化并与国际接轨。

ISO14000系列标准已被许多国家所采用,我国采用的GB/T24000—ISO14000环境管理系列标准已于1997年4月1日开始实施。随着环境管理体系认证工作在我国的蓬勃开展,为加强对我国环境管理体系认证工作的管理,1997年4月,国务院批准成立了中国环境管理体系认证指导委员会,由国家环境保护局牵头,负责对我国环境管理体系认证工作的统一管理和指导。目前,我国的环境管理体系审核员注册和认证机构国家认可工作都已正式启动,构成了我国环境管理体系认证国家认可制度的基本框架,这标志着我国对环境管理体系认证工作的管理已步入正规化阶段。在中国环境管理体系认证指导委员会的指导下,我国与国际接轨同步开展ISO14001环境管理系列标准认证,至2002年底,已有1 024家企业获得认证。

17. 实行环境质量行政领导负责制

实施污染物排放总量控制,建立全国主要污染物排放总量指标体系和定期公布的制度。地方各级人民政府对本辖区环境质量负责,实行环境质量行政领导负责制。要根据上述目标,制定本辖区控制主要污染物排放量、改善环境质量的具体目标和措施,并报上级人民政府备案。地方各级人民政府及其主要领导人要依法履行环境保护的职责,坚决执行环境保护法律、法规和政策。要将辖区环境质量作为考核政府主要领导人工作的重要内容。各级人民政府要把环境保护工作摆上重要议事日程,定期研究和及时解决环境保护问题，并形成制度。

18. 严格把关，坚决控制新污染

所有大、中、小型的新建、扩建、改建和技术改造项目（以下简称建设项目），要提高技术起点，采用能耗物耗小、污染物产生量少的清洁生产工艺，严禁采用国家明令禁止的设备和工艺。建设对环境有影响的项目必须依法严格执行环境影响评价制度和环境保护设施与主体工程同时设计、同时施工、同时投产的"三同时"制度。在建设项目总投资中，必须确保有关环境保护设施建设的投资。建设项目建成投入生产或使用后，必须确保稳定达到国家或地方规定的污染物排放标准。要把环境容量作为建设项目环境影响评价的重要依据，确保污染物排放总量的减少。在建设项目审批和竣工验收过程中，对不符合环境保护标准和要求的，环境保护行政主管部门不得批准建设项目环境影响报告书或环境保护设施竣工验收报告，其他各有关审批机关一律不得批准建设或投产使用；有关银行不予贷款。各级环境保护行政主管部门要严格建设项目的环境保护管理和日常监督监测工作，对建设项目环境影响评价审批、环境保护设"三同时"的审查和验收负全部责任。各级计划、经贸、建设、工商、土地管理和其他有关部门要按照各自职责严把项目审批、登记、规划、用地、设计、竣工验收关。地方各级人民政府的领导干部不得违反国家有关建设项目环境保护管理的法规，擅自批准建设未经环境影响评价的项目。凡违反规定的，必须追究有关审批机关和审批人员的责任。行政监察部门要依照本部门职责和有关规定，对政府及环境保护行政主管部门贯彻执行环境保护法规的工作情况进行执法监察，并就发现的问题提出相应的监察建议和处理意见。

19. 对老污染采取限期达标政策

现有排污单位超标排放污染物的，由县级以上人民政府或其委托的环境保护行政主管部门依法责令限期治理。限期治理的期限可视不同情况定为1～3年；对逾期未完成治理任务的，由县级以上人民政府依法责令其关闭、停业或转产。国家环境保护局、国家计委、国家经贸委要对重点限期治理项目进行指导、监督、检查。排污单位必须保证环境保护设施的正常运行。未经环境保护行政主管部门批准，随意停止或闲置环境保护设施造成污染物排放超标的，由环境保护行政主管部门责令其恢复正常运行，并依法予以处罚。

20. 采取有效措施，禁止转嫁废物污染

依据《控制危险废物越境转移及其处置巴塞尔公约》的规定，我国禁止境外危险废物向境内转移。各级环境保护、外经贸、海关等部门要依照

《中华人民共和国固体废物污染环境防治法》等有关规定,严格把住进口关,坚决禁止境外危险废物和生活垃圾向我国转移;确需进口作为原料的其他废物,必须符合国家规定,经审查许可,方可进口。对违反国家规定,擅自批准、验放和未经批准擅自进口废物的单位和个人,要依法从严惩处。国内废物需要跨省、自治区、直辖市贮存和处置的,须经移出地和接收地省级环境保护行政主管部门批准。放射性固体废物需要跨省、自治区、直辖市贮存和处置的,由国家环境保护局批准。

21. 维护生态平衡,保护和合理开发自然资源

地方各级人民政府要切实加强淡水、土地、森林、草原、矿产、海洋、动植物、气候等自然资源和国土生态环境的保护,在维护生态平衡的前提下合理进行开发利用。要发展生态农业,控制农药、化肥、农膜等对农田和水源的污染;加强矿区等废弃土地的复垦和生态环境的治理;大力开展植树造林,坚决制止乱砍滥伐,努力提高森林覆盖率,加快水土流失地区的综合治理;恢复发展草原植被,防止过量放牧,禁止在草原和沙化地区砍挖灌木、药材及其他固沙植物,积极采用防沙、固沙技术,防治土地荒漠化;积极保护生物多样性;发展自然保护区和风景名胜区及城市园林绿地并加强保护、建设和管理;坚决取缔自然保护区和风景名胜区内各种破坏自然资源和环境的非法开发建设活动;加强污染事故和灾害的预警和应急工作,努力减少对生态环境的影响和对人民生命财产造成的损失。

三、保护环境的行动

(一) 行动概述

这一时期的环境保护行动更趋向具体化,有针对性。主要行动有成立长江水污染防治协调委员会,进一步强调环境保护是我国的一项基本国策;召开第二次全国环境噪声污染防治工作会议;召开第二次全国城市环境保护工作会议,开展治理淮河行动;召开全国环境保护产业工作会议;召开全国环境保护计划会议;召开全国环境保护执法检查第一次协调会议,发布环境标志,实行环境管理体制标准,开展环境保护执法检查活动,开展治理淮河零点行动,封山育林工程,实施《跨世纪绿色工程规划》,实施"33211"工程,开展中华环保世纪行活动;等等。

(二) 环境保护具体行动

1. 成立长江水污染防治协调委员会

1990年5月26日,为保护长江水质、防治污染危害,经国家环境保护局批准,我国第一个流域性水污染防治协调机构——长江水污染防治协调委

员会在上海正式成立。该委员会的主要职责是：协调组织编制水污染防治规划；参与审查直排长江干流污水量大于2万吨/日，或排污口相邻城市所辖江段边界5千米以内建设项目环境影响报告书；参与检查长江干流重大污染源执行"三同时"情况，向有关部门提出限期治理项目的建议，以及开展水污染防治科学研究等。曲格平局长任该协调委员会主任委员。长江水系的23个城市环境保护局为该委员会成员。

2. 发布《关于进一步加强环境保护的决定》

1990年12月5日，国务院以国发（1990）65号文发出《关于进一步加强环境保护的决定》。该决定共有8点：①严格执行环境保护法律、法规；②依法采取有效措施防治污染；③积极开展城市环境综合整治工作；④在资源开发利用中重视生态环境的保护；⑤利用多种形式开展环境保护宣传教育；⑥积极研究开发环境保护科学技术；⑦积极参与解决全球环境问题的国际合作；⑧实行环境保护目标责任制。

3. 进一步强调环境保护是我国的一项基本国策

1991年3月25日，李鹏总理在第七届全国人民代表大会第四次会议上作的《关于国民经济和社会发展十年规划和第八个五年计划纲要的报告》中说：环境保护也是我国的一项基本国策。今后10年和"八五"期间，要努力防治环境污染，力争有更多的城市和地区环境质量得到改善。要加强环境保护的宣传、教育和环境科学技术的普及提高工作，增强全民族的环境意识。各级政府、各有关部门和企事业单位，都要严格执行环境保护的法律、法规和各项政策，并适当增加环境保护的投入，加强环境管理，使环境质量状况与向小康过渡的要求相适应。

4. 召开第二次全国环境噪声污染防治工作会议

1991年5月7～10日，国家环境保护局在西安市召开了第二次全国环境噪声污染防治工作会议，各省、自治区、直辖市及部分环境保护重点城市环境保护局的领导和有关单位的代表参加了会议。会议总结了10年来全国环境噪声污染防治工作的经验和存在的问题，分析了当前面临的形势，明确了今后的工作和任务。国家环境保护局副局长王扬祖在会上作了题为"防治结合，齐抓共管，进一步做好环境噪声污染防治工作"的报告。有17个单位在会上作了经验介绍。还对10年来在噪声污染防治工作中成绩突出的35位个人授予"全国环境噪声污染防治先进工作者"称号。

5. 召开第二次全国城市环境保护工作会议

1991年8月15～19日，由国务院环境保护委员会委托国家环境保护局和建设部联合召开的第二次全国城市环境保护工作会议在吉林举行。国务院总理李鹏、国务委员宋健分别向大会发了贺信。建设部部长侯捷主持开幕式。国务院副总理邹家华专程到会并作重要讲话。他说，城市环境是保证城市经济发展和人民生活的基本条件和物质基础。要把城市环境综合治理纳入国民经济与社会发展计划。城市人民政府必须担负起改善城市环境质量的责任，每年办几件实事。国家环境保护局局长曲格平在会上作了题为《深入进行城市环境综合整治，促进经济与环境协调发展》的工作报告。报告共分两部分：第一部分，第一次全国城市环境保护工作会议以来的进展和经验；第二部分，今后10年和"八五"城市环境保护的目标与措施。参加这次会议的代表有：62个全国环境保护重点城市市长或分管市长、环境保护局长、建委主任或城建局长；27个省、自治区的环境保护局长、建委主任或建设厅长；国务院有关部委环境保护机构的负责同志以及35个中小城市的市长。会上，还表彰了第一批共86个全国城市环境综合整治优秀项目，并公布了1990年全国32个城市环境综合整治定量考核结果。

6. 召开全国环境保护产业工作会议

1992年4月19～21日，全国环境保护产业工作会议在北京召开，国务委员、国务院环境保护委员会主任宋健在开幕式上作了《发展环境保护产业，保证永续发展》的讲话。他说，国务院非常重视环境保护产业的发展，希望这次会议成为我国环境保护产业发展史上的一个新起点。宋健的讲话分4个部分：第一部分，环境保护产业要适应形势的需要；第二部分，发展我国的环境保护产业要有紧迫感；第三部分，依靠科技进步发展环境保护产业；第四部分，加强国际环境合作，为解决全球环境问题做出新贡献。

会上，国务院环境保护委员会副主任、国家环境保护局局长曲格平受国务院环委会委托，作了《发展我国环境保护产业势在必行》的工作报告。报告阐述了发展我国环境保护产业的重要意义，分析了我国环境保护产业的发展状况，并就今后发展我国环境保护产业问题提出了6个方面的意见。第一，理顺环境保护产业发展协调关系，明确部门分工协作；第二，调整产业产品结构，建立计划与市场调节相结合的机制；第三，依靠科学技术，加速成果转化，提高产品水平；第四，加强监督管理，提高产品质量；第五，制定完善环境保护产业政策，促进环境保护产业发展；第六，积极开展环境保护产业领域内的国际合作。

7. 提出了我国环境与发展领域应采取的10条对策和措施

1992年8月10日，经党中央、国务院批准，中共中央办公厅、国务院办公厅以中办发〔1992〕7号文转发了外交部、国家环境保护局《关于出席联合国环境与发展大会的情况及有关对策的报告》。该报告指出，我国在联合国环境与发展大会上，同世界各国一起，共同接受了会议通过的文件，并签署了两项公约，这不仅是我国在国际上承担了一定的义务和责任，也是做好我国环境保护工作、推动经济加速发展的实际需要。按照联合国环境与发展大会精神，根据我国具体情况，该报告提出了我国环境与发展领域应采取的 10 条对策和措施：①实行持续发展战略；②采取有效措施，防止工业污染；③深入开展城市环境综合整治，认真治理城市"四害"；④提高能源利用效率，改善能源结构；⑤推广生态农业，坚持不懈地植树造林，切实加强生物多样性的保护；⑥大力推进科技进步，加强环境科学研究，积极发展环境保护产业；⑦运用经济手段保护环境；⑧加强环境教育，不断提高全民族的环境意识；⑨健全环境法制，强化环境管理；⑩参照联合国环境与发展大会精神，制订我国行动计划。

8. 召开全国环境保护计划会议

1992 年 9 月 26～28 日，国家计委、国家环境保护局在厦门市联合召开全国环境保护计划会议。会议总结了前一阶段的工作，部署编制 1993 年环境保护计划。国家环境保护局副局长张坤民指出，在经济、体制改革的形势下，环境保护计划不仅得到保留，而且还要进一步强化和完善，这是环境保护事业的本身性质所决定的。应该借鉴发达国家"经济靠市场，环境保护靠政府"的经验，而环境保护计划就是政府调节经济与环境协调发展的重要手段之一。

9. 召开全国环境保护厅局长会议

1992 年 11 月 24～26 日，全国环境保护厅局长会议在北京召开。各省、自治区、直辖市、计划单列市环保局局长，部分城市的分管副市长，以及国务院部分部、委、办、局有关领导，解放军环境保护部门的领导 100 多人参加了会议。国家环境保护局副局长张坤民受曲格平局长委托作了题为《在改革大潮中开创环境保护工作新局面》的报告，总结了一年来环境保护工作的新进展、新情况和新认识，并部署了 1993 年工作。

国家环境保护局局长曲格平在会上作了总结性发言。他说，1992 年发生了 3 件推动环境保护事业发展至关重要的大事：一是邓小平南巡谈话大大加快了改革开放的步伐；二是联合国环境与发展大会的召开，揭开了人类解决环境问题新的一页；三是中国共产党的第十四次代表大会前所未有地把加强环境保护列入 20 世纪 90 年代改革和建设的十大任务。环境保护当前形势大好，我们应进一步解放思想，振奋精神，努力做好各项环境保护工作。曲格平指出"加强环境保护"包括五方面内容：第一，要按十四大报告和中办发 7 号文件（环境与发展十大对策）要求，切实加强对环境保护工作的领导，把环境保护真正摆上改革开放和经济建设的重要议程；第二，把环境保护纳入国民经济计划，并逐步增加环境保护投入；第三，淘汰落后工艺，积极依靠科技进步；第四，健全管理制度和机构，强化环境监督管理；第五，认真保护自然资源，努力改善生态环境。曲格平还着重就贯彻党的十四大关于"加强环境保护"工作讲了5个问题：其一，积极参与综合决策，促进持续发展；其二，适应市场经济新形势需要，不断强化环境监督管理；其三，充分利用经济手段保护环境；其四，认真做好开发区的规划和布局；其五，依靠科技进步推进环境保护事业的发展。会议期间，李鹏总理和田纪云副总理、陈俊生国务委员等领导亲切会见了会议代表，对会议表示祝贺。李鹏在会见时说，环境保护工作是我国的一项基本国策，在经济发展过程中，我们的环境不仅不应污染和破坏，而且需要进一步改善。李鹏在讲话中赞扬国家环境保护局做了大量工作，希望环境保护战线广大干部和职工继续努力，不断把环境保护工作推向前进，促进改革开放和国民经济的发展。

10. 召开全国环境保护执法检查第一次协调会议

1993年8月23日，全国环境保护执法检查第一次协调会议在北京召开。会议由全国人大常委会副委员长王丙乾，国务委员、国务院环境保护委员会主任宋健主持，国家环境保护局副局长张坤民汇报了各地贯彻落实环保执法检查电话会议的情况，林业部部长徐有芳汇报了保护野生动物执法检查工作方案。协调会审定了1993年执法检查的重点地区和重点问题。黑龙江、江苏、广东、新疆、云南、山东6个省、自治区被列为1993年执法检查的重点地区。

11. 实行环境标志

1993年8月25日，国家环境保护局发布我国环境标志图形。所谓环境标志也称绿色标志、生态标志，是指政府管理部门，或者由公共或私人团体依据一定环境保护标准、指标或规定，向有关自愿的申请者颁发其产品或服务符合要求的一种特定标志，标志获得者可以把此标志印在所申请的产品及其包装上。环境标志向消费者表明该产品或服务与其他同类产品、服务相比，不仅质量合格，而且从研制、开发、生产、使用、回收利用到处置的整个过程均符合环境保护要求，不危害人体健康，对环境无害，或损害极少，有利于资源的再生和回收利用。

环境标志工作一般由政府授权给环保机构。环境标志能证明产品符合要求，故具证明性质；标志由商会、实业或其他团体申请注册，并对使用该证明的商品具有鉴定能力和保证责任，因此具有权威性；因其只对贴标产品具有证明性故有专证性；考虑环境标准的提高，标志每3～5年需重新认定，又具时限性；有标志的产品在市场中的比例不能太高，故还有比例限制性。通常列入环境标志的产品的类型为：节水节能型、可再生利用型、清洁工艺型、低污染型、可生物降解型、低能耗型。

所谓"环境标志制度"，或称绿色标志制度、生态标志制度，是指政府、国际组织或非政府组织按照一定标准和程序在其认定的环境友好产品上加盖特定标记的规则。环境标志制度是实现公众环境信息权的重要途径，它为消费者提供了对环境影响较小的产品信息，促使生产厂商通过设计和开发对环境有益的产品进行保护和污染控制。实施环境标志制度，实质上是对产品从设计、生产、使用到废弃处理全过程的环境行为进行控制，它不仅要求尽量减少产品在使用、消费和处理过程中对环境的危害，而且要求对产品生产过程中产生的污染进行有效控制。

环境标志制度发展迅速，至今已有20多个发达国家和10多个发展中国家实施这一制度，这一数目还在不断增加，如加拿大的"环境选择方案"（ECP）、日本的"生态标志制度"、北欧四国的"白天鹅制度"、奥地利的"生态标志"、"法国的NF制度"等。

中国的环境标志图形由青山、绿水、太阳和10个环组成。中心结构表示人类赖以生存的环境，外围的10个环紧密结合，表示公众参与，其寓意为"全民联合起来，共同保护人类赖以生存的环境"。

环境标志的目的是通过开展环境标志计划引导消费者购买低环境影响的产品，以此鼓励环境友好产品的生产、消费及提供环境友好的服务，最终达到改善环境的目的。环境标志制度一般具有自愿性、开放性、适用性、合法性的特点，即制造商、进口商、服务提供商及其他商业机构自愿参与；环境标志计划对所有工业企业和其他相关方公开和开放，为它们的产品或服务提供认证；获得环境标志的产品与同类产品相比应具有高质量和合理的功能特性，并在环保方面具有可区别的优势，还应在技术上是可达到的；产品获得环境标志认证的基本条件是遵守环境法律、法规的要求，同时大多数环境标志有政府的参与或认可，具有合法的公信力。其意义在于：其一，增强我国出口产品在国际市场上的竞争力。有些国家明确规定禁止进口一些无环境标志的产品，无环境标志的出口产品即使进入了贸易市场，在一些环境意识高的国家，其竞争力也严重削减。缺乏环境标志的产品在进入推行环境标志认证体系国家的市场时，其竞争力会受到限制，甚至丧失。因而环境标志制度的建立和完善，能够增强我国出口产品在国际市场上的竞争力，是帮助我国出口产品越过绿色壁垒，走向国际市场的重要阶梯。其二，增加本国产品在国内市场上的竞争力。因为与环境标志制度有关的法规、政策还没有纳入

WTO 透明度的要求，在我国迅速实施环境标志制度，可以限制外国产品进入我国市场。由于各国采行的 LAC 评估标准（LAC 指为评估产品在生命周期的各个阶段对环境的影响，以决定是否授予环境标志）及方法不尽相同，因而可以阻碍他国同类产品进口，或增加他国生产者成本负担，并可以阻截外国向我国倾销"垃圾产品"。

为利于参与国际贸易竞争，我国于 1992 年联合国环境与发展大会后开始了环境标志工作。1993 年正式确立了环境标志图形，为环境标志的商标保护提供了法律保证。1994 年 5 月 17 日成立的环境标志产品认证委员会，是代表国家对环境标志产品实施认证的唯一合法机构，从而使我国环境标志产品有了组织保证。国家环境保护局与国家技术监督局联合举办了环境标志产品国家注册检查员培训班，使环境标志制度的开展有了人员保证。1995 年 3 月有 6 类 18 种产品首批获得环境标志。迄今为止，我国已有 300 余家企业近千种产品获得 I 型环境标志。

12. 开展环境保护执法检查活动

1993 年 9～10 月进行环境保护执法检查活动，黑龙江、江苏、广东、新疆、云南、山东 6 个省、自治区为执法检查的重点地区。环境保护执法检查的主要内容有：一是政府是否真正把环境保护纳入了国民经济和社会发展计划？采取了哪些有利于环境保护的措施，使环境保护同经济建设和社会发展相协调？本辖区的环境质量是否有所改善？二是政府采取了哪些措施加强对环境保护工作的领导和强化环境监督管理？本地区环境监督管理的体质是否健全，能否使环境保护行政主管部门行使统一监督管理的职能？其他有环境监督管理权的部门能否依法行使环境监督管理权？三是建设项目特别是正在建设的项目是否严格遵守环境影响评价和"三同时"制度？超标排污费是否足额征收并用于污染防治？有无挪作他用的情况？被限期治理的企事业单位完成治理情况如何？有无引起法律禁止的不符合我国环境保护要求的技术和设备？四是集市宾馆饭店是否有买卖经营国家保护的珍稀野生动物的违法行为？有无未取得野生动物驯养繁殖许可证而经营利用野生动物及其产品的行为？五是非法狩猎、收购、加工、进出口野生动物，非法生产、加工、购买、使用、携带弹具的行为是否得到了有效的制止？六是违反《中华人民共和国环境保护法》和《中华人民共和国野生动物保护法》的重大案件是否得到及时处理？群众反映强烈而又能依法解决的环境问题否得到妥善解决？

13. 召开环境保护工作会议

1994 年 2 月 2～4 日，1994 年全国环境保护工作会议在北京召开，会议重点讨论了《环境保护工作五年纲要》和 1994 年的工作要点。国务委员、国务院环境保护委员会主任宋健及全国人大环境与资源保护委员会主任委员曲格平出席了闭幕会并发表了重要讲话，国家环境保护局局长解振华作了会议总结。各省、自治区、直辖市及计划单列市环保局局长，国务院各有关部门负责环保的同志，国家环境保护局各直属单位的领导和部分城市的环保局局长参加了会议。

14. 1994 年 3 月，国务院批准《中国 21 世纪议程》

《中国 21 世纪议程》提出了实施可持续发展的总体战略、基本对策和行动方案，要求建立体现可持续发展的环境资源法体系。

15. 实行环境管理体制标准

1995 年，实施 ISO14001 环境管理体制标准。ISO14000 系列标准是国际标准化组织 ISO/TC207 负责起草的一份国际标准，主要针对所有组织的、强调环境管理一体化污染预防与持续改进的标准。ISO14000 是一个系列的环境管理标准，它包括环境管理体系、环境审核、环境标志、生命周期分析等国际环境管理领域内许多焦点问题，旨在指导各类组织（企业，公司）取得和表现正确的环境行为。ISO14000 系列标准共分 7 个系列，即环境管理体系（EMS）、环境审核（EA）、环境标志（EL）、环境行为评估（EPE）、生命周期评估（LCA）、术语和定义（T&A）、产品标准中的环境指标。

环境保护标准是对环境保护领域中各种需要规范的事物的技术属性所做的规定。我国通过环境保护立法确立了国家环境保护标准体系，《中华人民共和国环境保护法》《中华人民共和国大气污染防治法》《中华人民共和国水污染防治法》《中华人民共和国环境噪声污染防治法》《中华人民共和国海洋环境保护法》《中华人民共和国放射性污染防治法》等法律对制定环境保护标准做出了规定。我国的环境保护标准包括 2 个级别，即国家级标准和地方级（省级）标准。国家级环境保护标准包括国家环境质量标准、国家污染物排放（控制）标准、国家环境标准样品和其他用于各方面环境保护执法和管理工作的国家环境保护标准。环境保护行业标准是环保标准的一种发布形式，因其在制定主体、发布方式、适用范围等方面具有的特征，应属于国家级环境保护标准。地方级环境保护标准包括地方环境质量标准和地方污染物排放标准。地方环境质量标准是对国家环境质量标准的补充。地方污染物排放标准是对国家污染物排放标准的补充或提高，其效力高于国家污染物排放标准。按法律规定，国家和地方环境保护标准分别由国务院环境保护部门和地方省级政府制定。标准的制定主体、地方级标准与国家级标准的关系，是环境保护标准与其他标准的最大差别。

环境保护标准是为维护公共利益而制定的，这就决定了环境保护标准具有不同于产品标准的特性。按国际通行做法，环境保护标准中的环境质量标准和污染物排放（控制）标准采用技术法规的管理体制，由有关行政部门或立法机构制定。环境保护标准是依法制定和实施的规范性技术文件，环境保护标准体系的核心内容——环境质量标准和污染物排放标准是环境保护技术法规，其他环境保护标准是为满足实施环保技术法规的需要和满足环保执法、管理工作的需要而制定的。国家环境保护标准体系由环境保护技术法规和其他环境保护标准共同构成，是一个相互衔接、密切配合、协调运转、不可分割的有机整体。

16. 国务院召开第四次全国环境保护工作会议

1996年7月，国务院召开第四次全国环境保护会议，提出保护环境是实施可持续发展战略的关键，保护环境就是保护生产力。会议通过《国务院关于环境保护若干问题的决定》，该决定要求从如下几个方面发展中国的环保事业：第一，要加强环境法制建设，坚决扭转有法不依、执法不严、违法不究的局面。"八五"以来，我国颁布了一批环保的法律、法规，现在的关键在于严格执法。环保、工商、公安、司法等部门要切实履行职责，相互配合，加大执法力度，坚决打击违法行为。对于严重违法行为和造成严重后果的单位和个人，要依法从严惩处，决不姑息迁就。第二，要切实加强环境监督管理。环境管理要参与综合决策，建立环境与发展综合决策的机制。宏观上要预防因产业结构或规划布局不合理造成新的环境问题，微观上要解决管理不善带来的污染和破坏。要建立各级党政领导和各有关部门领导的环保工作责任制，省长、市长、县长、乡长要对本辖区的环境质量负责，部长和各行业主管部门的领导要对本部门、本行业、本系统的环保工作负责，要不断加强环境保护机构和管理队伍的建设，把发挥专业队伍的作用同发动和依靠广大群众搞好环保很好地结合起来。第三，要紧紧依靠科技进步。各地方、各部门要将"科教兴国"与可持续发展战略密切结合起来，集中力量，开发和推广环保实用技术，依靠科技进步，提高资源利用率，提高污染防治能力，提高管理水平。企业处在污染防治第一线，应大力开展技术改造与创新，积极推行清洁生产。第四，要不断增加环保投入。解决环境问题，必须有一定的经济投入，这是其他方法所不能替代的。污染防治这个钱迟早要花，晚花不如早花。等到污染严重了再去治理，花费会更大。各级政府要以对大局负责、对未来负责、对子孙后代负责的高度责任感，克服困难，通过多种形式切实增加环保投入，随着经济发展逐步提高环保投入占国民生产总值的比重，扭转环保投入偏低的状况。第五，要加强环境保护的宣传教育，发挥公众和舆论的监督作用。各级政府要积极引导公众参与环保的积极性，提供参与的机会和条件。逐步建立公众环境投诉制度，使公众能够通过各种渠道，反映环境状况的问题，维护自身的合法权益。对于那些环保工作搞得好的地方、部门、单位和个人，应当大力表彰，予以鼓励和奖励；对那些环保工作搞得不好的地方、部门、单位和个人，则应予揭露、批评，情节严重的则应依法追究责任。

17. 召开计划生育和环境保护工作座谈会

1997年3月，党中央召开了计划生育和环境保护工作座谈会，江泽民和李鹏在会上指出，环境保护关系国家经济和社会发展的全局，是必须坚持的基本国策；要加强环境法制建设，增加环保投入，确保未来15年环保目标的实现。同时，要求各地根据中央座谈会的精神，制定适合当地情况的环境保护政策，建立环境保护投资渠道。

18. 开展治理淮河零点行动

1991年11月19日，国务院以国发（1991）62号文发出《关于进一步治理淮河和太湖的决定》。国务院要求从人口、经济和环境协调发展的战略高度认识治理淮河和太湖的重要性和迫切性，各地区、各部门要在流域统一规划指导下，统一治理。为加强领导，国务院成立以田纪云副总理任组长的治理领导小组。

1994年，由国务院牵头，开展淮河流域水体污染大规模的治理，希望为我国污染日益严重的大江大河治理探索出成功经验。随后，颁布了我们江河流域污染治理的第一部法规《淮河流域水污染防治暂行条例》，对污染源企业进行污染防治改造，关停4 000多家治理无望的"十五小"企业。1995年，国务院制定了我国第一个流域污染治理规划《淮河流域水污染防治"九五"规划》，要求256座城市建立污水处理体系。特别是以所有工业企业限时"达标排放"为内容的1997年"零点行动"、以根治淮河污染为目的的2000年"淮河水体变清"，以摧枯拉朽之势，在淮河流域浩浩荡荡地开展。其中，沙颍河污染大户"莲花味精"，投资1.5亿元兴建污水处理设施。安徽、山东、江苏各地关闭5 000家左右的乡村污染企业。

1998年的"零点"过了，千里淮河传来喜讯：沿淮工业污染源实现达标排放，削减污染负荷40%以上，淮河治污第一战役告捷。"零点"之后，国家环境保护局局长解振华庄重宣布：在淮河流域1 562家污染企业中，已有1 139家完成治理任务，215家停产治理，190家由于其他原因停产、破产、转产，18家因治理无望被责令关停。据中国环境监测总站公布的最新数据表明，淮河干流和一些支流水质已有明显改善，但支流的一些断面污染仍较严重。1998 年 1 月，水利部组织淮河流域四省水利部门对流域排污口进行全面监测，列入污染治理计划的 169 个城镇 COD 排放量已由 1993 年的 150.14 万吨，下降到 1997 年的 103.21 万吨，削减 31.26%（环保部门公布的数据为 40%）。《1997 年中国环境状况公报》如此表述淮河水质状况：淮河干流水质有所好转，尤其是往年高污染河段的状况改善明显。干流水质以 Ⅲ，Ⅳ 类为主。支流污染仍然严重，一级支流有 52% 的河段为超 Ⅴ 类水质，Ⅱ，Ⅲ 级支流有 71% 的河段为超 Ⅴ 类水质。

19. 实施封山育林工程

1998 年夏季，长江、松花江流域暴发了特大洪水，这样一场世纪洪水引发了对人与自然关系的深刻反思。专家认为洪水肆虐不仅是由于恶劣气候条件造成的，还与流域生态破坏有密不可分的关系。上游森林的过度砍伐导致水源涵养能力下降，中游的围湖造田造成吸纳夏秋洪水的能力严重退化，而植被的破坏和陡坡开荒又造成水土流失，淤平了湖泊湿地，抬高了河床，加剧了水旱灾害。基于这种情况，中国政府在洪水尚未完全退尽的时候，就做出了天然林禁伐的决定，之后又公布了"封山育林，退耕还林，平垸行洪，退田还湖，以工代赈，移民建镇，加固干堤，疏浚河湖"的治理方针。长江发生特大洪灾以后，国家为保护自然生态实施了一系列政策措施，如全面停止长江、黄河上中游的天然林的采伐；把生态恢复与建设列为西部大开发的首要任务。

20. 实施《跨世纪绿色工程规划》

1996~2005 年，中国实施《跨世纪绿色工程规划》，重点是"三河"、"三湖"加上"两区"（SO_2 污染控制区和酸雨控制区）、"一市"（北京）和"一海"（渤海）以及三峡库区及其上游、南水北调工程地区等。

21. 进行"全国乡镇企业污染情况调查"

1996 年，《"九五"期间全国主要污染物排放总量控制计划》对 12 项主要污染物的排放实行总量控制。此前，为了弥补乡镇企业污染物排放量数据的缺失，1995 年进行了"全国乡镇企业污染情况调查"。"九五"期间，全国普遍加强污染治理，同时，开展大规模的环境基础设施建设。

22. 实施"33211"工程

国务院发布了《关于环境保护若干问题的决定》，实施《污染物排放总量控制计划》和《跨世纪绿色工程规划》，大力推进"一控双达标"（控制主要污染物排放总量，工业污染源达标和重点城市的环境质量按功能区达标）工作，全面展开"三河"（淮河、海河、辽河）、"三湖"（太湖、滇池、巢湖）水污染防治，"两控区"（酸雨污染控制区和二氧化硫污染控制区）大气污染防治、一市（北京市）、"一海"（渤海）（简称"33211"工程）的污染防治，环境污染防治取得初步、阶段性进展。

23. 开展中华环保世纪行活动

自1993年以来，全国人大环境与资源保护委员会会同中共中央宣传部、国务院有关部门联合开展的中华环保世纪行活动，围绕"向环境污染宣战"、"维护生态平衡"、"珍惜自然资源"、"保护生命之水"等主题，利用报纸、广播、电视等多种新闻媒体，广泛深入地开展了环保宣传教育工作，在全社会引起了强烈反响，对提高全民的环境意识和法制观念，促进经济建设与环境保护协调发展，加快可持续发展战略的实施，起到了积极的推动作用。全国29个省、自治区、直辖市根据本地特点，相继开展了这一活动。北有"龙江绿色环保潮"、"世纪行在辽宁"、"三晋世纪行"、"燕赵世纪行"、"齐鲁世纪行"，南有"中原世纪行"、"大特区世纪行"等。据不完全统计，截至1997年上半年，新华社、《人民日报》、中央电视台、中央人民广播电台、《光明日报》《经济日报》《法制日报》《科技日报》《中国青年报》《中国环境报》等1 000多家新闻单位、5 000余名记者参加了采访报道活动，编发的各类稿件36 000多篇。中华环保世纪行活动以正面报道为主，同时揭露和抨击了污染环境、破坏资源和生态的反面事例，促使公众意识不断提高，特别是促进了一大批跨流域、跨地区的重大环境问题的解决。如中华环保世纪行对淮河污染严重的问题予以曝光后，引起党中央、国务院领导同志的关心和重视，国务院颁布了中国历史上第一部流域性法规《淮河流域水污染防治暂行条例》，以法律条文的形式规定了"1997年使淮河流域的水污染防治工作取得突破性进展，2000年实现淮河水变清"的战略目标。其他如云南路南县在石林风景区内修建水泥厂问题、太湖污染问题、新疆阿尔金山的采金偷猎案、小秦岭的非法采金案等，通过中华环保世纪行曝光后，都得到了解决。可以说，环保世纪行活动在全国掀起了一个保护环境、珍惜资源的新热潮，在中华大地上形成了一个绿色冲击波，奏响了一曲保护环境、治理污染、珍惜和爱护自然资源的时代进行曲。

（1）1993年中华环保世纪行活动。1993年的中华环保世纪行活动主题为"向环境污染宣战"。这项活动目的在于，充分运用法律武器和舆论工具，宣传环境保护法律、法规，表扬那些严格遵守环保法律的典型事例，批评那些造成严重污染、破坏生态环境的违法行为，力争在全社会形成守法光荣、违法必究的强大舆论力量。这项活动是一项跨世纪的工程，在今后相当长一段时期内，将持续不断地开展下去。通过这项宣传活动，推动我国环保事业的繁荣和进步，促进我国经济的持续发展。

（2）1994年中华环保世纪行活动。1994年，由全国人大环境与资源保护委员会、中共中央宣传部、广播电影电视部、国家环境保护局、林业部、农业部、水利部、共青团中央主办中华环保世纪行活动，该活动主题为"维护生态平衡——为子孙后代留下更多的绿色"。活动继续采用1993年的新闻报道方式，运用好坏典型对比的手法，注重好典型的宣传报道。活动主要内容包括对1993年揭露的部分环境污染问题的跟踪。重点宣传环境保护法、森林法、草原法、水法、水土保持法、野生动物保护法、大气污染防治法、水污染防治法、海洋环境保护法等法律。关注农村环境保护问题，尤其是乡镇企业污染造成的农村生态破坏问题。关注城市、工业环境污染问题，配合修改大气污染防治法，注重大气污染的采访、宣传报道。活动的主要形式有：组织开展中华环保世纪行摄影展览；设立世纪行热线电话，接受社会公众的投诉；协调地方有关部门参与世纪行宣传活动；在人民大会堂举办文艺晚会；组织青年环境论坛；组织编辑内部参考片；组织世纪行好新闻评选；编写内部简报；组织编辑世纪行张贴画和宣传画册。

（3）1995年中华环保世纪行活动。1995年中华环保世纪行的活动主题为"珍惜自然资源"。活动的主要内容有：继续开展新闻报道。派出若干个记者团，分赴全国各地采访，集中一段时间，在广播、电视、报纸上刊播；密切配合环保执法检查活动，派记者随环保执法检查团去海南、山西、辽宁、江西、甘肃、湖北等省随团采访；派记者参加全国人大环资委视察"三北"防护林；在《环境保护》杂志上编辑出版中华环保世纪行专刊，广泛收集各地世纪行活动报道的好材料，通过编辑和印发刊物，扩大宣传；举办中华环保世纪行总结表彰大会，表彰3年来在4项活动中做出突出贡献的单位和个人。

（4）1996年中华环保世纪行活动。1996年中华环保世纪行活动以"保护生命之水"为主题，在全国人大环境与资源保护委员会、中共中央宣传部、财政部、广播电影电视部、国家环境保护局等15个部委局和团体的共同领导下，在中央新闻单位的大力参与和配合下，在各省（区、市）人大等有关部门的共同努力下，认真贯彻党的五中、六中全会精神和全国人大八届四次会议精神，大力宣传国民经济可持续发展的战略思想。在全国范围内，再次掀起了保护环境、珍惜资源的宣传高潮。进一步提高了广大人民群众特别是各级领导干部的环境意识和法律意识。促进了环境、资源法律的贯彻实施，促进了一些重大环境问题的解决，加强了人大法律监督的手段和力度。这项活动得到人民群众的欢迎和社会上的广泛好评。同时在国际上也引起一定的反响。

（5）1997年中华环保世纪行活动。1997年在全国范围内开展的中华环保世纪行活动，活动主题是"保护资源，永续利用"。

活动主要内容有：一是开展十大资源法律的宣传，即土地、水、森林、矿产、能源、海洋、草地、物种、气候、旅游资源。二是加强环保资源方面各种法律的宣传，与各级人大、政府资源环保执法工作紧密结合，开展一些环保典型案例的宣传报道。运用典型案件事例跟踪报道，来不断提高广大人民群众的环境资源保护意识。在宣传活动方式上还要不断创新，以多种多样的宣传形式来强化教育作用。特别是要充分发挥电视的宣传作用，除了"新闻联播"节目外，还要同"焦点访谈"、"经济半小时"等各种栏目加强合作，给它们提供选题和素材，共同推动资源与环境保护工作的开展。希望有关单位拟定一些珍惜资源、保护生态环境的公益性广告，经常不断地在电视上播出，增加宣传效果。还要组织有关部门创作一批关于加强环境与资源保护方面张贴画等，这些都是很好的宣传形式。资源与环保教育也要从娃娃抓起，组织有关专家编写这方面的读本，并与青年团、少先队组织结合，拍摄一些反映孩子们从小培养和树立爱护环境、节约资源的思想意识和良好习惯的内容。在全社会树立浪费资源和污染环境可耻、合理利用资源和保护生态环境光荣的良好风尚。三是继续抓住重点，加强跟踪报道，宣传环保、资源方面的法律，促进问题的解决，注重实效。几年来，中华环保世纪行取得成绩的主要表现之一，就在于抓住了几个重大的环境和资源方面的问题，促使了问题的解决，如淮河的污染、内蒙古阿拉善盟地区的生态环境、晋陕蒙"黑三角"生态破坏、小秦岭金矿的乱采滥挖等，通过中华环保世纪行记者的报道，引起了党和国家领导人和当地政府的重视，采取了有力措施。使这些问题得到解决或逐步解决。1997年还要继续抓住有关环境与资源方面的热点、难点，继续跟踪报道，促使有关问题的彻底解决。

（6）1998年中华环保世纪行活动。1998年是联合国确定的国际海洋年，联合国规划署确定1998年世界环境日的主题是："为了地球上的生命——拯救我们的海洋。"为此，中华环保世纪行组委会确定1998年的宣传主题是"保护海洋，开发海洋"，组织中华环保世纪行"建设万里文明海疆"记者采访团，沿我国海岸线12个省（区、市）进行采访报道。切实提高全民的海洋意识，重视对海洋环境的保护，促进海洋经济的发展。各省、自治区、直辖市的环保世纪行宣传活动，除配合1998年的宣传主题报道外，还根据各自的工作重点组织宣传活动。

按照全国人大环资委、中共中央宣传部、国家广播电影电视总局、国家环境保护总局、国家海洋局等14个部委联合下发的《关于1998年开展中华环保世纪行宣传活动的通知》精神，在全国人大常委会李鹏委员长、邹家华副委员长的亲切关怀和支持下，中华环保世纪行执委会组织了由22家中央及首都新闻单位参加的1998年中华环保世纪行"建设万里文明海疆"大型采访活动。记者团除了派小分队参加全国人大常委会对海南的执法检查报道外，从我国万里海疆的最北端——丹东开始，沿18 000千米海岸线至广西东兴结束，相继对辽宁、河北、天津、山东、江苏、上海、浙江等11个沿海省、自治区、直辖市的54个县以上城市、210个港口、企业等进行了采访报道。

（7）1999年中华环保世纪行活动。为进一步宣传50多年来人民开发、治理黄河的伟大成就，考察了解、探索分析黄河当前存在的问题，以更好地让黄河为中华民族造福，在确定1999年"向大气污染宣战"主题的基础上又增加了"爱我黄河"行动，为此，由全国人大环境与资源保护委员会、中宣部、水利部等14个部委组织的"爱我黄河"记者采访团于1999年6月17日启程，开始了第一次对黄河流域进行大规模、全方位、多层次的宣传采访活动。

这支由《人民日报》、新华社、中央电视台等20多家中央和地方新闻单位50余名记者组成的精锐部队，自雪域源头至黄河入海口，记者团曲折行程达2万千米，将辛勤的脚步印在了黄河两岸起伏的山梁沟壑和错落的乡村城镇。通过法律监督、舆论监督相结合的形式，他们将心中的激情倾注于笔端，既有褒扬，又有针砭，发表新闻稿件（图片、电视）300多篇（幅、条），编写简报100多期，唤醒了人们久睡的黄河意识，唤回了人们对母亲河应有的敬重和爱护，并受到有关方面的高度重视。本书中反映的问题，有的已初步得到解决，有的正在抓紧解决，为黄河更好的治理、保护与开发，起到了积极地推进作用！特别是在当前党中央、国务院提出西部大开发战略之际，我们更应该了解黄河。让我们共同为西部大开发的经济建设、社会发展、生态环境保护做出贡献。

（8）2000年中华环保世纪行活动。2000年中华环保世纪行的主题是"西部开发生态行"，由《人民日报》、新华社、中央电视台等9家新闻单位组成中华环保世纪行记者团，对贵州等我国西部七省区进行深入宣传采访。此次活动为期2个月，分2个阶段进行。第一阶段赴贵州、云南、四川三省；第二阶段奔赴新疆、甘肃、内蒙古、宁夏。第一阶段活动期间，记者们就水电资源开发、长江上游生态林建设、珠江源生态保护、石漠化、四川阿坝和马尔康天然林保护进行深入采访。第二阶段活动期间，记者们就塔里木河流域水资源管理、黑河流域水资源管理、阿拉善盟沙尘暴、宁夏甘草和发菜保护深入现场调查。

2000年组织的"西部生态行"宣传活动并提出建议后，国家对塔里木河流域、黑河流域水资源进行综合管理，对生态调水起到了促进作用。

四、环境政策评价

（一）取得的成效

1989年第三次全国环境保护会议上提出了环境保护的"三大政策"（即预防为主，防治结合；谁污染谁治理；强化环境管理）和"八项制度"（即环境影响评价制度、城市环境综合整治定量考核制度、"三同时"制度、排污收费制度、环境目标责任制度、排污许可证制度、限期治理制度、集中控制制度）。这三大环境政策和八项制度，把环境保护的国策地位和同步发展方针具体化了，是对有中国特色环境保护道路的开拓和发展，是我国环境管理从理念到实践逐步走向成熟的重要标志，也是环境管理由一般号召到靠制度管理的重要转变。三大政策和八项制度在全国得到推行，有力地推动了环境保护事业的开展。实践证明这些政策和措施是符合国情的。为了使这些政策和措施更加具有法律规范性和权威性，更好地推动环保事业发展，在改革开放中，它们被逐步纳入了颁发的环境法律当中，这些法律规定目前仍在全国普遍实行。1996年在国家颁布的《国民经济和社会发展"九五"计划和2010年远景目标纲要》中，把可持续发展确定为国家发展战略，成为我国一切发展事业的指导方针。至此，可以说，我国环境保护的大政方针日臻完善成熟了。

20世纪90年代初，中国工业污染防治开始了转变，并开始了清洁生产的试点。限制资源消耗大、污染重、技术落后产业的发展，并利用世界银行贷款开始了清洁生产的试点。"九五"期间，围绕经济结构调整，关停了8万多家15种重污染的小企业。到2000年年底，全国23.8万家污染企业有90%实现了达标排放。这些都从源头上减少了资源破坏和环境污染，中国的环境保护政策取得了一定的成绩。特别是在工业污染防治和城市环境综合整治方面成绩较大。到1995年年底，中国县以上企业工业废水处理率已达77%，工业废气处理率达82%，工业固体废弃物综合利用率达44%。

20世纪90年代中期以来，改革开放更进一步深化。其重要标志是，经济体制由计划经济向市场经济转变，经济增长方式由粗放型向集约型转变，国家发展战略定位于科教兴国和可持续发展。政府提出了与之相应的15年（1996～2010年）环境保护工作要求：2000年，力争使环境污染和生态破坏加剧的趋势得到基本控制，部分城市和地区的环境质量有所改善；2010年，基本改变环境恶化的状况，城乡环境有比较明显的改善。实现上述目标的两项重要措施是制定了《污染物排放总量控制计划》和《跨世纪绿色工程规划》。前者根据不同时期、不同地区的情况，制定相应的控制指标，"九五"期间先对那些环境危害大、经采取措施可以有效控制的重点污染物进行总量控制，建立定期公布制度；后者是实际措施，将分三期实施，对按照突出重点、技术经济可行和综合效益好等原则筛选确定的有关项目，依据固定资产投资项目管理程序，优先列入各地区、各部门和国家的基本建设、技术改造计划。在中国经济体制向市场经济渐进的改革时期，这些带有鲜明时代特色的环境政策与市场经济手段相结合，比较有效地减缓、控制了中国的污染排放，特别是工业污染源污染物的排放，较好地完成了自己的历史使命。但是，回顾中国环境政策的制定、实施、效果，考察上述环保投资渠道，不难发现：一方面，我们的环境保护政策还带有计划经济的色彩，即行政命令有余，市场手段不足；另一方面，计划对企业行为管得过细，资金过于分散，不仅不利于形成环境保护的规模效益，反而因资金的分散削弱了政府对公共环境产品的投入。此外，我们的投资方向存在着末端治理的明显偏倚，缺乏带有社会经济可持续发展的长期观点的奖励减排、鼓励综合利用的内容体现。

我国环境治理效果差、环境问题大，一个重要的原因就是有法不依、执法不严，在很大程度上实行的依旧是"人治"。一个是"法治"，一个是"人治"，但两者的效果却截然不同。20世纪90年代，国家把依法治国、建设社会主义法治国家载入宪法。环境保护是现代化建设事业的组成部分，也必须依法保护环境。改革开放以来，国家颁发了25部保护环境与自然资源的法律，可以说当前人们关注的一些环境问题都有了相应的法律规定，可以做到有法可依、有章可循，只要依照法律规定办，把法律规定落到实处，经济与环境就可以协调发展。可是，我们没有这样去做。我国目前的环境法律、法规充分考虑到经济和技术支撑能力，从总体上看是比较宽松的，工业企业和有关方面是有能力做到的。但是，有法不依、执法不严、违法不纠仍然是一个相当普遍的现象。因此，亟须深化改革，转变政府职能。加强环境管理是各级政府的一项要务。

政府在环境保护中身份发生了转变。我国在1992年提出了清洁生产理念，1994年实行了环境标志工作，并于1996年正式引进ISO14001环境管理体系标准。这种基于企业自愿基础上的环境政策促进了企业环保投入的增加，有效地减轻了政府在环境保护的责任。"标准控制—排污收费—排污许可证交易制度—环境标志"这一系列环境政策的发展过程中,政府的管制职能不断地降低,政府由环境政策的推动者转变为环境政策的引导者;企业则由环境政策的被动接受者逐步转变为环境政策的主动参与者。

1995年9月,中共中央《关于制定国民经济和社会发展"九五"计划和2010年远景目标的建议》中,就提出了"谁污染谁治理"的环境政策、法规构想,确定了"排污费高于污染治理成本"的原则。1998年又明确提出按照"谁受益谁补偿,谁破坏谁恢复"的原则,建立生态效益补偿制度。1999年环境保护市场化会议后,又将"谁污染谁治理"的治理政策具体化为"谁污染谁付费"、"污染者付费,使用者补偿,保护者获得补偿",并具体制定了征收排污费、生态环境补偿费、资源税(费)的规定,出台了环境保护经济优惠政策(如奖励综合利用政策、低息和优惠贷款政策、价格优惠政策、利税豁免政策)、环境保护投资政策等,建立健全了环境资源市场化等一系列政策与法规。

(二) 存在的问题

中国是一个发展中国家,发展是第一位的,不发展经济就没有保护和建设环境的能力。中国和其他发展中国家一样,最关心、最急需的是经济的迅速发展,只有经济的迅速、稳定发展才能更加有力、有效地保护和改善中国的环境条件和全球环境。"以经济建设为中心"是中国国家政策的一个基本出发点,环境保护工作和环境政策必须体现这一基本出发点。

(1) 有关环境保护政策未能体现价值规律的要求,环境资源的价值与实际价值存在较大的偏差。例如,排污收费标准应根据污染物的治理费用和社会损失费用来确定,至少不能低于污染治理成本。而目前我国的排污费收费标准仅为污染治理设施运转成本的50%左右,某些项目排污收费标准甚至不到污染治理成本的10%。排污收费标准过低,导致很多企业宁可缴纳排污费也不愿意投资治理。同时,目前我国除了污水实行征收排污费和征收超标排污费的双收费制度外,其余污染物总体上实行的还是单项超标排污收费制度,只对排放超过浓度标准的污染物征收排污费。在这种机制下,一方面,所排污染物只要不超过污染物排放标准,就可以无偿使用环境自净能力资源,客观上在环境容量保持不变的情况下会造成企业密集地区排污总量无法得到控制,环境污染严重。另一方面,目前的排污费大部分是无偿使用,有偿使用的比例仅为20% ~ 30%。即使是有偿使用的部分,还可以通过申请贷款等方式来豁免。这种情况本身就不符合"污染者付费原则",往往会带来污染控制费用分配的不公平,造成新的市场扭曲。

(2) 环境保护政策缺乏系统性,对于环境保护政策间的配合和协调考虑得较少。我国传统的环境保护政策主要是由一些单独的、零散的政策或措施、办法构成，没有形成完善的体系，且政策间的协调性也较差，如排污收费政策与总量控制政策间就存在冲突，排污收费的依据是各类排放标准，而总量控制政策的依据是环境污染负荷的总量标准，虽然单因子污染没有超过标准，但其累加就可能超过了总量的标准，超过了环境的承载能力，故这两种标准是有差距的，符合排污收费政策的却不一定符合总量控制政策；再如，环境技术政策，由于没有适当的投资、信贷等方面的优惠和鼓励性政策，导致环保技术市场沉寂。

（3）经济发展政策存在"政策失效"。改革开放以来，国家和各级政府的发展规划，都强调了持续、稳定、协调发展，都提出了要控制污染、保护环境。但是，经济发展的结果不是改善了环境，而是加重了环境污染。这就说明，发展政策上有重大失误。世界各国，包括发达国家和发展中国家，都不同程度地存在这种政策失误现象，学者们把它归纳为"政策失效"。从我国来看，这种失误突出表现在：发展战略执行的仍然是那种靠大量消耗资源、粗放经营为特征的传统模式，追求的是经济增长的数量，忽视了包括环境在内的增长的质量，没有实行与环境和资源保护相协调的可持续发展方针。以经济建设为中心的发展模式注定了要加剧环境污染。与此同时，在经济发展的综合决策中，很少甚至没有兼顾环境保护的要求。诸如在产业结构的调整中，如何限制或淘汰那些大量消费资源、能源、严重污染环境的工矿企业；在确定工业开发区中，如何先评价、后建设，如何推行污染集中控制；在能源建设中，如何推行清洁能源生产与控制城市大气污染结合起来；在城市基础建设中，如何优先安排与控制环境污染有关的工程；在技术开发中，如何大力开发控制环境污染的技术，特别是污水处理技术、清洁能源技术、清洁生产技术；在投资政策上，如何增加投入，以有效控制污染、保护环境；等等。

第五章　环境保护攻坚时期的环境政策（"十五"时期）

党的十六大，把实现经济发展和人口、资源、环境相协调，改善生态环境作为全面建设小康社会4项重要目标之一。党的十六届五中全会提出，"要加快建设资源节约型、环境友好型社会"，首次把建设资源节约型和环境友好型社会确定为国民经济与社会发展中长期规划的一项战略任务。2005年12月，国务院发布《国务院关于落实科学发展观加强环境保护的决定》，描绘了我国5~15年环保事业发展的宏伟蓝图，是指导我国经济、社会与环境协调发展的纲领性文件。2006年4月，第六次全国环境保护大会召开，国务院总理温家宝在会上强调，做好新形势下的环境保护工作，关键在于加快实现"三个转变"：一是从重经济增长轻环境保护转变为保护环境与经济增长并重；二是从环境保护滞后于经济发展转变为环境保护和经济发展同步推进；三是从主要用行政办法保护环境转变为综合运用法律、经济、技术和必要的行政办法解决环境问题，自觉遵循经济规律和自然规律，提高环境保护工作水平。"三个转变"是全面落实科学发展观的重大举措，是环境保护工作顺应时代发展要求的战略性、方向性、历史性转变：以环境保护优化经济增长，成为环境保护工作战略的核心；全面推进、重点突破成为贯彻这一战略思想的重要原则；将保障广大人民群众饮水安全作为首要任务，这是落实这一战略思想的重要突破点和抓手。

2007年10月，党的十七大胜利召开，对于推进新时期环保事业发展具有里程碑的重大意义。十七大把生态文明首次写入政治报告中，将建设资源节约型、环境友好型社会写入党章，标志着环境保护作为基本国策和全党意志，进入了国家政治经济社会生活的主干线、主战场、大舞台，充分显示了党和国家的环保理念进一步升华，环境保护将站在新的历史起点上，迎来大发展的良好机遇。

第一节 环境形势

一、"十五"期间我国面临的环境、生态形势

经过多年的整治和坚持不懈的努力，我国的环境状况在"十五"开局之际，已由环境质量总体恶化、局部好转，向环境污染加剧趋势得到基本控制、部分城市和地区环境质量有所改善转变。但是，环境形势仍然相当严峻，全国污染物排放总量还很大，污染程度仍处在相当高的水平，一些地区的环境质量仍在恶化。生态恶化加剧的趋势尚未得到有效遏制，部分地区生态破坏的程度还在加剧。环境污染和生态破坏在一些地区已成为危害人民健康、制约经济发展和社会稳定的一个重要因素。

(1) 主要污染物排放总量仍处于较高水平。2000年，全国二氧化硫排放量1 995万吨，化学需氧排放量1 445万吨，远远高于环境承载能力。常规污染物排放总量削减的任务还未完成，机动车尾气污染、农村面源污染、有毒有害有机污染等问题日渐突出。

(2) 水环境污染相当严重。2000年，在七大水系干流中，只有57.7%的断面达到或优于国家地表水环境质量标准Ⅲ类；城市河段污染突出。各大淡水湖泊和城市湖泊均受到不同程度的污染，一些湖泊呈富营养化状态。沿海河口地区和城市附近海域污染严重，赤潮发生频次增加，面积扩大。

(3) 城市空气质量处于较重的污染水平。2000年，开展监测的338个城市中，63.5%的城市超过国家空气环境质量二级标准，处于中度或严重污染状态。区域性酸雨污染严重，61.8%的南方城市出现酸雨，酸雨面积占国土面积的30%。

(4) 城市生活垃圾和固体废物污染日益突出。2000年，工业固体废物排放量3 186万吨，其中近200万吨危险废物直接向环境排放，对环境和人民健康造成极大威胁。城市垃圾以每年8%的速度递增，1999年已达1.4亿吨，仅少数经过无害化处理，垃圾围城现象比较普遍，二次污染严重。塑料包装物和农膜所导致的"白色污染"问题十分突出。

(5) 城市噪声扰民较为普遍。2000年，在开展道路交通噪声监测的214个城市中，有31.3%的城市处于中度或较重污染水平；在开展区域环境噪声监测的176个城市中，有55.6%的城市处于中度或较重污染水平。

(6) 核安全与辐射环境安全监管任务繁重。我国核电设施具有堆型多、技术来源国别多、建设地点人口稠密等特点，部分研究型核反应堆设备老

化,超期服役;民用辐射源量多面广,电磁辐射源增加迅速。确保核设施安全稳定运行和退役核设施及放射性废物安全处置的压力很大。

二、生态恶化的趋势仍在加剧

"十五"期间,我国生态环境形势依然十分严峻,生态恶化呈现出一些新的发展特点:一是积点连片,由原来的局部、小范围的生态破坏恶化逐步演变成区域性、大范围的生态恶化;二是从量变到质变,由原来以单要素为主的生态破坏,逐步发展成整个区域或流域生态的结构性破坏,功能退化甚至是完全丧失。

(一) 土地流失面积增加,区域生态平衡严重失调

土地退化严重。全国水土流失面积达 367 万千米^2,约占国土面积的 38%,平均每年新增水土流失面积 1 万千米^2;荒漠化土地面积已达 262 万千米^2,并且每年还以 2 460 千米^2 的速度扩展;扬尘、浮尘和沙尘暴频繁发生。全国森林面积 1.59 亿公顷,人均不足世界平均水平的 1/8,乱砍滥伐现象仍屡禁不止;草地退化、沙化和碱化的面积达 1.35 亿公顷,约占草地总面积的 1/3,并且每年还在以 200 万公顷的速度增加;农业自然灾害加剧,受灾面积由 20 世纪 50 年代每年 1 000 万~2 000 万公顷发展到 90 年代 3 000 万~5 000 万公顷。区域生态平衡严重失调。长江、黄河等大江大河源头区的生态环境恶化加剧,沿江沿河的重要湖泊、湿地日趋萎缩,江河断流,湖泊干涸,地下水位下降严重,林草植被退化,生态功能下降,洪涝灾害、沙尘暴加剧;海洋和淡水渔业水域污染加重,海蚀范围扩大,水域渔业功能削弱;资源的不合理开发导致生态破坏问题依然严重,环境恢复治理滞后。

(二) 生物多样性锐减

全国野生动植物物种丰富区的面积不断减少,珍稀野生动植物栖息地环境恶化,乱捕滥猎和乱挖滥采现象屡禁不止,野生动植物数量和种类骤减,种质资源及野生亲缘种丧失,生物多样性受到严重破坏。有害外来物种入境增加,珍贵药用野生植物数量锐减,珊瑚礁、红树林破坏严重,近海天然渔业资源衰退,生物安全面临威胁。

(三) 农村环境问题日渐突出

已有 1 000 万公顷农田遭受不同程度的污染,畜禽粪便、水产养殖和不合理使用农药、化肥污染加重,农产品质量安全不容忽视。乡镇企业污染较为普遍,小城镇环保基础设施缺乏,农村饮用水受到不同程度的污染。

（四）水生态系统失衡

旱涝灾害频发，河流断流现象加剧，不少湖泊萎缩，天然绿洲消失，现有水库蓄水量减少。湿地破坏严重。一些地区由于严重超采地下水，造成地下水位下降，形成大面积漏斗区。

第二节 "十五"期间国家对环境保护和生态建设的要求

2001年3月15日，第九届全国人民代表大会第四次会议通过批准的《中华人民共和国国民经济和社会发展第十个五年计划纲要》（以下简称《纲要》）把环境保护作为国民经济和社会发展的主要奋斗目标之一，其中第四篇"人口、资源和环境"提出了国家"十五"期间环境保护和生态建设的要求，主要内容如下。

一、节约保护资源，实现永续利用

《纲要》指出，"十五"期间要"坚持资源开发与节约并举，把节约放在首位，依法保护和合理使用资源，提高资源利用率，实现永续利用"。《纲要》从两个方面提出了以下具体要求。

（一）重视水资源的可持续利用

《纲要》要求坚持开源节流并重，把节水放在突出位置。以提高用水效率为核心，全面推行各种节水技术和措施，发展节水型产业，建立节水型社会。城市建设和工农业布局要充分考虑水资源的承受能力。加大农业节水力度，减少灌溉用水损失，2005年灌溉用水有效利用系数达到0.45。按水资源分布调整工业布局，加快企业节水技术改造，2005年工业用水重复利用率达到60%。强化城市节水工作，强制淘汰浪费水的器具和设备，推广节水器具和设备。加强节水技术、设备的研究开发和节水设施的建设。加强规划与管理，搞好江河全流域水资源的合理配置，协调生活、生产和生态用水。加强江河源头的水源保护。积极开展人工增雨、污水处理回用、海水淡化。合理利用地下水资源，严格控制超采。多渠道开源，建设一批骨干水源工程，"十五"期间全国新增供水能力400亿米^3。加大水的管理体制改革力度，建立合理的水资源管理体制和水价形成机制。广泛开展节水宣传教育，提高全民节水意识。

（二）保护土地、森林、草原、海洋和矿产资源

《纲要》要求，坚持保护耕地的基本国策，实施土地利用总体规划，统筹安排各类建设用地，合理控制新增建设用地规模。加大城乡和工矿用地的

整理、复垦力度。根据工业区、城镇密集区、专业化农产品生产基地、生态保护区等不同的土地需求，合理调整土地利用结构。强化森林防火、病虫害防治和采伐管理，完善林业行政执法管理体系和设施。加强草原保护，禁止乱采滥垦，严格实行草场禁牧期、禁牧区和轮牧制度，防止超载过牧。加大海洋资源调查、开发、保护和管理力度，加强海洋利用技术的研究开发，发展海洋产业。加强海域利用和管理，维护国家海洋权益。加强矿产资源勘探，严格整顿矿业秩序，对重要矿产资源实行强制性保护。深化矿产资源使用制度改革，规范和发展矿业权市场。推进资源综合利用技术研究开发，加强废旧物资回收利用，加快废弃物处理的产业化，促进废弃物转化为可用资源。

二、加强生态建设，保护和治理环境

《纲要》提出："要把改善生态、保护环境作为经济发展和提高人民生活质量的重要内容，加强生态建设，遏制生态恶化，加大环境保护和治理力度，提高城乡环境质量。"

(一) 加强生态建设

组织实施重点地区生态环境建设综合治理工程，长江上游、黄河上中游和东北内蒙古等地区的天然林保护工程，以及退耕还林还草工程。加强以京津风沙源和水源为重点的治理与保护，建设环京津生态圈。在过牧地区实行退牧，封地育草，实施"三化"草地治理工程。加快小流域治理，减少水土流失。推进黔桂滇岩溶地区石漠化综合治理。加快矿山生态恢复与治理。继续建设"三北"、沿海、珠江等防护林体系，加速营造速生丰产林和工业原料林。加快"绿色通道"建设，大力开展植树种草和城市绿化。加强自然保护区建设，保护珍稀、濒危生物资源和湿地资源，实施野生动物及其栖息地保护建设工程，恢复生态功能和生物多样性。"十五"期间，新增治理水土流失面积2 500万公顷，治理"三化"草地面积1 650万公顷。

(二) 保护和治理环境

强化环境污染综合治理，使城乡特别是大中城市环境质量得到明显改善。抓紧治理水污染源，巩固"三河"、"三湖"水污染治理成果，启动长江上游、三峡库区、黄河中游和松花江流域水污染综合治理工程。加快城市污水处理设施建设，所有城市都要建设污水处理设施，2005年城市污水集中处理率达到45%。加强近岸海域水质保护，研究预防、控制和治理赤潮，抓好渤海环境综合整治和管理。加强大气污染防治，实施"两控区"和重点城市大气污染控制工程，2005年"两控区"二氧化硫排放量比2000年减少20%。推行垃圾无害化与危险废弃物集中处理。推行清洁生产，抓好重点行业的污染防治，控制和治理工业污染源，依法关闭污染严重、危害人民健康的企业。加强噪声污染治理。积极开展农村环境保护工作，防治不合理使用化肥、农药、农膜和超标污灌带来的化学污染及其他面源污染，保护农村饮用水水源。加强环境保护关键技术和工艺设备的研究开发，加快发展环保产业。完善环境标准和法规，修改不合理的污染物排放标准，健全环境监测体系，加强环境保护执法和监督。全面推行污水和垃圾处理收费制度。开展全民环保教育，提高全民环保意识，推行绿色消费方式。

加强防御各种灾害的安全网建设，建立灾害预报预防、灾情监测和紧急救援体系，提高防灾减灾能力。加强气象、地震、测绘等工作，提高服务能力和水平。积极参与全球环境与发展事务，履行义务，实行有利于减缓全球气候变化的政策措施。

第三节　"十五"期间主要环境政策要点

一、《国家环境保护"十五"计划》

为落实《国民经济和社会发展第十个五年计划纲要》提出的环境保护目标和任务，国务院于2001年12月26日批准了国家环境保护总局会同国家计委、国家经贸委、财政部等部门和各地编制的《国家环境保护"十五"计划》（以下简称《计划》）。

《计划》指出，世纪之交，我国胜利实现了现代化建设的前两步战略目标，经济和社会全面发展，人民生活总体上达到了小康水平。从新世纪开始，我国将进入全面建设小康社会、加快推进社会主义现代化的新的发展阶段。为落实《国民经济和社会发展第十个五年计划纲要》提出的环境保护目标和任务，《计划》从我国经济和社会发展全局出发，从实现我国可持续发展的战略高度出发，从提高人民生活质量、保护人民健康出发，对"十五"环境保护工作做出具体部署，动员全国各族人民共同努力，把关系中华民族长治久安的环境保护事业推向一个新阶段。但我国仍处于社会主义初级阶段，综合国力还不强。面对严峻的环境形势，必须坚持环境保护基本国策，以经济建设为中心，紧密结合经济结构战略性调整，贯彻污染防治和生态保护并重方针，统筹规划，因地制宜，突出重点，预防为主，保护优先，制定切实可行的分阶段目标，改善生态，治理污染，实现可持续发展。

(一)"十五"期间环境保护的指导思想和目标

1. 指导思想

以"三个代表"重要思想为指导，以可持续发展为主题，以控制污染物排放总量为主线，以防治"三河三湖两区一市一海"等重点区域的环境污染和遏制人为生态破坏为重点，以强化执法监督和提高环境管理能力为保障，以改善环境质量和保护人民群众健康为根本出发点，坚持政府调控与市场机制相结合，通过体制创新和政策创新，建立政府主导、市场推进、公众参与的环境保护新机制，全面推动经济、社会、环境的协调发展。

2. 目标

（1）总体目标。到2005年，环境污染状况有所减轻，生态环境恶化趋势得到初步遏制，城乡环境质量特别是大中城市和重点地区的环境质量得到改善，健全适应社会主义市场经济体制的环境保护法律、政策和管理体系。

（2）具体目标。①2005年，二氧化硫、尘（烟尘及工业粉尘）、化学需氧量、氨氮、工业固体废物等主要污染物排放量比2000年减少10%；工业废水中重金属、氰化物、石油类等污染物得到有效控制；危险废物得到安全处置。②酸雨控制区和二氧化硫控制区，二氧化硫排放量比2000年减少20%，降水酸度和酸雨发生频率有所降低。③重点流域、海域的水污染防治实现规划目标，国控断面水质主要指标基本消除劣V类，水环境质量得到改善。④城市地下水污染加重的趋势开始减缓，集中式饮用水源地水质达到标准，大中城市的空气、地表水、声环境质量明显改善，建成一批国家环境保护模范城市。⑤核安全与辐射环境监管水平有较大提高，辐射环境保持良好状态，核电站、核设施排放废物的放射性水平符合国家标准。⑥人为破坏生态环境的违法行为得到遏制，重要的生态功能区开始得到保护，自然保护区和生态示范区的建设与管理水平有所提高。⑦农村环境保护得到加强，集中式饮用水源地水质基本达到标准，规模化畜禽养殖污染得到基本控制，农业面源污染加重的趋势有所减缓，建成一批生态农业示范县，创建一批环境优美小城镇。⑧环境保护法律、政策与管理体系进一步健全，环境规划、环境标准与环境影响评价得到加强，环境科研条件与监测手段明显改善，环境信息统一发布与宣传教育得到强化，环境保护统一监督管理与执法能力有较大提高。

3. 主要计划指标

《计划》对"十五"期间拟完成的各项环境指标做了具体规定：①主要污染物排放总量控制指标；②工业污染防治指标；③城市环境保护指标；④生态环境保护指标；⑤农村环境保护指标；⑥重点地区环境保护指标。

（二）"十五"期间环境保护和生态建设的主要任务

1. 工业污染防治

把削减工业污染物排放总量作为工业污染防治的主线，实施工业污染物排放全面达标工程，促进产业结构调整和升级。

（1）严格控制新的污染；

（2）巩固和提高工业污染源主要污染物达标排放成果；

（3）淘汰污染严重的落后生产能力；

（4）大力推行清洁生产；

（5）抓好煤炭、冶金、有色金属、石油和化工、建材、轻工等重点行业的污染防治。

2. 城市环境保护

以提高人民生活质量为目标，以创造良好的人居环境为中心，结合城镇化发展战略，强化城市环境的综合治理，重点解决水污染、大气污染和垃圾污染，使大中城市的环境质量有明显改善。

（1）合理规划，完善城市功能；

（2）治理城市水污染；

（3）治理城市大气污染；

（4）治理城市垃圾污染；

（5）治理城市噪声污染；

（6）做好重点城市环境保护工作。

3. 农村环境保护

抓住农业产业结构调整和加快小城镇建设的契机，在大力发展农业和农村经济的同时，开展农村环保科普宣传教育，把控制农业面源污染和农村生活污染、改善农村环境质量作为环境保护的重要任务。

（1）保护农村饮用水源；

（2）防止农作物污染，确保农产品安全；

（3）控制规模化畜禽渔养殖业的污染；

（4）秸秆禁烧，促进综合利用；

（5）保护小城镇环境。

4. 海洋环境保护

河海统筹，陆海兼顾，以陆源污染防治为重点，以实施碧海行动计划为载体，加强对近岸海域水质和生态环境的保护，突出海岸带管理，以渤海碧海行动为突破口，全面推动海洋环境保护工作，力争海洋污染损害的速度和范围有所控制，海洋生态破坏的趋势得到初步遏制。

(1) 加强海洋环境统一监督管理；
(2) 控制陆源和养殖污染；
(3) 实施《渤海碧海行动计划》，抓好渤海环境综合整治和管理；
(4) 保护海岸带和海洋重要生态系统。

5. 生态环境保护

贯彻实施《全国生态环境保护纲要》，加强生态环境保护监管能力建设，开展生态环境本底调查，编制全国生态环境功能区划，加大生态环境保护执法力度，努力减少人为生态破坏，力争全国生态环境恶化的趋势得到遏制。以西部生态环境保护与建设为重点，在实施天然林保护工程、防护林建设工程以及退耕还林还草工程等重大生态保护和建设工程的同时，特别要做好以下生态保护方面的工作。

(1) 实施重要生态功能区的抢救性保护；
(2) 实施资源开发的强制性保护；
(3) 提高自然保护区和生态示范区的建设质量和管理水平；
(4) 加强生物多样性保护与生物安全管理。

6. 核安全和辐射环境监督管理

强化核环境安全管理，严格核设施运行监督。积极防治电磁辐射污染，保持电磁辐射环境良好状态。

(三)"十五"规划实施的保障措施

"十五"期间，为保证环境保护目标和任务的实现，必须加强政府的政策引导、资金投入和监管力度，充分发挥市场的调节作用，广泛调动公众保护环境的积极性。

(1) 建立综合决策机制，促进环境与经济的协调发展；
(2) 完善环境保护法规体系，切实依法保护环境；
(3) 政府调控与市场机制相结合，努力增加环境保护投入；
(4) 运用激励性政策措施，营造环境保护良好氛围；
(5) 加强环境管理能力建设，提高环境管理现代化水平；
(6) 规范环保产业市场，促进环保产业发展；
(7) 加强环境宣传教育，提高全民环境意识；
(8) 积极参加全球环境保护，广泛开展国际环境合作；
(9) 落实环境保护责任制，保证规划实施效果。

各地要根据本计划制订适合本地区的"十五"环境保护计划，作为国民经济和社会发展规划的重要内容，并认真组织实施。

(四)"十五"期间重点工程与投资

"十五"期间,要以政策推进和机制创新为突破口,下大力气解决环境保护长期存在的投入不足问题,在政府主导、市场推进和公众参与下,以重点项目的实施带动环境污染治理和生态保护的全面开展,把国家确定的环境保护目标落到实处。

1. 环境保护投资需求

为实现"十五"环境保护目标,《计划》对"十五"期间的水污染治理,大气污染治理,固体废物治理,生态保护,基础能力建设以及信息、宣传教育、执法能力等投资做了预算分析。预计"十五"期间全国环境保护投资共需 7 000 亿元,约占同期国内生产总值的 1.3%;约占全社会固定资产投资总量的 3.6%,比"九五"期间提高 1 个百分点。资金来源主要是以政府、企业投资为主。同时,要积极利用市场机制,动员和吸收社会资金。

2. 重点工程项目规划

《国家环境保护"十五"重点工程项目规划》作为《中国绿色工程规划(第二期)》,以绿色工程项目带动全国的污染治理和生态保护工作,保障重点区域环境保护目标的实现。《国家环境保护"十五"重点工程项目规划》规划项目约 1 000 个,投资约需 2 100 亿元,其中重点实施 10 项具有显著综合效益的重大工程项目,需要 1 450 亿元。①"三河三湖"污水处理厂建设工程;②三峡库区水污染治理工程;③南水北调(东线)治污工程;④渤海碧海行动计划工程;⑤"两控区"火电厂脱硫工程;⑥北京碧水蓝天工程;⑦国家级自然保护区和生态功能保护区工程;⑧危险废物集中处置工程;⑨国家环境监测网络建设工程;⑩国家环境科技创新工程。

二、《全国生态环境保护"十五"计划》

2002 年 3 月 28 日,国家环境保护总局颁布了《全国生态环境保护"十五"计划》(简称《生态保护"十五"计划》)。《生态保护"十五"计划》编制的主要依据是《全国生态环境保护纲要》,力争把《全国生态环境保护纲要》确定的、近期急需完成的目标、任务与措施落到实处,是"十五"期间全国生态环境保护的基本任务。

(一)指导原则

(1)促进人和自然的协调与和谐;

(2)生态保护与生态建设并举;

(3)污染防治与生态保护并重;

(4)统筹兼顾,综合决策,合理开发;

（5）谁开发谁保护，谁破坏谁恢复，谁使用谁付费；

（6）生态系统方式的管理思想；

（7）统一监管与分工合作相结合；

（8）生态环境保护与精神文明建设相结合，动员社会广泛参与。

（二）目标与指标

"十五"期间生态环境保护的目标是，到2005年力争使生态环境保护的监管能力得到加强，生态恶化趋势得到初步遏制，生态建设的成果得到有效巩固。

（1）重要生态功能区和生物多样性保护的目标与主要指标。"十五"期间，要分级抢救性地建立一批生态功能保护区，使各类良好自然生态系统和重要物种得到有效保护，从而有效地降低自然灾害，确保国家生态安全。

（2）重点资源开发区的生态保护目标与主要指标。"十五"期间，要基本建立、健全生态环境保护监管体系，人为破坏生态的违法行为得到遏制，水、土等重点资源开发对生态环境的破坏降低，生态破坏的恢复治理率有所提高，自然生态系统的自我恢复能力得到增强。

（3）生态良好区的保护目标与主要指标。"十五"期间，进一步扩大规模、提高标准、强化管理，提高生态示范区建设水平，努力使生态良性循环、经济社会健康发展的县、市比例进一步提高；新建一批生态农业示范县和环境优美的小城镇。

（4）农村生态环境保护的目标与主要指标。"十五"期间，要努力使农村生产和生活环境有所改善，种植和养殖业废物排放得到基本控制，资源化率有所提高；农用化学品环境安全管理得到加强，重点区域的农药、化肥等面源污染加重的趋势得到减缓。

（三）主要任务

全面贯彻《全国生态环境保护纲要》，切实做好重要生态功能区、重点资源开发区、生态良好区的生态保护，力争在生态功能保护区建设、资源开发生态保护监管、生物安全管理、农村环境保护上取得新的进展。

1. 加强重要生态功能区的保护

（1）重点保护中西部生态脆弱地区的重要生态功能区；

（2）尽快形成生态功能保护区的管护能力。

2. 提高生物多样性保护能力

（1）提高自然保护区的建设与管理水平；

（2）遏制捕杀和采挖野生动植物的违法行为；

（3）加强国家生物多样性和生物安全管理；

（4）保护和恢复重要湿地的生态功能。

3. 加强自然资源开发的生态环境保护

（1）强化资源开发的生态环境保护监管。完善监管制度，建立生态保护统一协调与部际联合执法机制，维护水环境安全和水生态平衡；加强国土和矿产资源开发的生态环境保护；维护森林的生态功能；保护和恢复草原生态；加强旅游资源开发的生态环境保护。

（2）加强西部开发建设的生态环境保护。做好西部地区开发建设活动中的生态环境保护，防止新的大规模生态破坏。

4. 推进生态良好地区的生态保护示范

（1）建设生态示范区；

（2）建设生态农业示范县；

（3）创建环境优美城镇。

5. 加快农村环境保护步伐

（1）积极发展生态经济，实施生态家园富民计划；

（2）强化污染控制，促进种、养业废物资源化；

（3）强化农用化学品环境安全管理；

（4）建立农产品安全保障体系。

（四）实施对策与措施

为确保"十五"期间生态保护目标的实现和各项任务的完成，必须严格执行国家现有的环境保护和资源管理法律、法规，依法行政，严格监管。同时，应根据党中央、国务院的要求和国际环境保护形势的发展，在生态保护的政策、措施和制度上大胆创新，勇于开拓。

（1）夯实基础，搞好生态保护区划和规划；

（2）加强法制建设，完善生态保护法律体系。①加快生态保护立法。②加大现有环境保护和自然资源管理法律、法规的执法力度。建立部际生态环境保护联合执法机制，重点抓好生态破坏大要案的查处，树立生态环境保护执法权威。③加强生态保护标准建设。

（3）明确责任，加强生态保护监管。①建立和完善各级政府和部门生态保护责任制；②按照"谁开发谁保护、谁破坏谁恢复"的原则，明确资源开发单位和法人的生态保护责任，建立生态破坏限期恢复治理制度；③加强生态保护监管能力建设。

（4）增加投入，建立生态保护资金渠道。①建立适应市场经济体制的生态保护投入机制；②运用市场机制积极推进生态保护相关产业的发展；③按照"谁使用谁付费"的原则，开展试点工作，探索建立以资源开发补偿、流域补偿、遗传资源惠益共享为主要内容的生态环境补偿机制。

（5）开拓创新，提高生态保护的科技支撑能力。①重视生态保护的科研工作，加大投入；②研究和开发重要生态保护理论与技术。

（6）开展全民教育，增强生态保护的责任感。①坚持不懈地开展生态保护宣传，进一步增强全民的生态保护意识和公德；②进一步加强舆论监督，鼓励公众参与；③开展农村环境保护专题宣传。

（7）认真履约，广泛开展国际交流与合作。①认真履行生态环境保护的国际公约；②广泛开展多边和双边国际合作。

（五）重点工程

"十五"期间，要以生态环境保护的基础建设、能力建设和示范工程建设为主，通过重点工程的实施，全面提升生态环境的管护水平，确保生态保护目标的实现。

1. 生态功能保护区建设工程

（1）国家级。建设长江、黄河等15个国家级生态功能保护区，遏制其生态功能的破坏形成基本管护能力。

（2）省级。建设40个省级生态功能保护区，初步遏制这些地区生态功能的继续破坏并形成管护能力。

2. 生物多样性保护工程

（1）自然保护区建设。新建国家级自然保护区50个，加大对现有155个国家级自然保护区的建设力度，形成较强的管护能力；建设与国际接轨的国家级自然保护区示范区20个。

（2）生物多样性与生物安全监管能力建设。编制6个重点领域工作方案，组建生物多样性监测网络，建立国家生物多样性数据库和信息协调中心与交换所；建立国家生物安全评估中心、重点实验室、全国生物技术与生物安全数据库，建立生物安全跟踪监测系统，形成监管能力。

（3）建设野生动植物种保护繁育中心和重要野生遗传资源保护区15个。

（4）重要湖泊湖滨带生态系统与功能恢复。在太湖、滇池等开展湖滨带生态系统与功能恢复示范工程。

3. 农村面源污染控制工程

（1）秸秆禁烧与综合利用。

（2）规模化畜禽养殖污染控制。

（3）病死禽畜及其污染物污染控制。按统一规划，合理布局的原则，在一些重点大、中城市建立病死禽畜及其污染物处理示范工程。

(4) 化肥、农药污染防治。

4. 生态示范区建设与管理工程

(1) 国家级生态示范区管理系统建设。建成国家级生态示范区建设试点管理网络和信息系统。

(2) 生态示范区可持续发展能力建设示范工程。重点支持生态省建设试点和验收命名的国家级生态示范区的规划更新、监测、监管能力建设和环境与经济协调发展示范工程建设。

(3) 生态示范区宣传教育与科技支持。开展宣传教育和管理人员、技术人才、农民科技培训，完善宣传、推广设施，建立科技单位技术依托和新科技推广机制。

5. 资源开发的生态保护与恢复工程

(1) 矿山生态环境恢复治理工程；

(2) 生态旅游示范。

6. 生态保护监管能力建设工程

(1) 基础建设；

(2) 生态保护监控能力建设。

三、《国土资源生态建设和环境保护规划》

国土资源生态建设和环境保护是国家生态建设和环境保护工作的重要组成部分。为保障国家在国土资源领域实施可持续发展战略，贯彻中央关于人口资源环境的基本国策，促进资源合理利用，有效保护生态环境，根据《国民经济和社会发展第十个五年计划纲要》，国土资源部于2001年5月10日公布了《国土资源生态建设和环境保护规划》（以下简称《国土规划》），以2000年为基期，2005年为规划目标期。

(一) 面临的形势

"十五"期间，国土资源生态建设和环境保护形势严峻。

1. 土地退化，耕地质量下降

全国水土流失面积36 700万公顷，其中耕地的水土流失面积45.4万公顷；荒漠化土地面积26 200万公顷，沙化的耕地面积已达256万公顷；耕地质量下降，发生盐渍化的耕地超过800万公顷。许多地区土地利用过度，人地矛盾突出。

2. 矿山生态环境破坏严重

被采矿活动破坏的土地面积达400万公顷，平均每年增加近2万公顷，工矿废弃地复垦率不到12%；矿山开发中的"三废"污染严重，尤其是数量众多的乡镇和个体采矿点,环境保护工作十分薄弱,生态环境恢复治理工作几乎是空白;因矿山开发诱发的地质灾害和矿区水均衡系统破坏十分普遍,300多个矿业城镇和大中型矿山中,许多正在经历艰难的产业转轨时期,生态环境恢复治理任务艰巨。

3. 地质灾害不断加剧

我国每年发生崩塌、滑坡、泥石流等突发性地质灾害10余万处,死亡数千人以上;部分地区地下水开采过度,引发地面沉降、海水入侵等,地质灾害造成的直接经济损失平均每年高达270亿元。地质灾害的频繁发生危害了人民生命财产安全,严重破坏了生态环境。

4. 对地质遗迹保护力度不够

地质地貌景观遭受破坏现象严重,部分具有重要价值的地质遗迹面临毁灭的危险。有些地方走私、倒卖重要古生物化石的现象严重,许多重要古生物化石遭到毁坏。

5. 海洋生态破坏和环境污染严重

近海资源开发过度与不足并存,赤潮发生次数增加,面积扩大;海域污损事件频发,环境灾害不断,污染日趋突出,海洋生态系统遭到破坏,严重损害海洋生物资源和渔业生产。

(二)国土资源生态建设和环境保护的指导思想与规划目标

1. 指导思想

贯彻中央关于"在保持经济增长的同时,控制人口增长,保护自然资源,保持良好生态环境"的基本国策,实施可持续发展战略和科技兴国战略,坚持"在保护中开发,在开发中保护"的方针正确处理好当前与长远、整体与局部、发展与保护的关系,依靠科技进步和科学管理,合理开发利用和有效保护国土资源,积极推进国土资源利用方式的转变和国土综合整治,改善土地生态环境、矿山生态环境、地质环境和海洋生态环境,为保证社会经济可持续发展做出贡献。

2. 基本原则

(1)坚持"一要吃饭,二要建设,兼顾生态环境"的原则。处理好农用地、经济建设用地和生态用地之间的关系,在国土资源开发利用的同时,注重生态建设和环境保护。

(2)坚持"统筹规划,分步实施,典型示范,全面推进"的原则。统筹兼顾,突出重点,优先抓好对全国有广泛影响的重点工程的实施,带动生态建设和环境保护的全面开展。

(3)坚持"以防为主,防治结合,因地制宜,综合治理"的原则。根据各地的实际情况，注重实效，开展预防和治理工作。

（4）坚持"依靠科技进步，突出创新，保护与开发并重"的原则。应用新技术、新方法、新理论，改变资源利用方式，提高资源利用效率及生态建设和环境保护水平。

（5）坚持"谁开发谁保护，谁破坏谁恢复，谁投资谁受益"的原则。加强宏观调控，严格依法管理，落实保护和恢复治理的责任，让污染者负责治理，破坏者负责恢复。

3. 规划目标

"十五"期间，国土资源生态建设和环境保护的总体目标是：初步建立与社会主义市场经济体制相适应的国土资源生态建设和环境保护法律、法规体系和管理体系，稳步推进国土综合整治，逐步改善土地生态环境、矿山生态环境、地质环境和海洋生态环境，实现国土资源开发利用与生态建设和环境保护的协调发展。

（三）国土资源生态建设和环境保护的主要任务

（1）开展国土资源生态环境综合调查评价与监测；

（2）大力开展国土资源的保护与合理利用；

（3）搞好生态退耕，加强基本农田保护；

（4）改善矿山生态环境，建立环保型矿业；

（5）加强地下水资源保护与合理利用；

（6）防治地质灾害，加强地质遗迹保护；

（7）加强海洋环境与生物多样性保护。

（四）国土资源生态建设和环境保护重点工程

重点实施以下7项工程，带动和推进国土资源生态建设和环境保护工作全面开展。

（1）矿山生态环境恢复治理和土地复垦工程；

（2）渤海污染治理和综合整治工程；

（3）资源与生态环境综合监测系统建设工程；

（4）重点地区土地整理和国土综合整治示范工程；

（5）地质灾害监测预警与综合治理示范工程；

（6）西北地区地下水合理利用与生态环境保护工程；

（7）国家地质公园建设保护工程。

（五）规划实施的政策措施

（1）确立国土资源生态建设与环境保护在经济社会可持续发展中的基础地位。采取切实有效的措施，加强对规划实施的监督管理，保证规划目标任务的实现。

（2）建立综合协调、统一监督、分部门实施的生态环境保护监督管理体制，完善国土资源生态建设与环境保护法律、法规体系和制度。

（3）制定优惠政策，建立多渠道的资金投入机制。

（4）加强科技创新，积极推进国际合作。

（5）大力宣传我国国土资源的基本国情、政策法规，增强全民的资源忧患意识、生态环境保护意识和法制观念。

四、《全国湿地保护工程规划》

湿地是功能独特的生态系统，是我国实现可持续发展进程中关系国家和区域生态安全的战略资源。保护湿地、维护湿地生态功能的正常发挥，科学管理和合理利用湿地，对于改善我国生态环境、促进经济社会可持续发展，具有重要意义。我国湿地具有面积大、类型多、生物多样性丰富等特点，为实现我国湿地保护的战略目标，进一步加强湿地保护，2004年2月2日，国务院批准了由国家林业局、科学技术部、国土资源部、农业部、水利部、建设部、国家环境保护总局、国家海洋局等10个部门共同编制的《全国湿地保护工程规划》（以下简称《湿地规划》）（2004~2030年），并于2006年正式启动。《湿地规划》打破了部门界限、管理界限和地域界限，明确了到2030年，我国湿地保护工作的指导原则、主要任务、建设布局和重点工程，对指导开展中长期湿地保护工作具有重要意义。《湿地规划》明确将依靠建立部门协调机制、加强湿地立法、提高公众湿地保护意识、加强湿地综合利用、加大湿地保护投入力度、加强湿地保护国际合作和建立湿地保护科技支撑体系，保证规划各项任务的落实。

（一）总体目标

通过湿地及其生物多样性的保护与管理、湿地自然保护区建设、污染控制等措施，全面维护湿地生态系统的生态特性和基本功能，使我国天然湿地的下降趋势得到遏制。通过加强对水资源的合理调配和管理、对退化湿地的全面恢复和治理，使丧失的湿地面积得到较大恢复，使湿地生态系统进入一种良性状态。同时，通过湿地资源可持续利用示范以及加强湿地资源监测、宣教培训、科学研究、管理体系等方面的能力建设，全面提高我国湿地保护、管理和合理利用水平，从而使我国的湿地保护和合理利用进入良性循环，保持和最大限度地发挥湿地生态系统的各种功能和效益，实现湿地资源的可持续利用。

到2030年，将使我国湿地保护区达到713个，国际重要湿地达到80

个，使90%以上天然湿地得到有效保护。完成湿地恢复工程140.4万公顷，在全国范围内建成53个国家湿地保护与合理利用示范区。建立比较完善的湿地保护、管理与合理利用的法律、政策和监测科研体系。形成较为完整的湿地区保护、管理、建设体系，使我国成为湿地保护和管理的先进国家。从2004～2010年，要划建湿地自然保护区90个，投资建设湿地保护区225个，其中重点建设国家级保护区45个，建设国际重要湿地30个，油田开发湿地保护示范区4处，富营养化湖泊生物治理3处；实施干旱区水资源调配和管理工程2项，湿地恢复71.5万公顷，恢复野生动物栖息地38.3万公顷；建立湿地可持续利用示范区23处，实施生态移民13 769人；进行科研监测体系、宣传教育体系和保护管理体系建设。

(二) 建设布局和分区重点

根据全国湿地分布的特点，考虑到不同区域的自然特征，尤其是与湿地形成有关的水文和地质特性、湿地功能、保护和合理利用途径的相似性、行政区域和流域的连续性及实际的可操作性，《湿地规划》将全国湿地保护按地域划分为东北湿地区、黄河中下游湿地区、长江中下游湿地区、滨海湿地区、东南华南湿地区、云贵高原湿地区、西北干旱湿地区以及青藏高寒湿地区8个湿地保护区域类型。根据因地制宜、分区施策的原则，充分考虑各区域的主要特点和湿地保护面临的主要问题，在总体布局的基础上，对不同的湿地区设置了不同的建设重点。

1. 东北湿地区

东北湿地区位于黑龙江、吉林、辽宁三省及内蒙古东北部，以淡水沼泽和湖泊为主，总面积约750万公顷。该区域湿地面临的主要问题是过度开垦，使天然沼泽面积减少。该区建设重点为，全面监测评估该天然湿地丧失和湿地生态系统功能变化情况；通过湿地保护与恢复及生态农业等方面的示范工程，建立湿地保护和合理利用示范区，提供东北地区湿地生态系统恢复和合理利用模式；加强森林沼泽、灌丛沼泽的保护；建立和完善该区域湿地保护区网络，加强国际重要湿地的保护。

2. 黄河中下游湿地区

黄河中下游湿地区包括黄河中下游地区及海河流域，主要涉及北京、天津、河北、河南、山西、陕西和山东七省（市）。该区天然湿地以河流为主，伴随着许多沼泽、洼淀、古河道、河间带、河口三角洲等湿地。该区湿地保护的主要问题是水资源缺乏，由于上游地区的截留，河流中下游地区严重缺水，黄河中下游主河道断流严重，海河流域的很多支流已断流多年，失去了湿地的意义。该区建设重点为，加强黄河干流水资源的管理及中游地区的湿地保护，利用南水北调工程尝试性地开展湿地恢复的示范，加强该区域湿地水资源保护和合理利用。

3. 长江中下游湿地区

长江中下游湿地区包括长江中下游地区及淮河流域，是我国淡水湖泊分布最集中和最具有代表性地区，主要涉及湖北、湖南、江西、江苏、安徽、上海和浙江七省（市）。该区水资源丰富，农业开发历史悠久，为我国重要的粮、棉、油和水产基地，是一个巨大的自然—人工复合湿地生态系统。湿地保护面临的最大问题是由于围垦等原因导致天然湿地面积减少、湿地功能减弱、水质污染严重、湿地生态环境退化。该区建设重点为，通过还湖、还泽、还滩及水土保持等措施，使长江中下游湖泊湿地的面积逐渐得到恢复，改善湿地生态环境状况，使该区域丰富的湿地生物多样性得到有效保护。

4. 滨海湿地区

滨海湿地区涉及我国东南滨海的11个省（区、市）。该区域湿地面临的主要问题是过度利用和浅海污染等，导致赤潮频发、红树林面积下降、海洋生物栖息繁殖地减少、生物多样性降低。建设重点为，评估开发活动对湿地的潜在影响和威胁，加强珍稀野生动物及其栖息地的保护，建立候鸟研究及环保基地；建立具有良性循环和生态经济增值的湿地开发利用示范区；以生态工程为技术依托，对退化海岸湿地生态系统进行综合整治、恢复与重建；调查和评估我国的红树林资源状况，通过建立示范基地，提供不同区域红树林资源保护和合理利用模式，逐步恢复我国的红树林资源。

5. 东南和南部湿地区

东南和南部湿地区包括珠江流域绝大部分、东南及其诸岛河流流域、两广诸河流域的内陆湿地，主要为河流、水库等类型湿地。面临的主要问题是湿地泥沙淤积、水质污染严重、生物多样性减少。该区建设重点为，加强水源地保护和流域综合治理，在河流源头区域及重要湿地区域开展植被保护和恢复措施，防止水土流失，加强湿地自然保护区建设。

6. 云贵高原湿地区

云贵高原湿地区包括云南、贵州以及川西高山区，湿地主要分布在云南、贵州、四川省的高山与高原冰（雪）蚀湖盆、高原断陷湖盆、河谷盆地及山麓缓坡等地区。面临的主要问题是一些靠近城市的高原湖泊有机污染严重，对湿地不合理开发导致湖泊水位下降，流域缺乏综合管理，湿地生态环境退化。该区建设重点为，加强流域综合管理，保护水资源和生物多样性，进行生态恢复示范，对高原富营养化湖泊进行综合治理；通过实施宣传教育和培训工程，提高湿地资源及生物多样性保护公众意识。

7. 西北干旱湿地区

本区湿地可分为两个分区：一是新疆高原干旱湿地区，主要分布在天山、阿尔泰山等北疆海拔1 000米以上的山间盆地和谷地及山麓平原–冲积扇缘潜水溢出地带；二是内蒙古中西部、甘肃、宁夏的干旱湿地区，主要以黄河上游河流及沿岸湿地为主。该区湿地面临的最大问题是由于干旱和上游地区的截流导致湿地大面积萎缩和干涸，原有的一些重要湿地如罗布泊、居延海等早已消失，部分地区成为"尘暴"源，荒漠干旱区的生物多样性受到严重威胁。建设重点为，加强天然湿地的保护区建设和水资源的管理与协调，采取保护和恢复措施缓解西部干旱荒漠地区由于人为和自然因素导致的湿地环境恶化、湿地面积萎缩甚至消失的趋势。

8. 青藏高寒湿地区

青藏高寒湿地区分布于青海省、西藏自治区和四川省西部，地势高亢，环境独特，高原散布着无数湖泊、沼泽，其中大部分分布在海拔3 500~5 500米。我国几条著名的江河发源于本区，长江、黄河、怒江和雅鲁藏布江等河源区都是湿地集中分布区。面临的主要问题是区域生态环境脆弱，草场退化、荒漠化严重，湿地面积萎缩，湿地生态环境退化，功能减退。由于该区特殊的地理位置，该区湿地保护尤其是江河源区湿地的保护涉及长江、黄河和澜沧江中下游地区甚至全国的生态安全。该区建设重点为，加强保护区建设及植被恢复等措施，保护世界独一无二的青藏高原湿地。

（三）重点建设内容

依据生态效益优先、保护与利用结合、全面规划、因地制宜等建设原则，《湿地规划》安排了湿地保护、湿地恢复、可持续利用示范、社区建设和能力建设5个方面的重点建设内容。

（1）湿地保护优先工程。一是加强自然保护区和国际重要湿地建设；二是湿地污染控制，建立全国湿地生态环境监测和评价体系，及时监测、预测预报湿地污染和生态环境动态；开展油田开发湿地保护示范工程，加强管理与监督，控制污染物的排放量，健全环境监测网络；通过减排、收获、复壮、生物治碱等措施，开展富营养化湖泊的生物治理工程，有计划地治理已受污染的海域、湖泊和河流。

（2）湿地生态恢复优先工程。一是加强水资源的调配与管理，确定全国、流域和省（区）水资源配置方案及水资源宏观控制指标体系和水量分配指标；二是开展湿地生态恢复和综合整治工程。

（3）湿地合理利用示范优先工程。多形式地开展湿地资源可持续利用示范区建设。在农牧渔业利用强度大、不宜于建立湿地自然保护区的农区重要湿地，规划建立国家级农牧渔业综合利用管理示范区和农牧渔业可持续利用湿地管理区，通过加强管理、逐步引进合理利用和保护措施来逐步实现面上的恢复；在南方大江大河的三角洲地区，建立新型的人工湿地高效生态农业模式试验示范区。在长江中游人口压力大、人地矛盾突出的地区，适当发展堤垸水产开发，根据实际情况开展湿地资源合理利用模式示范项目；在典型滨海湿地海水养殖开发区域，研究推广适用的养殖优化技术和生态养殖技术，推进滨海湿地海水养殖产业的合理化和科学化进程。

（4）社区建设优先工程。以保护为中心设计发展项目，通过多种形式，大力推广有利于湿地可持续利用的发展项目。因地制宜地扶持社区进行产业结构调整，鼓励开展非资源消耗性产业的发展。在一些不适合人类生活和生态脆弱的湿地区域，开展生态移民工程。

（5）能力建设优先工程。一是国家湿地资源监测中心、湿地监测站点等湿地监测体系建设；二是湿地培训中心、野外培训基地和人员培训等宣传教育培训体系建设；三是国家湿地研究中心、省级研究机构及基层研究机构和技术支撑体系建设；四是认真履行《湿地公约》等有关的国际公约，全面提高现有和新增国际重要湿地的监测、保护和管理水平，并建立全国国际重要湿地保护网络，加强国际合作与交流。

《湿地规划》的实施，将极大地提高国家对湿地资源的保护和管理能力，使我国天然湿地下降的趋势基本得到遏制，并充分发挥湿地调节气候、保持水土、蓄洪防旱、防风固沙和美化环境等多种功能。保护了野生动植物及其生境，使湿地野生动植物种群得到恢复和发展，为我国提供了充足的资源储备。湿地的合理利用，可以创造就业机会和发展相关产业，为社会经济提供良好的生态环境支持。工程的建设，也将提高我国履行《生物多样性公约》《湿地公约》的能力，扩大中国湿地保护在国际上的影响。通过全面实施保护和管理工程，使我国湿地保护工作进入正规化、有序化发展的新阶段；同时又为湿地的可持续利用提供了示范，形成与当地社区协调发展、全面持久保护湿地生态系统的模式，使我国湿地资源的生态效益、经济效益和社会效益得到全面发挥，实现湿地生态系统的良性循环。

五、《中共中央国务院关于加快林业发展的决定》

《中共中央国务院关于加快林业发展的决定》（中发〔2003〕9号，以下简称《林业发展决定》），是党中央、国务院在全面建设小康社会的新形势下，为加快林业发展、实现人与自然和谐所做出的一项重大战略决策；是指导我国林业加快发展的纲领性文件，是林业建设史上一个新的里程碑。标志着我国林业从此结束了以木材生产为主的时代,进入了以生态建设为主的新时代。

《林业发展决定》以加快发展为主线,突出了加快林业发展即实现林业跨越式发展这个主题,明确了加快林业发展的指导思想、基本方针、战略目标和战略重点,理顺了长期制约林业发展的体制、机制和政策,解决了亟待解决的一系列重大问题。《林业发展决定》的发布实施,对于推动我国林业跨越式发展,实现山川秀美的宏伟目标,维护国家生态安全,全面建设小康社会,具有重大的现实意义和深远的历史意义。《林业发展决定》共分 8 个部分、25 条,主要内容如下。

(一) 对林业做出新的科学定位

党中央、国务院以世界眼光,从全局高度对林业的战略地位做出了科学判断,《林业发展决定》指出:"森林是陆地生态系统的主体,林业是一项重要的公益事业和基础产业,承担着生态建设和林产品供给的重要任务。""在贯彻可持续发展战略中,要赋予林业以重要地位;在生态建设中,要赋予林业以首要地位;在西部大开发中,要赋予林业以基础地位。"这是在党的文件中首次对林业做出的全面的科学定位,标志着我们党对林业的认识产生了一次新的飞跃,对推动整个社会走上生产发展、生活富裕和生态良好的文明发展道路具有重大战略意义。

《林业发展决定》对林业做出的科学定位,赋予了林业更加艰巨的光荣使命。这个定位重点阐明了林业具有"两重性":林业既是一项重要的公益事业,又是一项重要的基础产业。"林业不仅要满足社会对木材等林产品的多样化需求,更要满足改善生态状况、保障国土生态安全的需要。"《林业发展决定》指出:我国森林资源总量严重不足,与社会需求之间的矛盾日益尖锐,林业改革和发展的任务比以往任何时候都更加繁重。我们必须充分认识加快林业发展的重要性、艰巨性,承担起改善生态和促进发展的双重使命,为实现山川秀美的宏伟目标,促进国民经济和社会发展,做出更大的贡献。

(二) 强调加强林业建设是经济社会可持续发展的迫切要求

(1)《林业发展决定》对我国林业建设成就给予了高度评价,强调:"建国以来,特别是改革开放以来,党中央、国务院对林业工作十分重视,采取了一系列政策措施,有力地促进了林业发展。"我国林业建设取得了巨大成就。全民义务植树运动深入开展,全社会办林业、全民搞绿化的局面正在形成。"三北"防护林等生态工程建设成效明显,近几年实施的天然林保护、退耕还林、防沙治沙等重点工程进展顺利,部分地区的生态状况明显改善。森林、湿地和野生动植物资源保护得到加强。林业产业结构调整取得进展，各类商品林基地建设方兴未艾，林产工业得到加强，经济林、竹藤花卉产业和生态旅游快速发展，山区综合开发向纵深推进。森林资源的培育、管护和利用逐渐形成较为完整的组织、法制和工作体系。新中国成立以来，林业累计提供木材 50 多亿米^3，目前全国森林覆盖率已达到 16.55%，人工林面积居世界第一位。林业为国家经济建设和生态状况改善做出了重要贡献，对促进新阶段农业和农村经济的发展，扩大城乡就业，增加农民收入，发挥着越来越重要的作用。

（2）《林业发展决定》强调，经济社会可持续发展迫切要求我国林业有一个大转变。随着经济发展、社会进步和人民生活水平的提高，社会对加快林业发展、改善生态状况的要求越来越迫切，林业在经济社会发展中的地位和作用越来越突出。林业不仅要满足社会对木材等林产品的多样化需求，更要满足改善生态状况、保障国土生态安全的需要，生态需求已成为社会对林业的第一需求。我国林业正处在一个重要的变革和转折时期，正经历着由以木材生产为主向以生态建设为主的历史性转变。

（3）《林业发展决定》指出，加快林业发展面临的形势依然严峻。目前我国生态状况局部改善、整体恶化的趋势尚未根本扭转，土地沙化、湿地减少、生物多样性遭破坏等仍呈加剧趋势。乱砍滥伐林木、乱垦滥占林地、乱捕滥猎野生动物、乱采滥挖野生植物等现象屡禁不止，森林火灾和病虫害对林业的威胁仍很严重。林业管理和经营体制还不适应形势发展的需要。林业产业规模小、科技含量低、结构不合理，木材供需矛盾突出，林业职工和林区群众的收入增长缓慢，社会事业发展滞后。从整体上讲，我国仍然是一个林业资源缺乏的国家，森林资源总量严重不足，森林生态系统的整体功能还非常脆弱，与社会需求之间的矛盾日益尖锐，林业改革和发展的任务比以往任何时候都更加繁重。

（4）《林业发展决定》要求，必须把林业建设放在更加突出的位置。在全面建设小康社会、加快推进社会主义现代化的进程中，必须高度重视和加强林业工作，努力使我国林业有一个大的发展。在贯彻可持续发展战略中，要赋予林业以重要地位；在生态建设中，要赋予林业以首要地位；在西部大开发中，要赋予林业以基础地位。

（三）提出加快林业发展的指导思想、基本方针和主要任务

1. 指导思想

《林业发展决定》指出："以邓小平理论和'三个代表'重要思想为指导，深入贯彻十六大精神，确立以生态建设为主的林业可持续发展道路，建

立以森林植被为主体、林草结合的国土生态安全体系，建设山川秀美的生态文明社会，大力保护、培育和合理利用森林资源，实现林业跨越式发展，使林业更好地为国民经济和社会发展服务。"

我国社会发展对林业的主导需求，决定着林业的主要特征和社会属性，也决定着林业建设的指导思想。新中国成立以来，林业走过了一个艰难曲折的发展历程。在这个过程中，社会对林业的需求发生了深刻变化，林业工作的指导思想也相应发生着变化。从20世纪50~70年代末，国家经济建设处于原始积累阶段，木材成为经济社会发展对林业的第一需求，形成了以木材生产为中心的指导思想。从20世纪70年代末~90年代中后期，特别是1981年党中央、国务院做出《关于保护森林、发展林业若干问题的决定》后，针对生态破坏带来的严重危害，社会对经济和生态、短期和长期、发展和保护等各种关系开始进行反思，对改善生态的愿望日趋强烈。我国林业在生产木材的同时，加强了森林保护，开展了大规模的植树造林。但由于林业体制的惯性和木材需求量居高不下以及生态建设投入水平很低，林业仍然没有脱离以木材生产为主的轨道。进入21世纪，林业在生态建设中的主体地位和在可持续发展中的重要地位受到空前关注，生态需求已成为社会对林业的第一需求，充分发挥林业在生态建设中的主体作用和在可持续发展中的重要作用成为全面建设小康社会和实现可持续发展的必然要求。

在全面分析经济社会可持续发展对林业提出的新要求，深刻总结我国林业发展历史经验的基础上，党中央、国务院果断做出了调整以木材生产为中心的林业建设方向，努力实现我国林业由以木材生产为主向以生态建设为主转变的重大决策，并确立了21世纪林业工作的指导思想，这就是以邓小平理论和"三个代表"重要思想为指导，深入贯彻十六大精神，确立以生态建设为主的林业可持续发展道路，建立以森林植被为主体、林草结合的国土生态安全体系，建设山川秀美的生态文明社会，大力保护、培育和合理利用森林资源，实现林业跨越式发展，使林业更好地为国民经济和社会发展服务。

这一指导思想的确立，标志着我国林业以木材生产为主的时代已经结束，以生态建设为主的新时代已经开始。

2. 基本方针

根据林业工作指导思想的重大转变，《林业发展决定》明确了加快林业发展的7项基本方针：一是坚持全国动员，全民动手，全社会办林业；二是坚持生态效益、经济效益和社会效益相统一，生态效益优先；三是坚持严格保护、积极发展、科学经营、持续利用森林资源；四是坚持政府主导和市场调节相结合，实行林业分类经营和管理；五是坚持尊重自然和经济规律，因地制宜，合理配置，城乡林业协调发展；六是坚持科教兴林；七是坚持依法治林。

这7项基本方针坚持了林业发展的成功经验，体现了以生态建设为主的指导思想，顺应了生态建设和林业产业发展的规律，为我国林业保持健康、快速的发展指明了方向，必将对我国林业加快发展产生重大而深远的影响。

3. 主要任务

《林业发展决定》明确提出了实现林业跨越式发展的要求，即通过管好现有林，扩大新造林，抓好退耕还林，优化林业结构，增加森林资源，增强森林生态系统的整体功能，增加林产品有效供给，增加林业职工和农民收入。《林业发展决定》同时确定了我国林业跨越式发展三步走的战略目标：第一步到2010年，使森林覆盖率达到19%以上；第二步到2020年，使森林覆盖率达到23%以上；第三步到2050年，使森林覆盖率达到并稳定在26%以上，基本实现山川秀美。生态状况步入良性循环，林产品供需矛盾得到缓解，建成比较完备的森林生态体系和比较发达的林业产业体系。

林业跨越式发展战略目标的确定，实际上明确了要在50年的时间内完成常规状态下需要100多年才能完成的艰巨任务，这充分体现了经济社会发展对加快林业发展的客观要求，充分体现了党中央、国务院高瞻远瞩、总揽全局的战略眼光和对国家、对民族、对历史高度负责的精神，也充分体现了党中央、国务院对改善中华民族生存条件的坚定决心。

（四）对林业生产力布局进行了优化重组

调整优化林业生产力布局，以整合现有的各种林业资源，促进各种生产要素向林业领域流动，是实现林业跨越式发展的首要环节。为此，《林业发展决定》对我国林业生产力布局进行了优化重组，分别提出了生态建设和林业产业发展的新布局。

（1）关于生态建设布局，《林业发展决定》提出了以六大林业重点工程为主体，以全民义务植树和各种社会造林为基础的新布局。这个生态建设布局，既明确了我国国土生态安全体系建设的战略重点，又明确了我国生态文明社会建设的战略重点，既可发挥大工程带动大发展的强大优势，又可发挥亿万人民参与生态文明建设的巨大潜力，这标志着世界上规模最大的生态工程建设和世界上参与人数最多的生态文明建设进入了全面发展的新阶段，从而为实现林业跨越式发展注入了强大动力，找到了基本途径。

（2）关于林业产业布局，《林业发展决定》提出：适应生态建设和市场需求的变化，推动产业重组，优化资源配置，加快形成以森林资源培育为基础、以精深加工为带动、以科技进步为支撑的林业产业发展新格局。提出了突出发展名特优新经济林、生态旅游、竹藤花卉、森林食品、珍贵树种和药材培植以及野生动物驯养繁殖等新兴产品产业,大力发展特色出口林产品等林业产业发展的重点。

林业生产力布局的优化重组,正确处理了生态建设和产业发展的关系,既突出了生态建设这个重中之重,又对产业发展给予了高度重视,同时还分别明确了生态建设和产业发展的重点,这对汇集各种生产要素,集中力量"攻克"重点,取得突破,决胜全局,将发挥十分重要的基础性作用。

(五) 对林业体制、机制和政策做出了重大调整

理顺林业体制、机制和政策,是解放和发展林业生产力,实现林业跨越式发展的关键。《林业发展决定》以与时俱进的精神,对林业管理体制、运行机制和政策措施做出了重大调整,实现了林业体制、机制和政策的创新和突破。

(1) 关于林业管理体制,《林业发展决定》提出实行林业分类经营的新体制。长期以来,我国林业对公益林业和商品林业没有严格区分,未实行分类经营管理,导致林业与国家的宏观体制管理难以对接,林业生产关系无法理顺,并造成管理和政策上的混乱,无论是公益林还是商品林的发展都受到了严重制约。《林业发展决定》在总结多年分类经营管理试点经验的基础上,第一次从国家对全社会林业总体管理的层面上对林业的经营管理体制进行了分类设计。将全国林业区分为公益林业和商品林业两大类,对公益林业按照公益事业进行管理,以政府投资为主,吸引社会力量共同建设;对商品林业按照基础产业进行管理,主要由市场配置资源,政府给予必要扶持。实行林业分类经营管理体制,是林业管理体制的重大创新和突破,必将在很大程度上消除束缚林业生产力发展的障碍,有力推动林业生态建设和林业产业的大发展。

在林业管理体制上,《林业发展决定》还对重点国有林区、国有林场和苗圃提出了建立权、责、利相统一,管资产和管人、管事相结合的森林资源管理的新体制。长期以来,重点国有林区的森工企业,政企不分,产权不明,权、责、利不清,管资产和管人、管事相分离,使企业陷入了困境。《林业发展决定》要求,按照政企分开的原则,把森林资源管理职能从森工企业中分离出来,把目前由企业承担的社会管理职能逐步分离出来,转由政府承担,使企业真正成为独立的经营主体。对国有林场,将逐步界定为生态公益型林场和商品经营型林场。这一重大改革,根治了长期制约国有林业发展的症结,有利于增加森林资源,发挥更大的生态效益;有利于增强林业企

业的内在活力,获取更大的经济效益,从而使国有林业尽快走出困境。

(2) 关于林业运行机制和政策,《林业发展决定》突出了5个方面的内容:第一,对林业产权制度做出了具体规定;第二,首次提出放手发展非公有制林业;第三,首次提出将公益林业纳入公共财政预算,并提出对商品林业实行优惠的信贷扶持政策;第四,首次提出要安排部分造林投资,用于直接收购各种社会主体营造的非国有公益林;第五,提出不论何种投资主体、何种经济成分参与林业建设,都应消除歧视政策,促进公平竞争。这些政策和机制的重大突破,消除了过时的政策和机制对林业发展的严重制约,为各种林业经营主体创造了宽松、平等的发展和竞争环境,必将为加快林业发展注入强大的动力,有力地调动全社会办林业的积极性,有效地释放林业蕴含的巨大潜能。

(六) 对科教兴林、依法治林提出了明确要求

林业要大发展,必须以科技为先导,以人才为基础。当前,我国林业科技进步对林业经济增长的贡献率仅为33.3%,大大低于国外发达国家70%~80%的水平。针对加快林业发展对林业科技教育的客观要求,《林业发展决定》专门提出了坚持科教兴林的方针,并对加强林业科技教育工作提出了具体要求。科教兴林方针、措施的落实,必将为加快林业发展提供有力的支撑,大幅度提高生态建设和产业建设的质量和效益。

市场经济是法治经济。虽然我国已初步建立起比较完善的林业法制体系,但是破坏森林和野生动植物资源的"四乱四滥"现象屡禁不止,有的行为还缺乏法律制约。针对这些问题,《林业发展决定》专门提出了坚持依法治林的方针,对加快林业立法工作,完善法律、法规,加大执法力度,加强法制教育,提出了新的要求。依法治林方针、措施的落实,必将更好地维护林业建设的正常秩序,为加快林业发展提供有力的法制保障。

(七) 对加强林业组织领导制定了新举措

《林业发展决定》明确提出要进一步加强和健全4个体系。一是加强和健全行政管理体系并实行林业建设任期目标管理责任制。要求加强各级政府的林业行政机构建设,使其与承担的任务越来越重的特点相适应。二是加强执法监管体系建设。提出了林业建设任期目标管理由同级人民代表大会监督执行,把责任制的落实情况作为干部政绩考核、选拔任用和奖惩的重要依据等新规定。三是加强森林资源和生态动态监测体系建设。四是加强科技推广和社会化服务体系建设。这4个体系的加强和完善,必将为加快林业发展提供有力的组织保障。

六、《全国湿地保护工程实施规划（2005～2010年）》

党中央、国务院对生态建设十分重视，各有关部门在湿地保护方面开展了大量的工作。2003年10月，由国家林业局牵头、9个相关部门共同编制的《全国湿地保护工程规划》报经国务院同意，国务院指示在此基础上编制近期的实施规划。2004年6月，国务院下达关于加强湿地保护管理的通知（国发办〔2004〕50号），指示国家林业局尽快会同有关部门编制2005～2010年全国湿地保护工程实施规划，明确建设目标任务和具体措施。为了落实国务院的指示精神，规划编制小组通过对各部门提交的湿地保护、恢复、社区建设、合理利用以及保护管理能力等方面的优先项目进行汇总、修改和完善，对工程规划前期建设项目进行细化，形成了《全国湿地保护工程实施规划（2005～2010年）》（以下简称《工程规划》）。

《工程规划》共分五部分：①实施护工程的必要性；②建设目标和内容；③建设项目；④投资估算和效益分析；⑤保障措施。

（一）《工程规划》的意义

《工程规划》指出：全国湿地调查表明，我国现存自然或半自然湿地仅占国土面积的3.77%（全球湿地约占陆地面积的6%），自然湿地数量明显减少，对湿地保护的五大主要威胁因素分别是开垦与改造、污染、湿地生物资源过度利用、泥沙淤积和水资源不合理利用，自然湿地面临的威胁仍然十分严重。

目前，我国自然湿地保护网络初步建立，已经建立了各种级别的湿地自然保护区达473个，国际重要湿地30处，各级政府相应设立了与湿地保护有关的保护管理机构，初步构建了湿地的自然保护管理体系；在党中央、国务院的正确领导下，经过各地、各有关部门的共同努力，我国湿地保护管理工作取得了一定的成绩。

一是湿地自然保护区建设明显加强。截至2004年年底，全国共建立各级湿地自然保护区473个，超过40%的自然湿地纳入了自然保护区的保护管理范围，得到了较为有效的保护。

二是经过多年努力，完成了首次全国湿地调查，基本摸清了"家底"，为湿地保护奠定了较好的基础。

三是制定了《中国湿地保护行动计划》《全国湿地保护工程规划（2002～2030年）》，在《中国可持续发展林业战略研究》中进行了湿地保护管理方面的研究，国务院办公厅发出了加强湿地保护管理的通知，完善了湿地保护管理的指导思想、任务、目标和政策措施。

四是林业六大重点工程实施以来,选择了生态脆弱、生物多样性丰富的湿地,开展了湿地保护和恢复试点,积累了经验。林业六大重点工程、大江大河水资源调配和水污染治理工程在一定程度上改善了湿地生态状况。

五是积极开展了湿地立法的前期工作,部分省(区、市)还专门出台了湿地保护条例,对规范湿地保护和利用行为起到了很好的作用。

六是积极参与湿地保护的国际合作,将黑龙江省扎龙等30块湿地列入了《湿地公约》的国际重要湿地名录,利用《湿地公约》的国际合作机制引进资金和技术,促进了湿地保护事业的发展。

七是广泛开展了湿地保护的宣教和培训活动,提高了人们对湿地保护的认识。各级林业部门利用每年的"世界湿地日"、野生动物保护月等时机,组织开展了各种形式的湿地保护宣教活动,产生了很好的社会影响,全社会湿地保护意识有所提高。尤其是在湿地保护区建设、湿地恢复示范、湿地水资源调配和管理、湿地水污染防治和近海环境保护、国际合作与交流等方面取得了积极的进展。

但我国的湿地保护面临的形势严峻。总的来看,我国湿地仍然面临着以下5个方面的威胁:

一是长期以来人们对湿地生态价值和社会效益认识不足,加上保护管理能力薄弱,一些地方仍在开垦、围垦和随意侵占湿地,特别是近两年一些地方出现了把湿地转为建设用地的错误倾向。

二是生物资源过度利用,导致了重要的天然经济鱼类资源受到很大的破坏,严重影响着这些湿地的生态平衡,威胁着其他水生生物的安全;对红树林的围垦和砍伐等已造成红树林湿地的大面积消失。

三是对湿地水资源的不合理利用,使得一些地区,尤其是西北和华北部分地区湿地退化严重;一些水利工程的修建、挖沟排水,导致湿地水文发生变化,湿地不断萎缩甚至消失。

四是大量使用化肥、农药、除草剂等化学产品,给湿地水体带来了严重的污染。

五是由于大江、大河上游的森林砍伐影响了流域生态平衡,使河流中的泥沙含量增大,造成河床、湖底淤积,使得湿地面积不断减小,功能衰退。

在分析其原因时,《工程规划》指出:一是法制和政策体系不健全、不完善;二是自然保护区建设严重滞后;三是科学研究和技术支撑体系落后;四是公众湿地保护意识淡薄;五是湿地保护资金缺乏。

对工程实施的必要性,《工程规划》指出:一是保证国家生态安全和社会可持续发展的需要;二是落实《全国湿地保护工程规划(2002~2030

年)》和国务院关于加强湿地保护管理有关政策的需要；三是抢救性保护和恢复湿地生态功能的需要；四是全面提升湿地保护能力的需要。

(二) 建设目标和内容

1. 指导思想

以科学发展观为指导，坚持经济社会发展与生态环境保护相协调的基本原则，认真落实《中国湿地保护行动计划》《全国湿地保护工程规划 (2002~2030年)》等有关要求，在近期内对我国湿地实施抢救性保护。以保护与恢复工程为重点，加强对自然湿地的保护监管，努力恢复湿地的自然特性和生态功能，初步扭转自然湿地面积减少和功能下降的局面，为我国实施可持续发展战略服务。

2. 规划原则

(1) 保护优先、抢救性保护与合理开发利用示范相结合，生态建设与当地经济发展和农牧民脱贫致富相结合，协调好整体与局部利益、长远与当前利益的关系，充分发挥湿地的生态、经济与社会效益，实现资源、环境的可持续利用。

(2) 合理布局，突出重点。采取不同的保护和恢复措施，做到因地制宜，按需建设。

(3) 以科技为先导，充分吸收国际湿地保护、恢复的先进技术和经验，加强国内外生态新技术在湿地保护中的应用。

(4) 坚持多层次、多渠道的湿地保护投入原则。

(5) 在项目筛选和安排上，优先保护国际和国家重要湿地。

3. 建设期

建设期为 2005~2010 年。

4. 建设目标

(1) 长期目标。根据《全国湿地保护工程规划 (2002~2030年)》建设目标，湿地保护工程建设的长期目标是：通过湿地及其生物多样性的保护与管理，湿地自然保护区建设等措施，全面维护湿地生态系统的生态特性和基本功能，使我国自然湿地的下降趋势得到遏制。通过补充湿地生态用水、污染控制以及对退化湿地的全面恢复和治理，使丧失的湿地面积得到较大恢复，使湿地生态系统进入一种良性状态。同时，通过湿地资源可持续利用示范以及加强湿地资源监测、宣教培训、科学研究、管理体系等方面的能力建设，全面提高我国湿地保护、管理和合理利用水平，从而使我国的湿地保护和合理利用进入良性循环，保持和最大限度地发挥湿地生态系统的各种功能和效益，实现湿地资源的可持续利用，使其造福当代、惠及子孙。

(2) 近期目标（2005～2010年）。全面落实《国务院办公厅关于加强湿地保护管理的通知》和《全国湿地保护工程规划》对近期湿地工作的总体要求。到2010年，通过加大湿地自然保护区建设和管理等措施，使我国50%的自然湿地、70%的重要湿地得到有效保护，基本形成自然湿地保护网络体系；通过对我国一些重要区域湿地的恢复示范工程，使这些湿地的自然湿地面积萎缩和功能退化的趋势得到初步遏制；同时，较大程度地提高我国湿地资源监测、管理、科学、宣教和合理利用能力。

5. 建设布局

根据《全国湿地保护工程规划（2002～2030年)》建设布局和2005～2010年主要建设目标，有针对性安排各区建设重点，包括：①东北湿地区；②黄河中下游湿地区；③长江中下游湿地区；④滨海湿地区；⑤东南和南部湿地区。重点加强对一些重要湿地的自然保护区建设，包括：①云贵高原湿地区；②西北干旱半干旱湿地区；③青藏高寒湿地区。

6. 建设内容

湿地保护工程涉及湿地保护、恢复、合理利用和能力建设4个环节的建设内容，它们相辅相成，缺一不可。考虑到我国保护现状和建设内容的轻重缓急，2005～2010年，只优先开展湿地的保护和恢复、合理利用的示范项目以及必需的能力建设。

(三) 建设项目

(1) 湿地保护工程。

湿地保护工程包括：①自然保护区建设；②野生稻基因保护小区建设；③自然保护区核心区移民工程。

(2) 湿地恢复工程。

湿地恢复工程包括：①湿地生态补水工程；②湿地污染控制工程；③湿地生态恢复和综合整治工程。

(3) 可持续利用示范工程。

(4) 能力建设工程。

(四) 投资估算和效益分析

全国湿地保护工程投资由中央财政和地方财政共同分担。

对效益的分析，《工程规划》主要从生态效益、社会效益、经济效益等方面进行了分析。

(五) 保障措施

《工程规划》从7个方面做了部署：

(1) 加强领导，互相配合，建立部门合作机制；

(2) 制定湿地保护条例，把湿地保护与合理利用纳入法治轨道；
(3) 采取综合措施，保证湿地保护与区域经济社会协调发展；
(4) 强化工程管理，严格资金使用审批，保证工程顺利实施；
(5) 加强科技保障工作，全面提高工程质量；
(6) 深化改革，活化机制，充分调动全社会参与湿地保护的积极性；
(7) 加强宣教培训工作，提高全社会湿地保护意识。

七、《国土资源"十五"计划纲要》

2001年4月4日，国土资源部发布《国土资源"十五"计划纲要》（以下简称《计划纲要》）。《计划纲要》是根据《国民经济和社会发展第十个五年计划纲要》编制，是战略性、宏观性、政策性的规划，是"十五"期间国土资源工作的纲领性文件。该《计划纲要》除序言外，包括8个部分内容：①指导方针和目标；②国土资源调查评价；③国土资源保护与合理利用；④国土综合整治；⑤信息化和科技创新；⑥管理与市场；⑦重大工程；⑧规划实施。

国土资源是我国经济社会可持续发展的重要基础。我国是一个处于工业化进程中的发展中国家，农村人口占很大比重，资源消耗处于增长阶段，资源型产业将长期占有相当的地位和比重，耕地安全、能源和矿产供应安全、水资源安全问题是我国基本的经济安全问题。

《计划纲要》指出：新中国成立以来，特别是改革开放和"九五"以来，国土资源事业的各项成就，为实施"十五"计划奠定了坚实的基础。国土资源调查评价和勘查成效显著，基本摸清了土地资源"家底"，基础地质调查的覆盖面积不断扩大，矿产勘查取得丰硕成果，迄今共发现矿产171种，探明储量的有157种，海洋调查获得了大量海洋资源、环境调查资料和约300万千米的测线资料，在现代化建设中有力地发挥了基础和先行作用。国土资源开发利用取得巨大成就，保障了农业生产和各项建设的用地需要，绝大多数省（区、市）实现了耕地占补平衡，提供了我国95%的一次能源、约80%的工业原材料、70%以上的农业生产资料、30%的农田灌溉用水和1/3人口的饮用水。目前，我国煤炭、钢铁、水泥的产量居世界第一位，10种有色金属、石油等矿产品产量居世界前列，矿产品进出口占全国进出口总额的15%，海洋资源的开发利用正在成为国民经济新的增长点。开展国土综合整治，地质灾害防治取得成效，土地复垦率提高到12%，通过实施退耕还林、还草、还湖，有力地支持了大江大河流域的治理及其他生态环境建设工程，成功地实施了长江三峡链子崖、黄腊石等重大地质灾害防治工程，建立了数十个海洋自然保护区，开始对污染严重的海区进行治理。国土资料管理得到加强，改革不断取得新的进展，初步形成比较完整的国土资源法律、法规体系，基本完成五级土地利用总体规划的编制工作，并开始发挥宏观调控和指导作用。土地市场初步形成，土地有偿使用制度逐步完善，土地使用权转让、出租、抵押日益活跃。矿业权流转开始起步，矿业秩序进一步好转。海洋综合管理得到加强。科技教育与国际合作取得进展，科学技术研究取得丰硕成果，形成了符合中国地质特色的地学理论和技术方法体系，若干基础领域居世界先进水平。全民资源意识有所增强。

与此同时，国土资源领域仍然存在一些突出的矛盾和问题：

一是国土资源紧缺的状况将长期存在，未来经济社会发展对资源的需求与国内资源不足的矛盾进一步加剧，土地资源总体质量不高，与水资源空间分布不匹配，加快基础设施建设、实施西部大开发、推进城镇化等对土地资源的压力将进一步加大；石油、富铁矿、铜矿、铬、钾盐等重要资源已经严重短缺，地质找矿难度增大，地下水资源供需矛盾日益突出。

二是资源利用方式粗放，生态破坏和环境污染严重，土地浪费、退化、损毁严重，部分矿山乱挖滥采现象时有发生；资源综合利用率低，近海资源开发过度、无序，海洋环境污染日益严重；地下水超采、污染严重，地质灾害及其他自然灾害频繁。

三是国土资源开发利用的地区差异较大，东部地区经济比较发达，但资源耗竭过速；中西部地区和海域辽阔，资源丰富，但调查评价工作程度低，严重制约了国土资源的开发利用。

四是国土资源管理还存在许多亟待解决的问题，各类国土资源开发利用与经济发展、生态环境保护之间缺乏有效的协调机制，国土资源市场体系尚在建立初期，地质工作体制改革有待深化。

五是国际形势错综复杂，加入世界贸易组织以后，国内矿业、海洋产业将直接面对激烈的国际竞争，对改革与开放都十分滞后的国内固体矿业是一个严峻的挑战，对我国资源安全供给影响极大。因此，必须保持清醒的认识，认真解决。

《计划纲要》主要阐述国家战略意图，明确政府工作重点，引导市场主体行为方向，所提出的资源开发利用方向和结构调整重点，是对市场主体的指导性意见，政府将运用经济政策加以引导。本纲要在国土资源调查、资源保护与管理、信息化、国土整治等领域提出的任务，政府将切实履行职责，努力完成。

(一) 国土资源事业的指导方针和目标

"十五"期间国土资源事业要突出贯彻以下重要指导方针：

(1) 坚持把保护和合理利用国土资源作为主题；

(2) 坚持把调整资源开发利用结构作为重点；

(3) 坚持把科技创新和制度创新作为动力；

(4) 坚持把积极参与全球资源领域的合作与竞争作为重要契机；

(5) 坚持把保障国家资源安全作为出发点。

"十五"期间国土资源事业的主要目标包括：

(1) "十五"期间国土资源事业的主要目标是基本满足经济增长对土地、矿产和海洋资源的需求，并为实现第三步战略目标做好必要的资源准备；保持耕地总量动态平衡，保障能源。

(2) 国土资源调查评价的主要预期目标是填补中比例尺地质调查空白区，初步摸清全国矿产资源"家底"，发现和评价一批战略性矿产的大型、超大型产地，形成一批新的后备基地。

(3) 国土资源保护与利用的主要预期目标是在保护生态环境的前提下，保持耕地总量动态平衡，农用地质量、结构和布局明显改善，基本农田得到有效保护。到2005年，全国耕地面积保持在12 800万公顷以上。矿产开发规模基本适应国民经济建设的需要，矿产资源采选回收率提高3%，综合利用率提高3%~5%。

(4) 国土综合整治的主要预期目标是逐步开展国土整治，促进陆地、海洋生态建设和环境保护。

(5) 国土资源信息化与科技创新的主要预期目标是建立现代国土资源科学技术支撑体系，把国土资源信息化放在优先发展的位置，大力推进国土资源管理，调查评价信息化和信息服务社会化，实现国土资源事业的跨越式发展。

(6) 国土资源行政管理与市场建设的主要预期目标是进一步完善国土资源法规体系，深化国土资源管理体制改革，转变资源管理方式，国土资源的宏观调控能力、管理效率和服务水平有新的提高。

(二) 国土资源调查评价

《计划纲要》指出：紧密结合经济建设，大力加强关系国计民生和国家安全的能源和其他战略资源、地下水资源和国家重大工程建设前期地质勘查，加强地质环境勘查和灾害防治，加强西部地区地质调查，为经济社会可持续发展提供基础资料和资源保障：①基础地质调查；②土地资源调查、监测；③矿产资源调查评价；④环境地质调查；⑤地下水资源调查评价；⑥海洋地质矿产调查。

（三）国土资源保护与合理利用

1. 合理利用土地资源，保护耕地

始终坚持十分珍惜、合理利用土地和切实保护耕地的基本国策，正确处理经济发展、耕地保护和生态建设的关系，进一步加强农用地特别是耕地的保护，严格控制建设用地总量，优化土地利用结构，提高土地资源集约利用水平，稳定和提高粮食生产能力，保障经济发展用地需求。

2. 科学开发矿产资源，保障安全供应

坚持开源与节流并举，保护与开发并重，统筹规划，合理布局，控制矿产资源开发总量，调整和优化矿业结构，提高矿产资源利用水平。

3. 加大海洋资源开发力度，维护国家海洋权益

维护国家海洋权益，合理开发利用海洋资源，切实保护海洋生态环境。在继续巩固海运、水产、海盐三大传统产业的同时，大力发展海洋油气、海水养殖、滨海旅游、海洋化工、海水利用等新兴产业，适度控制近海捕捞。加快渤海和南海油气田开发，搞好东海油气田开发，加强对滨海砂矿业的监督管理。积极推进国际海底区域矿产资源开发，逐步把我国建设成为世界海洋资源开发大国。

4. 开发西部优势国土资源，促进西部大发展

西部大开发，要把资源优势转变为产业优势和经济优势，必须以市场需求为导向，合理利用和节约资源，保护生态环境。继续巩固西部地区资源产业的优势地位，提高竞争能力，促进区域经济协调发展。

（四）国土综合整治

"十五"期间，启动国土规划与国土综合整治工作。加强地质灾害防治，推进土地整理和复垦，加大矿山环境管理和治理力度，搞好海洋环境整治，实现资源开发和环境保护的协调发展。

（五）信息化和科技创新

（1）加强信息化建设，加速推进国土资源信息化；

（2）依靠科技进步和创新，促进国土资源永续利用。

（六）市场与管理

建立和完善适应市场经济体制要求的国土资源管理新体制和新机制，是"十五"乃至今后15年的重要任务，积极推进国土资源管理方式的转变，切实转变政府职能、强化依法行政、改善宏观调控建立良好的国土资源开发秩序，不断适应生产力发展的需要。

（七）重大工程

"十五"期间，要着力组织实施好以下重大工程：

（1）南沙油气勘查工程；

（2）海域天然气水合物调查评价工程；

（3）西北人畜饮用地下水紧急勘查工程；

（4）西气东输沿线天然气调查评价工程。

（5）国土资源监测和信息化工程；

（6）矿山生态环境恢复治理和土地整理复垦工作；

（7）国外矿产资源勘查开发工作。

（八）规划实施

（1）加强宣传教育，提高资源保护意识；

（2）增加投入，集中力量办大事；

（3）制定资源政策，改善宏观调控；

（4）培养管理科技人才，提高队伍素质；

（5）加强领导，依法行政。

八、《加快发展循环经济的若干意见》

改革开放以来，我国在推动资源节约和综合利用、推行清洁生产方面，取得了积极成效。但是，传统的高消耗、高排放、低效率的粗放型增长方式仍未根本转变，资源利用率低，环境污染严重。同时，存在法规、政策不完善，体制、机制不健全，相关技术开发滞后等问题。21世纪头20年，我国将处于工业化和城镇化加速发展阶段，面临的资源和环境形势十分严峻。为抓住重要战略机遇期，实现全面建设小康社会的战略目标，必须大力发展循环经济，按照"减量化、再利用、资源化"原则，采取各种有效措施，以尽可能少的资源消耗和尽可能小的环境代价，取得最大的经济产出和最少的废物排放，实现经济、环境和社会效益相统一，建设资源节约型和环境友好型社会。为此，2005年7月2日国务院做出关于《加快发展循环经济的若干意见》。

（一）发展循环经济的指导思想、基本原则和主要目标

1. 指导思想

以邓小平理论和"三个代表"重要思想为指导，树立和落实科学发展观，以提高资源生产率和减少废物排放为目标，以技术创新和制度创新为动力，强化节约资源和保护环境意识，加强法制建设，完善政策措施，发挥市场机制作用，促进循环经济发展。

2. 基本原则

坚持走新型工业化道路，形成有利于节约资源、保护环境的生产方式和消费方式；坚持推进经济结构调整，加快技术进步，加强监督管理，提高资源利用效率，减少废物的产生和排放；坚持以企业为主体，政府调控、市场引导、公众参与相结合，形成有利于促进循环经济发展的政策体系和社会氛围。

3. 发展目标

力争到 2010 年建立比较完善的发展循环经济法律、法规体系，政策支持体系，体制与技术创新体系和激励约束机制。资源利用效率大幅度提高，废物最终处置量明显减少，建成大批符合循环经济发展要求的典型企业。推进绿色消费，完善再生资源回收利用体系。建设一批符合循环经济发展要求的工业（农业）园区和资源节约型、环境友好型城市。

4. 主要指标

力争到 2010 年，我国消耗每吨能源、铁矿石、有色金属、非金属矿等 15 种重要资源产出的 GDP 比 2003 年提高 25% 左右；每万元 GDP 能耗下降 18% 以上。农业灌溉水平均有效利用系数提高到 0.5，每万元工业增加值取水量下降到 120 米^3。矿产资源总回收率和共伴生矿综合利用率分别提高 5 个百分点。工业固体废物综合利用率提高到 60%；再生铜、铝、铅占产量的比重分别达到 35%、25%、30%，主要再生资源回收利用量提高 65% 以上。工业固体废物堆存和处置量控制在 4.5 亿吨左右；城市生活垃圾增长率控制在 5% 左右。

（二）发展循环经济的重点工作和重点环节

（1）重点工作。一是大力推进节约降耗，在生产、建设、流通和消费各领域节约资源，减少自然资源的消耗；二是全面推行清洁生产，从源头减少废物的产生，实现由末端治理向污染预防和生产全过程控制转变；三是大力开展资源综合利用，最大限度实现废物资源化和再生资源回收利用；四是大力发展环保产业，注重开发减量化、再利用和资源化技术与装备，为资源高效利用、循环利用和减少废物排放提供技术保障。

（2）重点环节。一是资源开采环节要统筹规划矿产资源开发，推广先进适用的开采技术、工艺和设备，提高采矿回采率、选矿和冶炼回收率，大力推进尾矿、废石综合利用，提高资源综合回收利用率。二是资源消耗环节要加强对冶金、有色、电力、煤炭、石化、化工、建材（筑）、轻工、纺织、农业等重点行业能源、原材料、水等资源消耗管理，努力降低消耗，提高资源利用率。三是废物产生环节要强化污染预防和全过程控制，推动不同行业合理延长产业链，加强对各类废物的循环利用，推进企业废物"零排放"；加快再生水利用设施建设以及城市垃圾、污泥减量化和资源化利用，降低废物最终处置量。四是再生资源产生环节要大力回收和循环利用各种废旧资源，支持废旧机电产品再制造；建立垃圾分类收集和分选系统，不断完善再生资源回收利用体系。五是消费环节要大力倡导有利于节约资源和保护环境的消费方式，鼓励使用能效标识产品、节能节水认证产品和环境标志产品、绿色标志食品和有机标志食品，减少过度包装和一次性用品的使用。政府机构要实行绿色采购。

（三）加强对循环经济发展的宏观指导

（1）把发展循环经济作为编制有关规划的重要指导原则；

（2）建立循环经济评价指标体系和统计核算制度；

（3）制订和实施循环经济推进计划；

（4）加快经济结构调整和优化区域布局。

（四）加快循环经济技术开发和标准体系建设

（1）加快循环经济技术开发；

（2）抓紧制定循环经济技术政策；

（3）建立循环经济技术咨询服务体系；

（4）制定和完善促进循环经济的标准体系。

（五）建立和完善促进循环经济发展的政策机制

（1）加大对循环经济投资的支持力度；

（2）利用价格杠杆促进循环经济发展；

（3）制定支持循环经济发展的财税和收费政策。

（六）坚持依法推进循环经济发展

（1）加强法规体系建设；

（2）加大依法监督管理的力度；

（3）依法推行清洁生产。

（七）加强对发展循环经济工作的组织和领导

（1）加强组织领导；

（2）开展循环经济示范试点；

（3）加强宣传教育和培训。

九、《中国的环境保护（1996~2005）》白皮书

2006年6月5日，国新办举行新闻发布会，发表《中国的环境保护

(1996~2005)》白皮书，这是 1996 年以来我国第二次发布环境保护白皮书，目的就是要客观反映最近 10 年来我国环境保护领域取得的成绩、所做的工作，分析和研究当前在环境方面存在的一些具体问题，提出了今后一段时期我们进一步推进环境保护工作的主要对策和措施。通过这个白皮书的发表，进一步增加国际社会对我国环保事业的了解，加强与国际环境保护方面的合作与交流。

白皮书有 12 个组成部分，大约 1.6 万字，主要从环境法制和体制、污染防治、生态保护和生态建设、城市和农村环境保护、环保投入、环保科技、环保产业和公众参与以及国际环境合作等 10 个方面，全面系统地介绍了我国 10 年来环境保护方面的情况。

白皮书指出，20 世纪 70 年代末期以来，随着中国经济持续快速发展，发达国家上百年工业化过程中分阶段出现的环境问题在中国集中出现，环境与发展的矛盾日益突出。资源相对短缺、生态环境脆弱、环境容量不足，逐渐成为中国发展中的重大问题。

白皮书又指出，中国政府高度重视保护环境，将环境保护确立为一项基本国策，把可持续发展作为一项重大战略。经过努力，在资源消耗和污染物产生量大幅度增加的情况下，环境污染和生态破坏加剧的趋势减缓，部分流域污染治理初见成效，部分城市和地区环境质量有所改善，工业产品的污染排放强度有所下降，全社会环境保护意识进一步增强。

根据白皮书的介绍，1996 年以来，国家制定或修订了多部环保法律以及与环保关系密切的法律；制定或修订了 50 余项行政法规并发布了多项法规性文件；国务院有关部门、地方人民代表大会和地方人民政府依照职权，为实施国家环境保护法律和行政法规，制定和颁布了规章和地方法规 660 余件。

中国不断加强环境执法检查和行政执法，并连续 3 年开展整治违法排污企业、保障公民健康环保专项行动，依法查处 7.5 万多起环境违法案件，取缔关闭违法排污企业 1.6 万家，对 1 万多个环境污染问题实行挂牌督办。

中国政府在 1998 年将原国家环境保护局升格为国家环境保护总局（正部级）。目前，全国有各级环保行政主管部门 3 226 个，从事环境行政管理、监测、科学研究、宣传教育等工作的达 16.7 万人；有各级环境监察执法机构 3 854 个，达 5 万多人。

白皮书说，工业污染防治是中国环境保护工作的重点。与 1995 年相比，2004 年全国单位国内生产总值（GDP）工业废水、工业化学需氧量、工业二氧化硫、工业烟尘和工业粉尘排放量分别下降了 58%，72%，42%，

55%和39%。与1990年相比,2004年全国每万元人民币GDP能耗下降45%。

中国部分城市环境质量有明显改善。与1996年相比,2005年空气质量达到国家二级标准的城市比例增加了31个百分点,空气质量劣于国家三级标准的城市比例下降了39个百分点。

据白皮书介绍,近年来,国家解决了6700多万农村人口的饮水困难和不安全问题。目前,全国生态农业建设县达到400多个。国家还大力开发和推广农村新能源。

中国一些地区生态环境开始得到改善。营造林面积自2002年以来连续4年超过667万公顷。目前,全国森林面积达1.75亿公顷,森林覆盖率达18.21%。截至2005年年底,全国共建立各级各类自然保护区2349处,面积达150万千米^2,约占陆地国土面积的15%。

白皮书指出,近10年是中国环保投入增幅最大的时期,经过努力,已初步建立起以政府为主导的多元环保投融资体制。1996~2004年,中国环境污染治理投入达到9522.7亿元人民币,占同期GDP的1.0%。2006年,环境保护支出科目被正式纳入国家财政预算。

中国已将环境影响评价制度从建设项目扩展到各类开发建设规划。中国还重视并不断提高科技对环境保护的支撑能力,积极推动环保产业化进程。

白皮书说,民间组织和环保志愿者是环境保护公众参与的重要力量,中国目前有非政府环保组织1000余家。

据白皮书介绍,中国参加了《联合国气候变化框架公约》及其《京都议定书》《关于消耗臭氧层物质的蒙特利尔议定书》《生物多样性公约》等50多项涉及环境保护的国际条约,并积极履行这些条约规定的义务。

白皮书说,中国政府和中国人民为保护环境付出了巨大努力,但是,环境形势依然十分严峻。一些地区环境污染和生态恶化还相当严重,主要污染物排放量超过环境承载能力,水、土地、土壤等污染严重,固体废物、汽车尾气、持久性有机物等污染增加。21世纪头20年,环境保护面临的压力越来越大。

白皮书说,中国明确提出了今后5年环境保护的主要目标:到2010年,在保持国民经济平稳较快增长的同时,使重点地区和城市的环境质量得到改善,生态环境恶化趋势基本得到遏制。单位国内生产总值能源消耗比"十五"期末降低20%左右;主要污染物排放总量减少10%;森林覆盖率由18.2%提高到20%。

白皮书强调作为一个负责任的发展中大国,解决好环境问题,符合中国发展目标，是13亿中国人民的福祉所在，也是人类共同利益的重要体现。中国政府和人民将与世界各国政府和人民一道，共同保护美丽的地球家园。

十、《关于落实科学发展观加强环境保护的决定》

为全面落实科学发展观，加快构建社会主义和谐社会，实现全面建设小康社会的奋斗目标，我们把环境保护摆在更加重要的战略位置。国务院于2005年12月3日做出《关于落实科学发展观加强环境保护的决定》（以下简称《决定》）。《决定》是环境保护落实科学发展观精髓要义及其方法论的集中体现，形成了较科学的环境保护战略，是统领新时期环境保护工作的行动指南。

（一）《决定》的主要内容

1. 做好环境保护工作的重要意义

（1）环境保护工作取得积极进展。《决定》指出："党中央、国务院高度重视环境保护，采取了一系列重大政策措施，不断加大环境保护工作力度，在国民经济快速增长、人民群众消费水平显著提高的情况下，全国环境质量基本稳定，部分城市和地区环境质量有所改善，多数主要污染物排放总量得到控制，工业产品的污染排放强度下降，重点流域、区域环境治理不断推进，生态保护和治理得到加强，核与辐射监管体系进一步完善，全社会的环境意识和人民群众的参与度明显提高，我国认真履行国际环境公约，树立了良好的国际形象。"

（2）环境形势依然十分严峻。《决定》强调："我国环境保护虽然取得了积极进展，但环境形势严峻的状况仍然没有改变。主要污染物排放量超过环境承载能力，流经城市的河段普遍受到污染，许多城市空气污染严重，酸雨污染加重，持久性有机污染物的危害开始显现，土壤污染面积扩大，近岸海域污染加剧，核与辐射环境安全存在隐患。生态破坏严重，水土流失量大面广，石漠化、草原退化加剧，生物多样性减少，生态系统功能退化。发达国家上百年工业化过程中分阶段出现的环境问题，在我国近20多年来集中出现，呈现结构型、复合型、压缩型的特点。环境污染和生态破坏造成了巨大经济损失，危害群众健康，影响社会稳定和环境安全。未来15年我国人口将继续增加，经济总量将再翻两番，资源、能源消耗持续增长，环境保护面临的压力越来越大。"

（3）环境保护的法规、制度、工作与任务要求不相适应。《决定》认为："一些地方重GDP增长、轻环境保护。环境保护法制不够健全，环境立法未能完全适应形势需要，有法不依、执法不严现象较为突出。环境保护机制不完善，投入不足，历史欠账多，污染治理进程缓慢，市场化程度偏低。环境管理体制未完全理顺，环境管理效率有待提高。监管能力薄弱，国家环境监测、信息、科技、宣教和综合评估能力不足，部分领导干部环境保护意识和公众参与水平有待增强。"

（4）把环境保护摆上更加重要的战略位置。《决定》要求："加强环境保护是落实科学发展观的重要举措，是全面建设小康社会的内在要求，是坚持执政为民、提高执政能力的实际行动，是构建社会主义和谐社会的有力保障。加强环境保护，有利于促进经济结构调整和增长方式转变，实现更快更好地发展；有利于带动环保和相关产业发展，培育新的经济增长点和增加就业；有利于提高全社会的环境意识和道德素质，促进社会主义精神文明建设；有利于保障人民群众身体健康，提高生活质量和延长人均寿命；有利于维护中华民族的长远利益，为子孙后代留下良好的生存和发展空间。因此，必须用科学发展观统领环境保护工作，痛下决心解决环境问题。"

2. 用科学发展观统领环境保护工作

（1）指导思想。《决定》指出，以邓小平理论和"三个代表"重要思想为指导，认真贯彻党的十六届五中全会精神，按照全面落实科学发展观、构建社会主义和谐社会的要求，坚持环境保护基本国策，在发展中解决环境问题。积极推进经济结构调整和经济增长方式的根本性转变，切实改变"先污染后治理、边治理边破坏"的状况，依靠科技进步，发展循环经济，倡导生态文明，强化环境法治，完善监管体制，建立长效机制，建设资源节约型和环境友好型社会，努力让人民群众喝上干净的水、呼吸清洁的空气、吃上放心的食物，在良好的环境中生产、生活。

（2）基本原则。《决定》确立的环境保护工作的基本原则是：协调发展，互惠共赢；强化法治，综合治理；不欠新账，多还旧账；依靠科技，创新机制；分类指导，突出重点。

（3）环境目标。《决定》确立的环保目标是：到2010年，重点地区和城市的环境质量得到改善，生态环境恶化趋势基本遏制。主要污染物的排放总量得到有效控制，重点行业污染物排放强度明显下降，重点城市空气质量、城市集中饮用水水源和农村饮水水质、全国地表水水质和近岸海域海水水质有所好转，草原退化趋势有所控制，水土流失治理和生态修复面积有所增加，矿山环境明显改善，地下水超采及污染趋势减缓，重点生态功能保护区、自然保护区等的生态功能基本稳定，村镇环境质量有所改善，确保核与辐射环境安全。到2020年，环境质量和生态状况明显改善。

3. 经济社会发展必须与环境保护相协调

(1) 促进地区经济与环境协调发展；
(2) 大力发展循环经济；
(3) 积极发展环保产业。

4. 切实解决突出的环境问题
(1) 以饮水安全和重点流域治理为重点，加强水污染防治；
(2) 以强化污染防治为重点，加强城市环境保护；
(3) 以降低二氧化硫排放总量为重点，推进大气污染防治；
(4) 以防治土壤污染为重点，加强农村环境保护；
(5) 以促进人与自然和谐为重点，强化生态保护；
(6) 以核设施和放射源监管为重点，确保核与辐射环境安全；
(7) 以实施国家环保工程为重点，推动解决当前突出的环境问题。

5. 建立和完善环境保护的长效机制
(1) 健全环境法规和标准体系；
(2) 严格执行环境法律、法规；
(3) 完善环境管理体制；
(4) 加强环境监管制度；
(5) 完善环境保护投入机制；
(6) 推行有利于环境保护的经济政策；
(7) 运用市场机制推进污染治理；
(8) 推动环境科技进步；
(9) 加强环保队伍和能力建设；
(10) 健全社会监督机制；
(11) 扩大国际环境合作与交流。

6. 加强对环境保护工作的领导
(1) 落实环境保护领导责任制；
(2) 科学评价发展与环境保护成果；
(3) 深入开展环境保护宣传教育；
(4) 健全环境保护协调机制。

(二)《决定》的创新

《决定》是新时期科学的环境保护战略，以下3个显著的特征，也是与以往的决定相比较所表现出的三大创新。

1.《决定》用"以人为本"的思想，确定了环境保护的根本宗旨、目标和重点任务

在环境保护工作的指导思想上，《决定》要求努力让人民群众喝上干净

的水、呼吸清洁的空气、吃上放心的食物，在良好的环境中生产、生活。在2010年的环境目标设计上，对城市空气质量、城市集中饮用水水源和农村饮水水质等与群众生活密切相关的环境质量方面提出了很高的要求。为了实现"一切为了人民群众"的环保宗旨，《决定》要求重点解决6大影响人民群众切身利益的突出环境问题：以饮用水安全和重点流域为重点的水污染问题，以污染为重点的城市生态环境问题，以二氧化硫为重点的大气污染问题，以土壤污染为重点的农村环境问题，生态破坏问题和核与辐射问题。

2. 《决定》用环境与经济社会发展的本质规律，确立了环境保护的战略地位

多年的环保实践，特别是近10年的经验教训证明：环境保护，有利于促进经济结构调整和增长方式转变，实现更快更好地发展；有利于带动环保和相关产业发展，培育新的经济增长点和增加就业；有利于提高全社会的环境意识和道德素质，促进社会主义精神文明建设；有利于保障人民群众身体健康，提高生活质量和延长人均寿命；有利于维护中华民族的长远利益，为子孙后代留下良好的生存和发展空间；有利于树立和平崛起的国际形象。反过来讲，目前严峻的生态环境形势已使经济增长没有了足够的自然资源和环境容量的支撑空间，给人民群众的身心健康造成很大影响和威胁，影响社会的和谐与稳定，成为制约全面建设小康社会的瓶颈，危及我们作为负责任的发展中大国的国际形象。正是基于这一科学认识，《决定》指出，加强环境保护是落实科学发展观的重要举措，是全面建设小康社会的内在要求，是坚持执政为民、提高执政能力的实际行动，是构建社会主义和谐社会的有力保障。因此，在我国社会经济发展大局中，《决定》将环境保护摆上了更加重要的战略位置，确立国家保护环境的意志，要痛下决心解决环境问题。

3. 《决定》用系统方式和综合措施构建了新时期环境保护的对策体系

所谓系统方式是指，《决定》要求从调控宏观经济发展、改变社会价值与行为和加强环境管理等三维途径，来解决影响经济社会发展全局的严重的环境问题。

《决定》首次提出经济社会发展必须与环境保护相协调。在经济发展方面，这种主动和合理的调整途径，一是要根据资源禀赋和环境容量，调整地区的功能定位和发展方向，实行优化开发、重点开发、限制开发和禁止开发等不同发展道路，并且《决定》创造性提出，在环境容量有限、自然资源供给不足而经济相对发达的地区在实行优化开发的同时，坚持环境优先战略；二是要大力发展循环经济，转变经济增长方式；三是壮大环保产业。在社会方面，主动调整的途径，一是要提高全民环境意识，弘扬环境文化，倡

导生态文明，以环境补偿促进社会公平，以生态平衡推进社会和谐，以环境文化丰富精神文明；二是要大力倡导环境友好的消费方式，实行政府绿色采购，逐步改变大量生产、大量消费和大量废弃的生产和生活模式。

所谓综合措施是指，《决定》为强化环境管理构建了较系统的包括政策、技术、资金、体制、能力和配套重点工程等在内的对策体系，而且，这些对策要素朝着相互协调和平衡的方向发展。从作用性质看，新时期的环境政策包括了法律、法规和标准等强制手段、行政管制手段、经济激励手段、信息公开手段和自愿协议等；从作用范围看，既有污染末端治理、产品管理、过程控制和源头预防的政策，也有参与综合决策、促进经济结构调整与增长方式转变的政策，更有促进社会和谐和培育环境友好型的社会价值与行为的政策；从主体看，《决定》更加明确了政府、单位和公众的环保责任和义务，反映出了政府管制与引导、市场调控与激励、社会参与和制衡的环境管理结构。总体上看，《决定》在环境法律、体制、监督管理制度、国际环境合作等方面都有创新，或提出了有价值的创新要求。特别是《决定》首次提出要建立科学评价发展与环境保护成果的制度，包括绿色国民经济核算制度、领导班子和领导干部环保考核制度、环境目标责任制度和问责制度。

系统方式和综合措施是相互交叉、联系和相通的，是新时期环境保护对策体系的两个显著特征和两大重要组成部分。这一对策体系的建立是环境保护工作准确应用科学发展观思想方法的结果，也是解决我国结构型、复合性和压缩性环境问题的内在要求，更是30多年来国际社会和我国环境保护战略思想发展的必然产物。按照这一对策体系，经过不断的努力，在解决我国严重的生态环境问题的同时，可以逐渐形成有利于环境的经济发展模式、有利于环境的决策机制、有利于环境的社会价值和行为方式、有利于环境的绿色技术，即朝着环境友好型社会迈进。所以，在正确把握环境与经济社会发展的内在规律和科学构建新时期环境保护对策体系的基础上，也就是说从社会发展的必然性和环境保护对策的可行性两个角度出发，《决定》高瞻远瞩地提出了建设环境友好型社会这一历史任务和奋斗目标。

第三节 保护环境的行动

一、中华环保世纪行

（一）2001年中华环保世纪行——"搞好水土保持，再造秀美山川"

2001年是我国实施"十五"计划和社会主义现代化建设第三步战略部

署的开局之年,也是《中华人民共和国水土保持法》颁布实施 10 周年。为了进一步贯彻落实我国环境与资源法律、法规,加快水土流失治理,改善生态环境,维护生态安全,促进我国经济和社会的可持续发展,2001 年中华环保世纪行宣传活动的主题是:搞好水土保持,再造秀美山川。重点组织开展"保护母亲河——长江"大型宣传采访活动。全国人大环资委、中共中央宣传部、水利部等 14 个部委联合发出《关于开展 2001 年中华环保世纪行宣传活动的通知》。要求"宣传活动要把握正确舆论导向,坚持团结、稳定、鼓劲,正面宣传为主,唱响主旋律,突出主题、突出重点,发挥舆论监督作用,为实现"十五"计划制定的生态环境保护的建设目标做出贡献"。

本次活动的指导思想是:

(1) 认真宣传水土保持法等有关法律、法规,讴歌新中国成立以来水土保持工作取得的成就,宣传"十五"期间水土保持和生态环境建设的思路、目标和任务。充分发挥法律监督、舆论监督和群众监督相结合的作用,表扬执法好典型,揭露违法行为。

(2) 围绕"水土流失是我国的头号环境问题"进行报道,明确水土保持是生态环境建设的主体,是改善农业生产条件、生态环境和治理江河的根本措施,增强防治水土流失、保护好母亲河的责任感、使命感和紧迫感。

(3) 通过正反两方面典型报道,促使政府有关部门加快水土流失的治理步伐,切实改变我国生态环境边建设边破坏、建设赶不上破坏的被动局面,努力实现生态环境的良性循环,走出一条具有中国特色的水土保持和生态建设的路子,为水土保持工作创造良好舆论氛围,为再造秀美山川做出贡献。

本次活动宣传报道的重点是:以水土保持与水土流失治理工作为主,宣传水污染防治,长江中上游天然林保护,退耕还林、还草工程,长江防护林体系建设,资源开发与保护,水利工程作用,长江流域防洪工作,长江主要支流与湖泊生态环境状况,南水北调工程,长江流域湿地保护工作,退耕还湖工作,流域内自然保护区状况及野生动物保护工作等。

(二) 2002 年中华环保世纪行——"节约资源,保护环境"

2002 年 3 月,中共中央总书记江泽民在中央人口资源环境工作座谈会上强调,扎扎实实做好人口资源环境工作,坚定不移地实施可持续发展战略。为了进一步宣传和贯彻落实我国环境与资源保护方面的法律、法规,努力完成和实现国家"十五"计划提出的环境与资源保护目标和任务,促进我国经济和社会的可持续发展,在联合国召开"人类环境会议"30 周年、联合国"里约会议"提出可持续发展思想 10 周年、我国开展中华环保世纪行宣传活动10周年之际，中华环保世纪行组委会决定，以"珍惜资源，保护环境，促进可持续发展"为2002年中华环保世纪行宣传主题，组织中央主要新闻单位对我国的资源、生态环境状况以及贯彻落实我国资源和环境保护方面的法律、法规情况，进行有重点的采访宣传活动。配合全国人大常委会矿产资源法和环资委对淮河治理的执法检查，就我国资源和环境保护中的热点和难点问题，有针对性地组织进行专题采访报道，不断增强全民珍惜资源、保护环境意识，促进可持续发展战略的实施；以中华环保世纪行10周年为契机，组织开展相关活动，认真总结经验，推动中华环保世纪行健康发展。

（三）2003年中华环保世纪行——"推进林业建设，再造秀美山川"

林业作为经济社会可持续发展的公益事业和基础产业，承担着生态建设和林产品供给的重要任务，越来越受到社会各界的普遍关注，大力发展林业是我国生态建设的主体任务。自改革开放以来，尤其是进入21世纪，我国林业正在走一条以大工程带动大发展的跨越式之路。我国相继启动了林业六大重点工程，即天然林资源保护工程、退耕还林工程、三北和长江中下游地区等重点防护林建设工程、京津风沙源治理工程、野生动植物保护及自然保护区建设工程、重点地区速生丰产林基地建设工程。六大工程覆盖了全国97%以上的县，规划造林733万公顷，林业生产力地域布局更加合理，林业也正在实现从"以木材生产为主"向"以生态环境建设为主"的历史性转变。

党中央、国务院明确提出，在全面建设小康社会，加快推进社会主义现代化的进程中，必须高度重视和加强林业工作，努力使我国林业有一个大的发展。在实施可持续发展战略中，要赋予林业以重要地位；在生态建设中，要赋予林业以首要地位；在西部大开发中，要赋予林业以基础地位。2003年中华环保世纪行活动是以"推进林业建设，再造秀美山川"作为宣传活动主题，这是贯彻落实党的十六大精神的一项重要举措，对大力宣传和推进我国生态环境建设意义重大。从2003年7月中旬开始，近30家新闻单位的记者兵分六路，先后赴陕西、甘肃、吉林、黑龙江、内蒙古和新疆等省区的48个县（旗），国有重点林业局的172个采访点进行采访，历时3个多月，行程近3万千米。重点宣传了退耕还林、防沙治沙和我国国有重点林区天然林保护工作取得的成绩，对近几年来林业生态建设所取得的成就，林业工作中的难点、热点问题，以及一些违反有关法律、法规的行为进行了宣传报道。

（四）2004年中华环保世纪行——"珍惜每一寸土地"

由14个部委（局）共同组织、历时11年的大型环保宣传活动——中华环保世纪行首次将目光聚焦"土地"，主题为"珍惜每一寸土地"的大型宣传活动在2004年展开。全国人大环境与资源保护委员会要求中华环保世纪行要认真宣传和贯彻落实我国"十分珍惜、合理利用土地和切实保护耕地"的基本国策，围绕基本农田保护、土地市场清理整顿、征地制度改革等项工作，针对一些地方存在的土地市场秩序混乱、乱占乱批耕地、违规建设各类园区和非法占用农民土地、坑害农民利益等违法违纪问题，组织有关媒体深入基层，了解情况，充分发挥法律监督、舆论监督、群众监督相结合的作用，切实增强中华环保世纪行工作的监督实效。围绕宣传主题，中华环保世纪行配合全国人大常委会开展的土地管理法执法检查，组织中央新闻单位做好宣传报道；有计划、分步骤组织记者赴土地市场与管理工作存在问题较严重的省、市进行重点采访。

（五）2005年的中华环保世纪行——"让人民群众喝上干净水"

2005年的中华环保世纪行宣传活动紧紧围绕党和国家工作大局，紧密配合全国人大常委会水污染防治法和水法执法检查工作，以"让人民群众喝上干净水"为主题，进行了广泛深入的采访报道。先后组织记者团赴太湖流域、南水北调中线等地进行集体采访；按照全国人大常委会副委员长盛华仁的要求，分别组织新华社、中央电视台等新闻单位组成若干个暗访小分队，深入到黄河干流及重要支流的企业、农村进行实地采访和调查，并结合环资委的工作，组织部分中央新闻媒体的记者对青藏铁路建设中的生态和环境保护工作进行了全线采访报道。通过组织这些采访活动，比较客观地宣传和反映了我国重点流域水污染防治、饮用水源保护和国家重点工程生态环境保护的情况、经验和存在的问题，在社会上引起了积极的反响，有力地促进了有关工作的深入开展。

二、环保专项整治行动

2003年，国务院决定在全国范围内持续开展环保专项行动，每年围绕解决一两个突出环境问题，集中整治违法排污企业，保障人民群众健康。党中央、国务院对此高度重视，胡锦涛总书记、温家宝总理多次做出重要批示。

（一）2003年清理整顿不法排污企业专项行动

2003年6～9月，国家环境保护总局和国家发改委、监察部、国家工商总局、司法部、国家安全生产监督管理局，开展了大规模的清理整顿不法排污企业保障群众健康环保专项行动,共出动环境执法人员49.6万人次,检查企业20.1万家,查处环境违法案件2.1万件;关闭不法排污企业7 339家,停产治理2 079家,限期治理1 094家。其中,国家环境保护总局重点查处典型环境违法案件40余件,公布了26件典型环境违法案件查处结果;解决了一批群众反映强烈的环境问题,污染反弹的趋势得到一定遏制。2003年的环保清理整顿行动取得显著成效,查处了一批典型环境违法案件,清理了一批违反国家产业政策的重污染企业,改善了局部地区环境质量,促进了经济结构调整和产业升级,受到广大人民群众的拥护。

(二) 2004年全国整治违法排污企业保障群众健康环保专项行动

2004年4月20日,国家环境保护总局、国家发改委、监察部、国家工商总局、司法部、国家安全生产监督管理局联合召开全国整治违法排污企业保障群众健康环保专项行动电视电话会议,启动全国整治违法排污企业保障群众健康环保专项行动。会议强调,要从实践"三个代表"重要思想的高度,充分认识环保专项整治行动的重要性和紧迫性;突出重点,严查严办,务求专项行动取得实效;加强领导,明确职责,确保各项措施落到实处。会议由国家环境保护总局副局长祝光耀主持。

国家环境保护总局副局长汪纪戎在会上发表讲话。汪纪戎指出,2003年的环保清理整顿行动取得显著成效,但是,全国生态环境总体恶化的趋势尚未得到有效遏制,主要污染物排放总量已经超过环境的自净能力,严重危害群众生产生活的环境污染事件屡屡发生,保护环境的任务十分艰巨。在今年的环保专项整治行动中,一是要以人为本、以民为先,严厉打击危害群众环境利益的行为,依法处理违法责任人和追究主管部门、所在地政府责任,有效遏制污染反弹;二是要充分运用法律、经济、行政、舆论手段,遏制污染破坏环境的利益驱动行为,创造良好的守法环境,促进企业建立环境行为的自我约束机制;三是要积极推进清洁生产和循环经济,制定政策,树立典型,引导和激励企业走经济效益与环境效益"双赢"的道路。

会议提出,2004年环保专项整治行动的范围和重点包括,群众反映强烈、影响社会稳定的环境污染和生态破坏问题,尤其是严重危害群众身心健康和正常生活的饮用水源污染、烟尘污染、居民区噪声污染问题;淮河流域、太湖流域、三峡库区、南水北调工程沿线及环渤海地区等重点区域的违法排污问题,尤其是城市污水处理厂、垃圾处理场不正常运行问题,医疗垃圾、废弃危险化学品污染和乡镇"十五小"企业污染、农村畜禽养殖污染等问题;建设项目违反环境影响评价法的问题,尤其是钢铁、电解铝、水泥、电石、炼焦、铁合金和铬盐行业违规建设与结构性污染问题,以及地方公路、矿山开发中的突出生态破坏和环境污染问题；地方人民政府出台的违反环境保护法律、法规的政策和规定，尤其是干扰、阻挠环境执法的"土政策"。

会议对2004年环保专项整治行动提出具体要求：一是各级人民政府要将解决关系群众切身利益的环境污染问题放在重要位置，对2003年以来群众投诉反映的问题进行一次全面清理，采取有力措施，集中整治；对长期得不到解决的"老大难"问题，要组织有关部门制定分年度计划行综合治理，解决情况要向群众反馈。二是对2000年以来的建设项目进行一次全面清理。三是严厉查处死灰复燃的"十五小"、"新五小"企业。四是对企业排污情况进行全面检查。五是对城市污水处理厂、垃圾处理场进行一次全面清理。六是对基层人民政府制定的违反环境保护法律、法规和政策进行一次全面清理。

为确保环保专项整治行动取得应有效果，国家环保总局等六部门提出，要挂牌督办突出环境问题，公开查处环境违法大案要案，建立与完善长效工作机制。在建立与完善长效工作机制方面，各级人民政府要认真研究政府工作和干部任期综合考核指标体系，切实落实环境保护目标责任制；建立与完善公众监督机制；建立环境保护行政责任追究制度。

2004年环保专项整治行动从4月下旬一直持续到11月，分阶段进行，即准备动员阶段、自查自纠阶段、全面整治阶段和总结提高阶段。

（三）2005年环保专项行动——整治违法排污企业保障群众健康环保专项行动

2005年6月10日，国家环境保护总局、国家发改委、监察部、司法部、国家工商总局、国家安全生产监督管理局，按照《国务院办公厅关于深入开展整治违法排污企业保障群众健康环保专项行动的通知》要求，在北京联合召开"全国整治违法排污企业保障群众健康环保专项行动"电视电话会议，决定从2005年6~11月，在全国范围内开展为期5个月的"整治违法排污企业保障群众健康环保专项行动"。国家环境保护总局局长解振华代表国务院六部门对深入开展环保专项行动进行了动员和部署。

解振华说，深入开展环保专项行动，严肃整治违法排污企业，保障群众身体健康，是党中央、国务院做出的重大决策。各级人民政府要认真贯彻党中央、国务院的部署，在2003年、2004年整治违法排污企业保障群众健康专项行动中，切实解决了一批群众反强烈的环境问题，查处了一批典型环境违法案件，清理了一批违反国家产业政策的重污染企业，改善了局部地区环境质量，促进了经济结构调整和产业升级，受到广大人民群众的拥护。但是，我国的环境形势依然严峻，随着国家宏观调控和环境执法力度的不断加大，企业违法排污呈现出新的特点：污染反弹仍屡禁不止；企业违法排污损害群众利益的行为仍然没有从根本上得到解决；高能耗、重污染行业盲目发展仍未有效遏制，落实国家宏观调控政策任务艰巨；一些地方政府环境保护责任不落实，工作进展缓慢。整治违法排污、遏制污染反弹的任务依然十分艰巨。

解振华说，我们要充分认识环保专项行动的重要意义，把环保专项行动作为推动各级政府树立科学发展观、构建和谐社会的重要手段；作为贯彻以人为本的执政理念、提高执政能力的重要因素；作为落实宏观调控政策、保障经济平稳较快发展的重要措施，以高度的政治责任感和历史使命感，下大力气认真抓紧、抓好、抓出成效。当前我们需要着力解决的问题包括群众反复投诉、长期得不到解决的环境污染问题；钢铁、水泥、电解铝、电石、炼焦、铁合金等资源型行业企业的污染问题；淮河、太湖流域及晋陕蒙宁交界地区环境污染治理问题等。

解振华强调，国务院的"通知"首次提出了环保专项行动的具体工作目标，即重点监管企业稳定达标排放率提高到90%；环保"三同时"执行合格率达到90%；基层政府违反国家环保法律、法规的政策措施基本得到纠正；群众反复投诉的环境污染问题基本得到解决。这是衡量各级人民政府执政为民、依法行政的重要标准，各级政府必须加倍努力，确保国务院确定的各项目标落到实处：一是要切实加强对环保专项行动的组织领导；二是要加大对违法排污企业的处罚力度；三是要加大对环境保护行政责任的追究力度；四是要加强公众参与和社会监督；五是要坚持标本兼治，进一步完善长效机制。

2005年的环保专项行动，全国共出动环境执法人员132万人次，检查企业56万家，立案查处环境违法问题2.7万件，已结案1.85万件。其中，取缔关闭违法排污企业2 609家，责令停产治理2 170家，限期治理4 302家，行政处罚9 468家，依法处理有关责任人311人。一批污染严重的违法排污企业受到严厉查处，一批影响群众健康的突出环境问题基本得到解决，一些地区环境质量明显改善。重点整治了晋陕蒙宁交界地区能源"黑三角"污染、湘黔渝交界地区"锰三角"污染。

三、第五次全国环境保护会议

(一) 会议概况

2002年1月8日，第五次全国环境保护会议在北京召开。中共中央政治局委员、国务院副总理温家宝主持了会议。中共中央政治局常委、国务院总理朱镕基作重要讲话。国家环境保护总局局长解振华、国家经贸委主任李荣融、山东省代省长张高丽、内蒙古自治区主席乌云其木格先后在会议上发言。

会议的主题是贯彻落实国务院批准的《国家环境保护"十五"计划》，部署"十五"期间的环境保护工作。

国务院召开的这次环境保护会议，采用电视电话会议的形式，直接到省、市、县，只用2个小时，既节省时间又节省经费，也是贯彻十五届六中会议的精神，切实解决"文山会海"问题的实际行动。在主会场参加会议的有中央、国务院有关部门负责同志；在各分会场参加会议的有各省、自治区、直辖市以及各地（市）、县政府的主要负责人和有关部门的负责同志。

（二）会议的主要内容

（1）国务院总理朱镕基作重要讲话。朱镕基指出，保护环境是我国的一项基本国策，是可持续发展战略的重要内容，直接关系现代化建设的成败和中华民族的复兴。他强调，在保持国民经济持续快速健康发展的同时，必须把环境保护放在更加突出的位置，加大力度，狠抓落实，努力开创新世纪环境保护工作新局面。

朱镕基充分肯定了"九五"期间我国环境保护工作取得的成绩。指出"九五"期间，结合经济结构调整和扩大内需，加大了污染防治和生态保护力度，累计完成环保投资3 600亿元，比"八五"时期增加2 300亿元，"九五"环保工作的主要目标基本实现。但也必须清醒地看到，我国环境形势依然严峻，不容乐观。从总体上看，生态环境恶化的趋势初步得到遏制，部分地区有所改善，部分地区还在恶化。"十五"期间，我国工业化、城市化将继续发展，人口还要增加，对环境的压力不断增大。环境保护和生态建设面临的任务十分艰巨。

朱镕基指出，"十五"期间，环境保护既是经济结构调整的重要方面，又是扩大内需的投资重点之一。要明确重点任务，加大工作力度，有效控制污染物排放总量，大力推进重点地区的环境综合整治。朱镕基强调，环境保护是政府的一项重要职能。"十五"环保计划的实施，必须发挥政府的主导作用，关键是要责任到位、措施到位、组织到位。环境保护工作不仅是环保部门的事情，各有关部门都要密切配合，各负其责，按照社会主义市场经济的要求，动员全社会的力量去做好这项工作。环保部门要不负重托，不辱使命，切实加强队伍建设，认真转变作风，严格执法，对污染环境的行为要坚决查处,决不姑息,同时要坚决执行收费和罚没收入"收支两条线"的规定。要继续搞好环境警示教育,把公众和新闻媒体参与环境监督作为加强环保工作的重要手段。对造成环境污染、破坏生态环境的违法行为,要公开曝光,并依法严惩。

朱镕基说,环境保护是一项功在当代、利在千秋的伟大事业。各地区、各部门要认真贯彻落实这次会议的精神,以"三个代表"重要思想为指导,努力完成国家环境保护"十五"计划提出的各项目标和任务。只要我们矢志不移、坚持不懈地努力奋斗,就一定能使我们的祖国水更清、天更蓝、山川更秀美。

(2) 国务院副总理温家宝讲话。温家宝在讲话中指出,党中央、国务院对环境保护工作高度重视。各级党委、政府要充分认识加强环境保护的重要性和紧迫性,提高保护环境的自觉性,把环境保护工作摆到同发展生产力同样重要的位置,下大决心、花大力气抓好这项工作。各地区、各部门要按照国务院的要求,结合各自的实际情况,制定科学的规划,采取切实可行的措施,保证"十五"环境保护目标、任务的实现。突出抓好重点地区、重点领域的环境保护工作,加大资金投入,采用先进技术,加快环保设施建设,加强执法监督,务必取得明显成效。要发挥市场机制的作用,按照经济规律发展环保事业,走市场化和产业化的路子,用新的思路去探索环保产业建设和运营的各种有效形式。要以新的精神面貌和更加出色的工作,为经济、社会、环境协调发展做出新贡献。

四、中央人口资源环境工作座谈会

(一) 2001 年中央人口资源环境工作座谈会

2001 年 3 月 11 日,中央人口资源环境工作座谈会在北京人民大会堂举行。中共中央总书记、国家主席江泽民主持座谈会并发表重要讲话。江泽民在讲话中强调,人口资源环境工作,是强国富民安天下的大事。在新的世纪,这项工作只能加强,不能削弱。

江泽民指出,"九五"时期,我国人口资源环境工作取得了显著成绩。这些成绩的取得,为我们顺利实现现代化建设第二步战略目标做出了贡献,也为我们实施第三步战略目标创造了有利条件。同时,也必须清醒地看到,我国人口资源环境工作还面临着诸多问题和挑战。未来几十年,我国人口还将持续增加,人口与经济、社会、资源、环境的矛盾仍将突出。十五届五中全会通过的"十五"计划建议,把加强人口和资源管理、重视生态建设和环境保护列为必须着重研究和解决的一个重大战略性问题,明确提出要继续严格控制人口数量，努力提高人口素质，合理使用、节约和保护资源，提高资源利用率，加强生态建设，遏制生态恶化，加大环境保护和治理力度。全党和全国上下都要深刻认识和坚决贯彻中央关于人口资源环境工作的大政方针，努力抓好落实。

朱镕基总理在座谈会上就如何学习、贯彻江泽民总书记的讲话精神，切实做好人口资源环境工作讲话。

座谈会上，国家计生委主任张维庆、国家环境保护总局局长解振华、国土资源部部长田凤山、水利部部长汪恕诚，分别汇报了计划生育、环境保护、国土资源保护和利用、水资源保护和利用的工作情况。安徽省委书记王太华、山东省省长李春亭、辽宁省省长薄熙来、新疆维吾尔自治区党委书记王乐泉、宁夏回族自治区政府主席马启智先后发言。

各省、自治区、直辖市党委和政府，计划单列市的主要负责同志，中央、国家机关有关部门和解放军、武警部队的负责同志等出席座谈会。

（二）2002年中央人口资源环境工作座谈会

2002年3月10日，中央人口资源环境工作座谈会在北京人民大会堂举行。中共中央总书记、国家主席江泽民主持座谈会并发表重要讲话。他强调，为了实现我国经济和社会的持续发展，为了中华民族的子孙后代始终拥有生存和发展的良好条件，我们一定要按照可持续发展的要求，正确处理经济发展同人口资源环境的关系，促进人和自然的协调与和谐，努力开创生产发展、生活富裕、生态良好的文明发展道路。核心的问题是实现经济社会和人口、资源、环境的协调发展。发展不仅要看经济增长指标，还要看人文指标、资源指标、环境指标。环境保护工作，是实现经济和社会可持续发展的基础。各级党委和政府以及有关部门要增强紧迫感和责任感，抓住机遇，应对挑战，开拓创新，趋利避害，把人口、资源、环境工作提高到一个新水平。党政领导班子要定期研究本地区人口、资源、环境工作，每年都要认真解决一两个影响和制约本地区人口、资源、环境工作的突出问题，做到责任到位、措施到位、投入到位。

（三）2003年中央人口资源环境工作座谈会

2003年3月9日，中央人口资源环境工作座谈会在北京召开。党和国家领导人朱镕基、吴邦国、温家宝、贾庆林、曾庆红、黄菊、吴官正、李长春、罗干等出席座谈会。

中共中央总书记胡锦涛主持座谈会并发表重要讲话。他强调，切实做好人口源环境工作，对保持国民经济持续快速健康发展、不断提高经济增长的质量和效益，对不断提高人民群众的生活质量、促进人的全面发展，对改善生态环境、促进人与自然的和谐，都具有十分重大的意义。各地区各部门都要从确保实现全面建设小康社会宏伟目标的战略高度，进一步增强责任感和使命感，坚定不移地按照十六大提出的要求做好人口资源环境的各项工作。

胡锦涛在讲话中指出，十三届四中全会以来，以江泽民同志为核心的第三代中央领导集体，把实施可持续发展战略、推动经济发展和人口、资源、环境相协调摆在现代化建设全局的战略地位，制定和实施了一系列重大政策措施，推动人口资源环境工作取得了显著成效，积累了十分宝贵的经验。这些成就和经验，为我们进一步做好工作创造了有利条件。

（四）2004年中央人口资源环境工作座谈会

2004年3月10日，中央人口资源环境工作座谈会在北京人民大会堂举行。中共中央总书记、国家主席胡锦涛主持座谈会并发表重要讲话。党和国家领导人吴邦国、温家宝、贾庆林、曾庆红、黄菊、吴官正、李长春、罗干等出席座谈会。

胡锦涛强调，要实现全面建设小康社会的奋斗目标，开创中国特色社会主义事业新局面，必须坚持贯彻"三个代表"重要思想和十六大精神，牢固树立和认真落实科学发展观；要深刻认识科学发展观对做好人口资源环境工作的重要指导意义，切实做好新形势下的人口资源环境工作。

胡锦涛指出，科学发展观，是用来指导发展的，不能离开发展这个主题。树立和落实科学发展观，必须在经济发展的基础上，推动社会全面进步和人的全面发展，促进社会主义物质文明、政治文明、精神文明协调发展。必须着力提高经济增长的质量和效益，努力实现速度和结构、质量、效益相统一，经济发展和人口、资源、环境相协调，不断保护和增强发展的可持续性。

温家宝总理在座谈会上就如何学习和贯彻胡锦涛总书记的讲话精神，切实做好人口资源环境工作讲话。他指出，必须强化我国人口多、人均资源少和环境保护压力大的国情意识，强化经济效益、社会效益和环境效益相统一的效益意识，强化节约资源、保护生态和资源循环利用的可持续发展意识，进一步增强做好人口资源环境工作的责任感和紧迫感。

温家宝强调2004年要做好几项工作：第一，加强计划生育管理和服务，创新工作思路和机制，继续稳定低生育水平。第二，继续清理整顿各类开发区，坚决制止乱占滥用耕地。强化土地规划约束和用途管制，彻底清理和规范各类开发区。第三，重点抓好节约利用资源，大力发展循环经济。第四，加大治理力度，着力解决生态环境保护中的突出问题。第五，全面推进节水型社会建设，大力提高水资源利用效率。

座谈会上，国家人口计生委主任张维庆、国家环境保护总局局长解振华、国土资源部部长孙文盛、水利部部长汪恕诚分别汇报了有关人口资源环境等方面的工作情况。

（五）2005年中央人口资源环境工作座谈会

2005年3月12日，中央人口资源环境工作座谈会在北京人民大会堂举行。中共中央总书记、国家主席、中央军委主席胡锦涛主持座谈会并发表重要讲话。党和国家领导人吴邦国、温家宝、贾庆林、曾庆红、黄菊、吴官正、李长春、罗干等出席座谈会。

胡锦涛指出，全面落实科学发展观，进一步调整经济结构和转变经济增长方式，是缓解人口资源环境压力、实现经济社会全面协调可持续发展的根本途径。要加快调整不合理的经济结构，彻底转变粗放型的经济增长方式，使经济增长建立在提高人口素质、高效利用资源、减少环境污染、注重质量效益的基础上，努力建设资源节约型、环境友好型社会。

温家宝在座谈会上讲话，强调2005年要做好的几项工作：第一，进一步做好人口和计划生育工作；第二，加强土地管理，切实保护基本农田和农民权益；第三，开展能源资源节约，加快建设节约型社会；第四，整顿和规范矿产资源开发秩序，强化矿产资源开发管理；第五，着力解决严重威胁人民群众健康安全的环境污染问题；第六，加强重点生态工程建设。

座谈会上，国家人口计生委主任张维庆、国家环境保护总局局长解振华、国土资源部部长孙文盛、水利部部长汪恕诚分别汇报了有关人口资源环境等方面的工作情况。河南省省长李成玉、广东省省长黄华华、重庆市市长王鸿举、天津市市长戴相龙等先后发了言。

第六章　环境保护的历史性转变时期的环境政策（"十一五"时期）

第一节　环境形势

一、"十五"期间环境保护工作取得进展

党中央、国务院高度重视环境保护，将改善环境质量作为落实科学发展观、构建社会主义和谐社会的重要内容，把环境保护作为宏观经济调控的重要手段，采取了一系列重大政策措施。各地区、各有关部门不断加大环境保护工作力度，淘汰了一批高消耗、高污染的落后生产能力，加快了污染治理和城市环境基础设施建设，重点地区、流域和城市的环境治理不断推进，生态保护和治理得到加强；采取了一系列应对气候变化的对策措施，市场化机制开始进入环境保护领域，全社会环境保护投资比"九五"时期翻了一番，占GDP的比例首次超过1%；环境管理能力有所提高，环境执法力度有所加强；全社会的环境意识和人民群众的参与程度明显提高，对我国环境保护规律性的认识不断深化。在经济快速发展、重化工业迅猛增长的情况下，部分主要污染物排放总量有所减少，环境污染和生态破坏加剧的趋势减缓，部分地区和城市环境质量有所改善，核与辐射安全得到保证。

二、环境形势依然严峻

"十五"期间，我国环境保护虽然取得积极进展，但环境形势依然严峻。主要污染物排放总量控制目标没有实现，重大环境污染事故频发。二氧化硫排放量比2000年增加了27.8%，化学需氧量仅减少2.1%，未完成削减10%的控制目标。淮河、海河、辽河、太湖、巢湖、滇池（以下简称"三河三湖"）等重点流域和区域的治理任务只完成计划目标的60%。主要污染物排放量远远超过环境容量，环境污染严重。全国26%的地表水国控（国家重点监控）断面劣于水环境V类标准，62%的断面达不到III类标准；流经城市90%的河段受到不同程度污染，75%的湖泊出现富营养化；30%的重点城市饮用水源地水质达不到III类标准；近岸海域环境质量不容乐观；

46%的设区城市空气质量达不到二级标准,一些大中城市灰霾天数有所增加,酸雨污染程度没有减轻。

全国水力侵蚀面积161万千米^2,沙化土地174万千米^2,90%以上的天然草原退化;许多河流的水生态功能严重失调;生物多样性减少,外来物种入侵造成的经济损失严重;一些重要的生态功能区生态功能退化。农村环境问题突出,土壤污染日趋严重。危险废物、汽车尾气、持久性有机污染物等污染持续增加。应对气候变化形势严峻,任务艰巨。发达国家上百年工业化过程中分阶段出现的环境问题,在我国已经集中显现。我国已进入污染事故多发期和矛盾凸显期。

"十五"期间力图解决的一些深层次环境问题没有取得突破性进展,产业结构不合理、经济增长方式粗放的状况没有根本转变,环境保护滞后于经济发展的局面没有改变,体制不顺、机制不活、投入不足、能力不强的问题仍然突出,有法不依、违法难究、执法不严、监管不力的现象比较普遍。

"十一五"期间,我国人口在庞大的基数上还将增加4%,城市化进程将加快,经济总量将增长40%以上,经济社会发展与资源环境约束的矛盾越来越突出,国际环境保护压力也将加大,环境保护面临越来越严峻的挑战。体现在:

(1)污染物排放量可能有大幅度的增加。我国正处于重化工业阶段的加速期,高耗能的产业还将占一定的比重,我国冶金、电力、有色、化工、水泥等行业的单位产品能耗比世界先进水平高40%以上,万元GDP水耗是世界平均水平的4倍。

(2)生态环境质量改善难度大。我国平均每年净增城市人口1 500万人。到2010年,城市生活污水和垃圾产生量将比2000年分别增长约1.3倍和2倍,城市机动车污染物排放量将比2000年上升1倍。

(3)过去未引起重视的环境问题逐步显现。一是生物技术对生态环境的影响具有很大的不确定性;二是大量的新化学物质可能成为自然系统中新的持久性有机污染物;三是大量的产品类废弃物和废水、废气处理产生的污泥等非传统废弃物急剧增加;四是流动源污染带来的城市臭氧和光化学污染已到了相当的程度;五是PM10等细颗粒物污染问题严重,城市能耗增加加剧了城市热岛效应;六是受污染的土壤的程度和面积有加重和扩大的趋势。

(4)国际环保压力持续加大。一些发达国家试图通过国际制度安排来约束发展中国家的发展空间。目前,我国已签署了30多项国际环境公约,履约任务十分繁重。

(5)我国缺乏强有力的统一环保监管机制,环保综合协调能力不强。

现有的环境法律、法规缺乏有力的强制措施，对环境违法行为处罚力度偏低。公众参与机制尚未健全，渠道不畅，能力不强。

三、环境保护的历史性转变时期

2006年，我国进入"十一五"时期，从中央到地方都大幅度强化了环境保护施政力度，这一年成为环境保护新阶段的开篇之年。温家宝总理在2006年4月召开的第六次全国环境保护大会上提出了著名的三个转变的要求：一是从重经济增长轻环境保护转变为保护环境与经济增长并重；二是从环境保护滞后于经济发展转变为环境保护和经济发展同步；三是从主要用行政办法保护环境转变为综合运用法律、经济、技术和必要的行政办法解决环境问题。这个论述被称为"环境保护的历史性转变"，因为它强烈提升了环境保护的地位，确立了环境保护与经济发展的新型关系，标志着我国从过去"牺牲环境换取经济增长"的状态进入了今后"以保护环境优化经济增长"的新阶段。这是国家发展理念的转变，因而是一个具有重大社会影响的根本性政策调整，其所引发的结果将是革命性。这一年，国家出台了20多项以环境保护为重要内容或与环境保护有关的产业政策和其他经济政策，新成立了11个环境保护和核安全的区域督查机构，层层下达了主要污染物排放削减指标。各地也在主动推动新型工业化和城市化进程，出台了大量加强和支持环境保护的地方性法规。2006年环境保护的另一个重要特点，是这一年国家对于环境保护的决心和政策都有明显增强，在理论上，把它称为"环境保护的国家意志"。

环境保护的国家意志是指国家最高权力系统关于环境保护的政治意愿和行动部署的集合，即国家意志由"国家意愿"与"国家行动"构成。我国环境保护事业发展的历程可以证明它是环境保护国家意志不断提高的过程。从环境保护是一项基本国策，到可持续发展战略、科学发展观、新型工业化、人与自然和谐、文明发展道路、环境友好型社会、环境保护与经济发展并重同步等，这些纲领性环保理念加上与之相配合的政策、法律、体制、投入等具体措施，反映了环境保护国家意志的不断强化。

实现环境保护的历史性转变需要强大的国家意志。多年来，国家一方面强烈要求地方采取坚决的环境保护措施，另一方面在一些只有国家才能决定的环保政策方面却又颇费踌躇（例如关于排污收费标准难以大幅度提高、对环保违法处罚规定比较轻、环保部门地位和职权薄弱等），表明环境保护的国家意志需要更大的增强。如果说环保工作中存在的各种困难和问题像一团乱麻，那么强化国家意志可以说是一把快刀，可以扭转大局。

党中央、国务院要求：实现环境保护的历史性转变，要深化对环境保护规律的认识，把"环境保护历史性转变"的原则要求转化为具体的政策措施。

第二节　国家对环境生态保护的要求——建设资源节约型、环境友好型社会

2006年3月16日，第十届全国人大四次会议审议通过了《中华人民共和国关于国民经济和社会发展第十一个五年规划纲要》（以下简称《规划纲要》）。《规划纲要》第六篇"建设资源节约型、环境友好型社会"作为基本国策，被提到前所未有的高度。第六篇共包括5章内容，即发展循环经济、保护修复自然生态、加大环境保护力度、强化资源管理、合理利用海洋和气候资源。

一、发展循环经济

该章共包括6个内容，即节约能源、节约用水、节约土地、节约材料、加强资源综合利用、强化促进节约的政策措施。

《规划纲要》提出："坚持开发节约并重、节约优先，按照减量化、再利用、资源化的原则，在资源开采、生产消耗、废物产生、消费等环节，逐步建立全社会的资源循环利用体系。"

（一）节约能源

强化能源节约和高效利用的政策导向，加大节能力度。通过优化产业结构特别是降低高耗能产业比重，实现结构节能；通过开发推广节能技术，实现技术节能；通过加强能源生产、运输、消费各环节的制度建设和监管，实现管理节能。突出抓好钢铁、有色、煤炭、电力、化工、建材等行业和耗能大户的节能工作。加大汽车燃油经济性标准实施力度，加快淘汰老旧运输设备。制定替代液体燃料标准，积极发展石油替代产品。鼓励生产使用高效节能产品。

（二）节约用水

发展农业节水，推进雨水集蓄，建设节水灌溉饲草基地，提高水的利用效率，基本实现灌溉用水总量零增长。重点推进火电、冶金等高耗水行业节水技术改造。抓好城市节水工作，强制推广使用节水设备和器具，扩大再生水利用。加强公共建筑和住宅节水设施建设。积极开展海水淡化、海水直接利用和矿井水利用。

第六章 环境保护的历史性转变时期的环境政策("十一五"时期)

(三) 节约土地

落实保护耕地基本国策。管住总量、严控增量、盘活存量,控制农用地转为建设用地的规模。建立健全用地定额标准,推行多层标准厂房。开展农村土地整理,调整居民点布局,控制农村居民点占地,推进废弃土地复垦。控制城市大广场建设,发展节能省地型公共建筑和住宅。到2010年,实现所有城市禁用实心黏土砖。

(四) 节约材料

推行产品生态设计,推广节约材料的技术工艺,鼓励采用小型、轻型和再生材料。提高建筑物质量,延长使用寿命,提倡简约实用的建筑装修。推进木材、金属材料、水泥等的节约代用。禁止过度包装。规范并减少一次性用品的生产和使用。

(五) 加强资源综合利用

抓好煤炭、黑色和有色金属共伴生矿产资源综合利用。推进粉煤灰、煤矸石、冶金和化工废渣及尾矿等工业废物利用。推进秸秆、农膜、禽畜粪便等循环利用。建立生产者责任延伸制度,推进废纸、废旧金属、废旧轮胎和废弃电子产品等回收利用。加强生活垃圾和污泥资源化利用。

(六) 强化促进节约的政策措施

加快循环经济立法。实行单位能耗目标责任和考核制度。完善重点行业能耗和水耗准入标准、主要用能产品和建筑物能效标准、重点行业节能设计规范和取水定额标准。严格执行设计、施工、生产等技术标准和材料消耗核算制度。实行强制淘汰高耗能、高耗水的落后工艺、技术和设备的制度。推行强制性能效标识制度和节能产品认证制度。加强电力需求管理、政府节能采购、合同能源管理。实行有利于资源节约、综合利用和石油替代产品开发的财税、价格、投资政策。增强全社会的资源忧患意识和节约意识。

二、保护修复自然生态

《规划纲要》提出:"生态保护和建设的重点要从事后治理向事前保护转变,从人工建设为主向自然恢复为主转变,从源头上扭转生态恶化趋势。"

(一) 生态保护重点工程

(1) 天然林资源保护;

(2) 退耕还林还草;

(3) 退牧还草;

(4) 京津风沙源治理;

(5) 防护林体系；
(6) 湿地保护与修复；
(7) 青海三江源自然保护区生态保护和建设；
(8) 水土保持工程；
(9) 野生动植物保护及自然保护区建设；
(10) 石漠化地区综合治理。

(二)《规划纲要》要求

在天然林保护区、重要水源涵养区等限制开发区域建立重要生态功能区，促进自然生态恢复。健全法制、落实主体、分清责任，加强对自然保护区的监管。有效保护生物多样性，防止外来有害物种对我国生态系统的侵害。按照谁开发谁保护、谁受益谁补偿的原则，建立生态补偿机制。

三、加大环境保护力度

该部分共包括 4 项内容，即加强水污染防治、加强大气污染防治、加强固体废物污染防治、实行强有力的环保措施。《规划纲要》指出，坚持预防为主、综合治理，强化从源头防治污染，坚决改变先污染后治理、边治理边污染的状况。以解决影响经济社会发展特别是严重危害人民健康的突出问题为重点，有效控制污染物排放，尽快改善重点流域、重点区域和重点城市的环境质量。

(一) 加强水污染防治

加大"三河三湖"等重点流域和区域水污染防治力度。科学划定饮用水源保护区，强化对主要河流和湖泊排污的管制，坚决取缔饮用水源地的直接排污口，严禁向江河湖海排放超标污水。加强城市污水处理设施建设，全面开征污水处理费，到 2010 年城市污水处理率不低于 70%。

(二) 加强大气污染防治

加大重点城市大气污染防治力度。加快现有燃煤电厂脱硫设施建设，新建燃煤电厂必须根据排放标准安装脱硫装置，推进钢铁、有色、化工、建材等行业二氧化硫综合治理。在大中城市及其近郊，严格控制新（扩）建除热电联产外的燃煤电厂，禁止新（扩）建钢铁、冶炼等高耗能企业。加大城市烟尘、粉尘、细颗粒物和汽车尾气治理力度。

(三) 加强固体废物污染防治

加快危险废物处理设施建设，妥善处置危险废物和医疗废物。强化对危险化学品的监管，加强重金属污染治理，推进堆存铬渣无害化处置。加强核设施和放射源安全监管，确保核与辐射环境安全。加强城市垃圾处理设施建设，加大城市垃圾处理费征收力度，到 2010 年城市生活垃圾无害化处理率不低于 60%。

（四）实行强有力的环保措施

各地区要切实承担对所辖地区环境质量的责任，实行严格的环保绩效考核、环境执法责任制和责任追究制。各级政府要将环保投入作为本级财政支出的重点并逐年增加。健全环境监管体制，提高监管能力，加大环保执法力度。实施排放总量控制、排放许可和环境影响评价制度。实行清洁生产审核、环境标识和环境认证制度，严格执行强制淘汰和限期治理制度，建立跨省界河流断面水质考核制度。实行环境质量公告和企业环保信息公开制度，鼓励社会公众参与并监督环保。大力发展环保产业，建立社会化多元化环保投融资机制，运用经济手段加快污染治理市场化进程。积极参与全球环境与发展事务，认真履行环境国际公约。

四、强化资源管理

该章共包括 3 个内容，即加强水资源管理、加强土地资源管理、加强矿产资源管理。

《规划纲要》提出："实行有限开发、有序开发、有偿开发，加强对各种自然资源的保护和管理。"

（一）加强水资源管理

顺应自然规律，调整治水思路，从单纯的洪水控制向洪水管理、雨洪资源科学利用转变，从注重水资源开发利用向水资源节约、保护和优化配置转变。加强水资源统一管理，统筹生活、生产、生态用水，做好上下游、地表地下水调配，控制地下水开采。完善取水许可和水资源有偿使用制度，实行用水总量控制与定额管理相结合的制度，健全流域管理与区域管理相结合的水资源管理体制，建立国家初始水权分配制度和水权转让制度。完成南水北调东线和中线一期工程，合理规划建设其他水资源调配工程。

（二）加强土地资源管理

实行最严格的土地管理制度。严格执行法定权限审批土地和占用耕地补偿制度，禁止非法压低地价招商。严格土地利用总体规划、城市总体规划、村庄和集镇规划修编的管理。加强土地利用计划管理、用途管制和项目用地预审管理。加强村镇建设用地管理，改革和完善宅基地审批制度。完善耕地保护责任考核体系，实行土地管理责任追究制。加强土地产权登记和土地资产管理。

（三）加强矿产资源管理

加强矿产资源勘查开发统一规划管理，严格矿产资源开发准入条件，强化资格认证和许可管理，严格按照法律、法规和规划开发。完善矿产资源开发管理体制，依法设置探矿权、采矿权，建立矿业权交易制度，健全矿产资源有偿占用制度和矿山环境恢复补偿机制。完善重要资源储备制度，加强国家重要矿产品储备，调整储备结构和布局。实行国家储备与用户储备相结合，对资源消耗大户实行强制性储备。

五、合理利用海洋和气候资源

该章共包括2个内容，即保护和开发海洋资源、开发利用气候资源。

（一）保护和开发海洋资源

强化海洋意识，维护海洋权益，保护海洋生态，开发海洋资源，实施海洋综合管理，促进海洋经济发展。综合治理重点海域环境，遏制渤海、长江口和珠江口等近岸海域生态恶化趋势。恢复近海海洋生态功能，保护红树林、海滨湿地和珊瑚礁等海洋、海岸带生态系统，加强海岛保护和海洋自然保护区管理。完善海洋功能区划，规范海域使用秩序，严格限制开采海砂。有重点地勘探开发专属经济区、大陆架和国际海底资源。

（二）开发利用气候资源

加强空中水资源、太阳能、风能等的合理开发利用。发展气象事业，加强气象卫星应用、天气雷达等综合监测，建立先进的气象服务业务系统。增强灾害性天气预警预报能力，提高预报准确率和时效性。增强气象为农业等行业服务的能力。加强人工影响天气、大气成分和气候变化监测、预测、评估工作。

第三节 重要环境保护政策的要点

一、《国家环境保护"十一五"规划》

2007年11月22日，国务院正式发布《国家环境保护"十一五"规划》（以下简称《规划》），这是国务院第一次以国发形式印发专项规划，是我国环保工作中的一件大事，在我国环境保护历史上具有里程碑意义。《规划》明确了"十一五"期间我国环保事业发展的指导思想、奋斗目标、主要任务和重大举措，描绘了我国在21世纪第二个5年环保事业发展的宏伟蓝图，是指导我国经济、社会与环境协调发展的纲领性文件。

（一）《规划》的特点

与以前的规划相比，《规划》内容丰富，内涵深刻，是《国民经济和社会发展第十一个五年规划纲要》《国务院关于落实科学发展观，加强环境保护的决定》和第六次全国环保大会总体部署的具体化、明晰化和工作化。《规划》坚持以科学发展观为统领，强调加快实现历史性转变，将全面推进重点突破的总体思路贯穿始终，突出让不堪重负的江河湖泊休养生息，并将这些思想贯彻落实到规划的各个部分，围绕实现主要污染物排放控制目标，提出了8个重点领域和36项主要任务，努力实施10项环保重点工程，落实8项保障措施，实现规划目标。

《规划》有4个特点：一是简化了指标，既突出了两项约束性指标，又兼顾了其他污染物的控制和环境质量指标；二是突出了重点，在明确八大主要任务的同时，将主要污染物减排作为核心目标，将水、大气、土壤等污染防治，特别是饮用水源保护摆上了更加突出的战略位置；三是明确了资金渠道，既突出了与污染减排密切相关的四大工程，又兼顾了关系规划完成的其他工程，特别是首次强化了环境监管能力建设；四是增加了气候变化的内容，以更加积极的姿态对待全球环境保护，彰显了一个负责任国家、负责任政府的国际形象。

（二）《规划》的内涵和实质

《规划》的内涵和实质可以概括为：坚定一个指导思想，把握一个工作思路，明确一个规划目标，突出一个能力建设，关注一个新的领域。

（1）坚定一个指导思想，就是要坚定做好"十一五"环境保护工作，关键要加快实现历史性转变的指导思想；

（2）把握一个工作思路，就是以主要污染物排放总量减排10%为核心目标，将污染防治作为重中之重，把保障城乡人民饮水安全作为首要任务，坚持全面推进、重点突破的新时期环保工作的总体思路；

（3）明确一个规划目标，就是到2010年，二氧化硫和化学需氧量排放得到基本控制，重点地区和城市的环境质量有所改善，生态恶化趋势基本遏制，确保核与辐射环境安全；

（4）突出一个能力建设，就是积极实施环境监管能力建设工程；

（5）关注一个新的领域，就是控制温室气体排放，增加了气候变化的内容，以更加积极的姿态对待全球环境保护。

（三）《规划》的意义

《规划》是党中央提出科学发展观和构建和谐社会重大战略思想后编制的第一个5年规划。"十一五"的5年，是深入贯彻科学发展观的5年，是在科学发展观指引下战胜重重困难奋力前行的 5 年。实施《规划》，是转变经济发展方式、全面落实科学发展观的重大举措，是维护人民群众切身利益、构建社会主义和谐社会的重要保障，是实现我国新阶段发展目标、全面建设小康社会的迫切需要，对于进一步落实党中央、国务院关于新时期环保工作的部署，促进国民经济又好又快发展，切实解决危害群众健康和影响经济社会可持续发展的突出环境问题，努力建设资源节约型、环境友好型社会，具有十分重要的意义。同时，还是动员全社会参与环境保护工作、建设生态文明的有效途径。

（四）《规划》的主要内容

1. 指导思想、基本原则、规划目标

（1）以邓小平理论和"三个代表"重要思想为指导，全面落实科学发展观，坚持保护环境的基本国策，深入实施可持续发展战略；坚持预防为主、综合治理、全面推进、重点突破，着力解决危害人民群众健康的突出环境问题；坚持创新体制机制，依靠科技进步，强化环境法治，调动社会各方面的积极性。经过长期不懈的努力，使生态环境得到改善，资源利用效率显著提高，可持续发展能力不断增强，人与自然和谐相处，建设环境友好型社会。

（2）基本原则共有 5 点，即协调发展，互惠共赢；强化法治，综合治理；不欠新账，多还旧账；依靠科技，创新机制；分类指导，突出重点。

（3）规划目标。到 2010 年，二氧化硫和化学需氧量排放得到控制，重点地区和城市的环境质量有所改善，生态环境恶化趋势基本遏制，确保核与辐射环境安全。

2. 重点领域和主要任务

围绕实现《规划》确定的主要污染物排放控制目标，把污染防治作为重中之重，把保障城乡人民饮水安全作为首要任务，全面推进、重点突破，切实解决危害人民群众健康和影响经济社会可持续发展的突出环境问题。

（1）削减化学需氧量排放量，改善水环境质量。以实现化学需氧量减排 10% 为突破口，优先保护饮用水水源地，加快治理重点流域污染，全面推进水污染防治和水资源保护工作；确保实现化学需氧量减排目标；全力保障饮用水水源安全；推进重点流域水污染防治。

（2）削减二氧化硫排放量，防治大气污染；确保实现二氧化硫减排目标；综合改善城市空气环境质量；加强工业废气污染防治；强化机动车污染防治；加强噪声污染控制；控制温室气体排放。

（3）控制固体废物污染，推进其资源化和无害化。以减量化、资源化、无害化为原则，把防治固体废物污染作为维护人民健康，保障环境安全和发展循环经济，建设资源节约型、环境友好型社会的重点领域；实施危险废物和医疗废物处置工程；实施生活垃圾无害化处置工程；推进固体废物综合利用。

3. 保护生态环境，提高生态安全保障水平

以促进人与自然和谐为目标，以生态功能区划分为基础，以控制不合理的资源开发活动为重点，坚持保护优先，自然修复为主，力争使生态环境恶化趋势得到基本遏制。

编制全国生态功能区划；启动重点生态功能保护区工作；提高自然保护区的建设质量；加强物种资源保护和安全管理；加强开发建设活动的环境监管。

4. 整治农村环境，促进社会主义新农村建设

重点防治土壤污染；开展农村环境综合整治；防治农村面源污染。

5. 加强海洋环境保护，重点控制近岸海域污染和生态破坏

以削减陆源污染物排放为重点，以重点海域污染治理为突破口，加强海洋生态保护，提高海洋环境灾害应急能力，改善海洋生态系统服务功能。努力削减陆源污染物入海量；加快重点海域污染治理；防治港口和船舶污染；保护海洋生态环境；防治海洋环境灾害。

6. 严格监管，确保核与辐射环境安全

以核设施和放射源的安全监管为重点，加强放射性废物的处理处置能力，全面加强核与辐射安全管理，确保核与辐射环境安全。

提高核设施建造质量和运行安全水平；完善放射性同位素与射线装置的管理；加快治理放射性污染；提高电磁辐射污染防治水平。

7. 强化管理能力建设，提高执法监督水平

建设先进的环境监测预警体系；建设完备的环境执法监督体系；建设环境事故应急系统；提高环境综合评估能力；建设"金环工程"；增强环境科技创新的支撑能力；加强队伍建设和人才培养。

（五）重点工程和投资重点

《规划》指出：解决我国环境问题，必须以规划为依据，以项目为依托，以投资作保障，通过落实规划、落实资金、落实项目，把实现"十一五"环保目标落到实处。

1. 重点工程

"十一五"期间需要解决的重大问题，根据对环境形势的判断和主要目标要求，初步考虑"十一五"环境保护应在8个方面，着力完成主要任务，

取得明显进展。

(1) 加强环境监管，促进循环经济发展。

(2) 突出重点流域治理，确保饮用水源地安全，集中力量解决突出的水环境问题。优先保护饮用水源地水质，禁止一切排污行为和对水源地有影响的活动；完善流域治理机制，重点抓好淮河、南水北调东线、三峡库区水污染防治；以渤海、长江口海域、珠江口海域为突破口，全面推进沿海省市的碧海行动计划，推动海洋环境保护工作。

(3) 改善重点城市空气质量，减轻酸雨危害。

(4) 加强生态环境保护，初步遏止生态恶化。

(5) 加强核设施监管，确保辐射环境安全。

(6) 加强固体废物污染防治，提高无害化水平。

(7) 加强环境监管能力，提高环境管理水平提高环境基础与科技支撑能力，重视新型环境问题预防。

(8) 增加环境保护投入，实施绿色重点工程

"十一五"期间，重点实施10项环境保护工程：

(1) 环境监管能力建设工程。建设环境质量监测网络、环保执法能力、国控重点污染源自动在线监控系统、突发性环境事故应急系统、环境综合评估体系、"金环"工程、环境科技创新支撑能力建设。

(2) 危险废物和医疗废物处置工程。完成31个省级危险废物集中处置中心、300个设区市的医疗废物集中处置中心等建设任务。

(3) 铬渣污染治理工程。对堆存铬渣及受污染土壤进行综合治理。

(4) 城市污水处理工程。新增城镇污水处理规模4 500万吨/日，改造和完善现有污水处理厂及配套管网，配套污泥安全处置和再生水利用。

(5) 重点流域水污染防治工程。治理重点工业污染源、水源地上游污染防治、规模化畜禽养殖污染治理和部分城市环境综合治理。

(6) 城市垃圾处理工程。新增城市生活垃圾处理规模24万吨/日。

(7) 燃煤电厂及钢铁行业烧结机烟气脱硫工程。使现役火电机组投入运行的脱硫装机容量达到2.13亿千瓦。

(8) 重点生态功能区和自然保护区建设工程。建立一批示范性国家重点生态功能保护区，完善一批国家级自然保护区的管护基础设施。

(9) 核与辐射安全工程。建成核设备性能鉴定实验室、放射性物质鉴定实验室、放射性废物安全管理中心、电磁辐射监测实验室、全国辐射环境监督监测国控网、国家核与辐射安全监督管理系统等。

(10) 农村小康环保行动工程。建成环境优美乡镇2 000个，完成1万

个行政村环境综合整治。

2. 投资重点

为实现"十一五"环境保护目标，全国环保投资约需占同期国内生产总值的1.35%。

（1）水污染治理。为实现化学需氧量减少10%的目标，必须通过工程措施削减化学需氧量400万吨。其中，需新增城市污水处理能力4 500万吨/日，形成化学需氧量削减能力300万吨；工业污水治理削减化学需氧量100万吨。水污染治理是投资的重中之重。

（2）大气污染治理。为实现二氧化硫排放量减少10%的目标，在"十一五"新建燃煤电厂基本都安装脱硫设施的前提下，还必须通过工程措施削减现役火电机组二氧化硫490万吨，使现役火电机组投入运行的脱硫装机容量达到2.13亿千瓦，钢铁烧结机烟气脱硫等脱硫工程形成脱硫能力30万吨。推进其他工业废气治理、城市集中供热、集中供气等大气污染综合治理。

（3）固体废物治理。继续实施危险废物和医疗废物处理设施建设规划，新增城市生活垃圾无害化处理能力24万吨/日，推进工业固体废物、废旧家电处置与综合利用等固体废物治理。

（4）核安全与放射性废物治理。重点建设退役核设施与中低放射性废物处理处置、铀矿开采的污染防治等设施。

（5）农村污染治理与生态保护。实施农村小康环保行动计划，启动农村环境治理，开展土壤污染调查与修复，强化重点生态功能保护区和自然保护区建设。

（6）能力建设。建设先进的环境监测预警体系、完备的环境执法监督体系，增强环保科技与产业支撑能力。

3. 投资来源

（1）政府投资。环境基础设施建设、重点流域综合治理、核与辐射安全、农村污染治理、自然保护区和重要生态功能区建设、环境监管能力建设等，主要以地方各级人民政府投入为主，中央政府区别不同情况给予支持。

（2）企业投资。工业污染治理按照"污染者负责"原则，由企业负责。其中现有污染源治理投资由企业利用自有资金或银行贷款解决。新扩改建项目环保投资，要纳入建设项目投资计划。

要积极利用市场机制，吸引社会投资，形成多元化的投入格局。"十一五"期间预计可征收排污费750亿元用于污染治理，以补助或者贴息方式，吸引银行特别是政策性银行，积极支持环境保护项目。

（六）保障措施

积极推进历史性转变，着力克服长期制约环境保护发展的制度性障碍，加大改革创新力度，完善体制，创新机制，加强法制，增加投入，提高环境保护工作水平。

1. 促进区域经济与环境协调发展

实施区域发展总体战略，将国土空间划分为四类主体功能区，既是优化经济布局、促进区域协调发展的战略举措，更是保护生态环境的一项基础性、长远性的根本措施，也为强化国家在环境保护领域的宏观调控和分类指导提供了依据。

（1）加强地区分类指导。在国家区域协调发展战略框架下，西部地区要强化生态保护，东北地区要加强黑土地水土流失和东北西部荒漠化综合治理，中部地区要加快环境基础设施建设，东部地区要率先推进历史性转变。

（2）逐步实行环境分类管理。按照全国主体功能区划的要求，对四类主体功能区制定分类管理的环境政策和评价指标体系，逐步实行分类管理。

一是在优化开发区域，坚持环境优先，优化产业结构和布局，大力发展高新技术，加快传统产业技术升级，实行严格的建设项目环境准入制度，率先完成排污总量削减任务，做到增产减污，解决一批突出的环境问题，改善环境质量；二是在重点开发区域，坚持环境与经济协调发展，科学合理地利用环境承载力，推进工业化和城镇化，加快环保基础设施建设，严格控制污染物排放总量，做到增产不增污，基本遏制环境恶化趋势；三是在限制开发区域，坚持保护为主，合理选择发展方向，发展特色优势产业，加快建设重点生态功能保护区，确保生态功能的恢复与保育，逐步恢复生态平衡；四是在禁止开发区域，坚持强制性保护，依据法律、法规和相关规划严格监管，严禁不符合主体功能定位的开发活动，控制人为因素对自然生态的干扰和破坏。

（3）重点支持西部地区环境保护。按照西部大开发总体战略和政策，加大对西部地区环境保护支持力度。

2. 加快经济结构调整

大力推动产业结构优化升级，促进清洁生产，发展循环经济，从源头减少污染，推进建设环境友好型社会。

（1）强化环境准入。在确定钢铁、有色、建材、电力、轻工等重点行业准入条件时充分考虑环境保护要求，新建项目必须符合国家规定的准入条件和排放标准。已无环境容量的区域，禁止新建增加污染物排放量的项目。

依据国家产业政策和环保法规，加大淘汰污染严重的落后工艺、设备和企业的力度。

（2）加快推进循环经济。根据发展循环经济的要求，制定相关配套法规，完善评价指标体系。

（3）大力开展资源节约和综合利用。

3. 完善体制，落实责任

适应环境保护新形势，分清中央和地方事权，分清政府和企业职责，健全统一、协调、高效的环境监管体制。

（1）加强国家监察；

（2）加强地方监管；

（3）落实单位负责；

（4）加强部门合作。

4. 创新机制，增加投入

（1）加大政府投入。

（2）完善环境经济政策。在资源税、消费税、进出口税改革中充分考虑环境保护要求，探索建立环境税收制度，运用税收杠杆促进资源节约型、环境友好型社会的建设。

5. 强化法治，严格监管

强化法治既是防治污染、保护生态的关键，也是参与环境与发展综合决策，推动经济增长方式根本性转变的有效手段。采取有力措施，着力解决法规不健全、执法难度大、违法成本低、违法不究、执法不严的问题。

（1）完善法规标准体系；

（2）完善执法监督体系；

（3）着重落实三项环境管理制度，实行环境目标责任制。

6. 依靠科技，发展产业

以科技创新为动力，以产业发展为支撑，努力提高环境保护技术水平。

（1）大力促进科技创新；

（2）积极促进环保产业发展。

7. 动员社会力量保护环境

开展各类环境宣传教育活动，实行环境信息公开，动员社会各界力量参与环境保护。

（1）增强全社会生态文明意识；

（2）扩大公众环境知情权；

（3）完善公众参与环境保护机制。

8. 积极开展环境保护国际合作

把环境保护作为我国对外开放的重要领域,继续扩大对外开放,在国际环境事务中发挥更加积极的作用。

(1) 积极参与全球环境保护;

(2) 广泛开展国际环境合作。

二、《全国生态保护"十一五"规划》

为全面贯彻落实《国务院关于落实科学发展观加强环境保护的决定》和第六次全国环境保护大会精神,促进环境优化经济增长,实现"十一五"生态保护目标,加速推进资源节约型环境友好型社会建设,国家环境保护总局于 2006 年 10 月 13 日发布了《全国生态保护"十一五"规划》(以下简称《生态规划》)。《生态规划》对"十五"期间全国的生态保护形势进行了总结,指出了存在的问题和面临的机遇与挑战,指明了"十一五"时期生态保护的任务。

(一)"十五"期间全国生态保护形势

1. 生态保护取得的成就

《生态规划》对我国生态保护形势从 6 个方面做了认真的总结。

(1) 自然生态恢复工作取得显著成效。"十五"期间,实施了林业六大工程,累计人工造林保存面积近 533 万公顷,全国森林覆盖率显著上升。"三北"和长江流域等防护林体系建设工程取得一定成效。通过封育保护、预防监督和综合治理,全国综合防治水土流失 54 万千米^2,其中综合治理 24 万千米^2。25 个省、区、市的 950 个县实施了封山禁牧,其中北京、河北、陕西、宁夏实行了封山禁牧。实施退耕还林与退牧还草工程,共完成退耕还林 867 万公顷,退牧还草 1 267 万公顷。

(2) 生态功能区划工作逐步推进。从 2001~2003 年,先后完成西部、中东部生态环境现状调查,基本查清了全国生态环境现状,编制了《全国生态功能区划》草案和《国家重点生态功能保护区规划》。按照《全国生态环境保护纲要》的要求,抢救性地开展了 18 个国家级生态功能保护区建设试点,使一些对于维护国家生态安全具有重要意义的区域得到初步保护。部分地区划定了一批地方级生态功能保护区,进行保护和建设。

(3) 自然保护区建设管理取得新进展。"十五"期末,全国共建立各种类型、不同级别的自然保护区 2 349 个,其中国家级自然保护区 243 个,总面积已达 150 万千米^2,占陆域国土面积的 15%,超额完成了"十五"13% 的计划目标。已建自然保护区涵盖了我国自然保护区分类系统中的全部 9 种类型,覆盖了我国各个生物地理区域,初步形成了类型多样、区域分布比较合理的自然保护区网络。

生物多样性履约和管理进一步强化。国家环境保护总局组织编写了《中国履行〈生物多样性公约〉第三次国家报告》，完成了我国核准《生物安全议定书》的程序，并于2005年9月6日正式成为生物安全议定书的缔约方，制定了《中国国家生物安全框架》，印发了《加强外来入侵物种防治工作的通知》，联合有关部门发布了《中国第一批外来入侵物种名单》。国务院办公厅在2004年3月发布了《关于加强生物物种资源保护和管理的通知》，建立了生物物种资源保护部际联席会议制度，组织开展了多项生物多样性保护和生物安全管理的国际合作项目。

（4）生态保护监管与执法工作得到加强。"十五"期间，国家环境保护总局在全国107个地区开展了生态环境监察试点工作，印发了《关于加强资源开发生态环境保护与监管工作的意见》，加大了对自然保护区、饮用水源地、农村、非污染性建设项目及淡水与海洋资源、矿产资源、林草资源、旅游资源、滩涂与湿地等重点资源开发和外来物种引进、转基因生物应用的生态监管与执法检查力度，强化对流域开发和跨区域基础设施建设的生态环境影响评价工作。2004年，在全国范围内开展了矿山生态环境保护专项执法检查与自然保护区专项执法检查行动。

农村环境污染防治得到重视。国家环境保护总局先后印发了《畜禽养殖业污染防治管理办法》《畜禽养殖业污染物排放标准》和《规模化畜禽养殖业污染防治技术规范》；联合建设部颁布了《小城镇环境规划编制导则（试行）》；制定了《有机食品技术规范》和《国家有机食品生产基地考核管理规定（试行）》；会同商务部等11个部委联合印发了《关于积极推进有机食品产业发展的若干意见》，命名了一批国家有机食品生产基地。大力开展农村环境综合整治，加强农业面源污染防治工作，秸秆禁烧工作取得一定成效，正在研究制定《农村小康环保行动计划》。

（5）生态示范创建工作得到深入开展。"十五"以来，我国逐步形成了生态省—生态市—生态县—环境优美乡镇—生态村的系列生态示范创建体系。"十五"期末，共批准528个生态示范区建设试点，其中233个被命名为"国家级生态示范区"，海南、吉林、黑龙江、福建、浙江、山东、安徽、江苏、河北9个省开展了生态省建设，广西、四川生态省建设规划纲要已经通过专家论证，辽宁、天津等省（市）正在组织编制生态省建设规划纲要。全国有150多个市（县、区）开展了生态市（县、区）创建工作。在农村开展了创建环境优美乡镇和生态村活动，目前全国已有225个镇（乡）获得了"全国环境优美乡镇"称号。

(6) 生态保护法规建设得到加强。"十五"期间,制定和修订了《清洁生产促进法》《环境影响评价法》《防沙治沙法》《水污染防治法》等法律。2003年9月1日,《环境影响评价法》的正式实施,标志着国家把环境保护参与综合决策以法律、法规的形式规范下来。"十五"期间,一些地方实行了建设项目环保预审制、环保"一票否决"等制度,对污染产品税、生态补偿制度、排污交易制度等环境经济政策进行了积极探索。中组部、国家环境保护总局开展了把资源消耗和生态环境保护指标纳入到干部考核体系的相关研究和试点工作。

2. 生态环境存在的问题

《生态规划》指出,我国的生态形势不容乐观,主要体现在:

(1) 生态环境恶化的趋势未得到有效遏制。大江大河源区生态环境质量日趋下降,水源涵养等生态功能严重衰退;北方重要防风固沙区生态调节功能下降;生物多样性减少,资源开发活动对生态环境破坏严重。

(2) 水生态失衡。我国人均水资源占有量仅为世界平均水平的1/4,部分河流开发利用率超过国际警戒线,黄河、淮河、辽河水资源开发利用率已超过60%,海河超过90%,生态用水被大量挤占;部分地区地下水位下降,形成了大小不同的地下水漏斗,造成地面沉降。近海海域环境质量没有明显好转,局部海域污染加重,"十五"期间,我国的4个海区中只有东海污染面积减少,其他3个海区污染面积均有不同程度增加。

(3) 土地退化严重。全国水土流失面积达356万千米^2,沙化土地174万千米^2。虽然实施了林业六大工程,土地沙漠化趋势得到减缓,但北方干旱、半干旱地区荒漠化土地分布仍很广泛,水蚀、风蚀、土壤盐渍化与土壤污染并存,土地的生态服务功能降低。

(4) 农村生态环境质量明显下降。近年来,随着农村经济的迅速发展,农村生活污水、垃圾、农业生产及畜禽养殖废弃物排放量逐年增大,农村"脏、乱、差"现象普遍,农村地区环境状况日益恶化,直接威胁着广大农民的生存环境与身体健康。

(5) 生物多样性锐减。我国现有自然保护区建设质量和管理水平不高,物种濒危和灭绝的速度加快,生物遗传资源流失严重,林草和生物品种单一化问题突出。目前濒危或接近濒危的高等植物已占高等植物总数的15%~20%。外来物种入侵危及生态系统安全,造成巨大损失。

3. 成因分析

(1) 不合理的人类开发与建设活动对流域、区域生态系统破坏严重。随着我国经济社会的快速发展,对水、土地和生物资源的开发利用强度日益加大，人为开发活动已经成为生态环境不断恶化的重要因素。

（2）粗放的经济增长方式是导致生态环境恶化的重要原因。我国人均资源占有量不到世界平均水平的一半，但单位 GDP 能耗、物耗，单位 GDP 的废水、废弃物排放量，均大大高于世界平均水平。

（3）全球经济贸易往来的加强，客观上增加了我国生态环境遭受外来因素影响的风险，增加了外来有害物种入侵的风险。

（4）生态保护工作基础薄弱。目前尚没有建立完整的全国生态环境监测网络，不能对生态环境现状做出客观、全面的评价。一些生态产业在税收、政策等方面缺乏国家的政策支持。生态保护投入严重不足，41%的自然保护区未建立管理机构，广大农村地区环境基础设施建设严重滞后。

（5）生态保护管理与执法监督体系不健全。生态保护相关法律、法规、政策、标准不完善。生态环境管理体制不顺，环保部门难以发挥统一监管作用。生态保护能力建设落后。大部分地区尚未开展生态保护现场执法工作，各地普遍存在经费紧张、交通工具不足、装备落后等问题。

4. 机遇与挑战

多年来，生态保护工作得到了中央和地方各级政府的高度重视，得到了社会各界的广泛关注。党中央提出全面建设小康社会与构建和谐社会的目标，把"人与自然和谐相处"作为社会主义和谐社会的基本特征之一，为生态保护工作提供了有力的政治保障，为生态保护参与综合决策创造了条件。《全国生态环境保护纲要》《国务院关于落实科学发展观加强环境保护的决定》及《国民经济和社会发展第十一个五年规划纲要》等重要文件均确立了保护生态环境，加快建设资源节约型、环境友好型社会，促进经济发展与人口、资源、环境相协调的总体思路。2006 年 4 月，第六次全国环境保护大会提出了历史性转变的战略构想，为生态保护工作参与综合决策，服务经济社会发展大局提供了难得的历史机遇。

同时，我国生态环境也面临着严峻挑战。围绕全面建设小康社会的总体目标，我国经济社会将进一步发展。未来 5 年，我国生态保护在面临经济增长、人口增加、资源需求压力加大的同时，传统粗放的经济增长方式难以彻底扭转，法规、政策、管理体制不完善等因素的制约，处于一个非常关键的时期。因此，《生态规划》要求，各级政府明确思路，统筹规划，加大投入，推动生态保护工作取得明显成效。

（二）指导思想、原则与目标

1. 指导思想

以科学发展观为指导，以加快实现环境保护工作历史性转变为契机，以维系自然生态系统的完整和功能、促进人与自然和谐为目标，实施分区分类指导，重点抓好自然生态系统保护与农村生态环境保护，控制不合理的资源开发和人为破坏生态活动。加强生态环境质量评价，提高监督管理水平，为全面建设小康社会提供坚实的生态安全保障。

2. 基本原则

（1）预防为主，保护优先。坚持预防为主的方针，通过经济、社会和法律手段，落实各项监管措施，规范各种经济社会活动，防止造成新的人为生态破坏，对生态环境良好或经过恢复重建之后的生态系统进行有效保护。同时，要坚持治理与保护、建设与管理并重，使各项生态环境保护措施与建设工程长期发挥作用。

（2）分类指导，分区推进。由于我国地域差异显著，各地自然生态环境条件、社会经济发展水平和面临的生态环境问题各不相同，因此需要因地制宜地采取相应对策和措施，分区、分阶段有序开展工作。结合国家四类主体功能区的划分，引导各省优化资源配置与生产力空间布局，按照优化开发、重点开发、限制开发和禁止开发的不同发展要求，在发展经济的同时，切实保护生态环境。

（3）统筹规划，重点突破。生态环境问题成因复杂，许多历史遗留问题难以在短期内解决，必须进行近远期、部门间、城乡间的统筹考虑和规划。优先抓好对全国有广泛影响的重点区域和重点工程，力争在短时期内有所突破，取得成功的经验后，通过制定相关政策予以推广，形成规模效应。

（4）政府主导，公众参与。生态保护是公益事业，政府应发挥主导作用，制定相关的法规、标准、政策和规划，在一些重要流域与区域由政府主导实施保护和建设。同时，生态环境与每个人息息相关，须建立和完善公众参与的制度和机制，鼓励公众参与生态环境保护活动。

3. 工作目标

（1）总体目标。到2010年，生态环境恶化趋势得到基本遏制，部分地区生态环境质量有所改善；重点生态功能保护区的生态功能基本稳定，自然保护区、生态脆弱区的管理能力得到提高，生物多样性锐减趋势和物种遗传资源的流失得到有效遏制；基本摸清全国土壤环境污染状况，初步解决农村"脏、乱、差"问题，重点区域农村面源污染、规模化畜禽养殖污染防治措施得到有效落实；省、市、县、乡镇和村相应级别的生态示范创建活动深入开展，资源开发活动的生态保护监管能力进一步加强，公众生态保护意识得到提高，生态保护法律、法规体系进一步完善，为人们在良好的环境中生产、生活提供坚实的生态安全保障。

（2）具体目标。第一，区域生态保护。完善《全国生态功能区划》，建设22个国家重点生态功能保护区和一批地方生态功能保护区；建设88个规范化国家级自然保护区。全面开展区域生态环境质量评价工作，建立评价结果定期公布制度。第二，生态保护监管。资源开发和建设项目严格执行环境影响评价和"三同时"制度，建立全过程监管体系，加大生态破坏行为的查处力度，生态破坏的恢复治理率得到提高。生物安全管理和履约能力得到强化，生态脆弱区管理得到加强。第三，农村污染防治。实施《农村小康环保行动计划》，开展农村环境综合整治，村庄环境综合整治率大于20%。第四，土壤污染防治。基本摸清全国土壤环境污染状况，选取典型区建设土壤污染治理示范工程。第五，生态示范创建。全国开展生态省建设的省份达到15个左右，建成并命名15个左右生态市（县），创建400个国家级环境优美乡镇和8 000个生态村。

（三）重点领域及主要任务

1. 深化自然生态保护工作

（1）完善全国生态功能区划。进一步完善国家及地方生态功能区划，确定不同地区的生态环境承载力和主导生态功能，作为科学划分四类主体功能区的重要依据，指导生态保护工作分区、分级、分类有序开展，科学、合理地指导自然资源开发和产业布局，推动经济社会与生态环境保护协调发展。

（2）推动重点生态功能保护区建设。实施《国家重点生态功能保护区规划》，遵循"先急后缓，由点到面"、"分类指导，分区推进"的基本原则，分期分批开展保护和建设。通过生态功能保护与恢复项目、产业引导和社区共管示范项目以及监管能力建设工程的组织实施，使这些区域主导生态功能得到保护和逐步恢复。

初步建立生态功能保护区管理体制和运行机制。建立由政府组织、相关部门分工负责的生态功能保护区建设和管理协调机制，建立和完善各级、各部门领导任期目标责任制。

在重要水源涵养区、洪水调蓄区、防风固沙区、水土保持区及重要物种资源集中分布区，优先建立22个国家重点生态功能保护区和一批地方生态功能保护区。

（3）提高自然保护区建设和管理水平。实施《全国自然保护区发展规划》，提高自然保护区的管护能力与建设水平，推动自然保护区由"数量规模型"向"质量效益型"转变。

科学规划自然保护区布局，加强对新建自然保护区的指导，在尚未得到有效保护的典型生态系统、国家重点保护野生动植物集中分布区域及自然遗迹地，优先建立自然保护区，逐步形成完善的自然保护区网络体系。对现有自然保护区进行整合，对其范围和功能区划进行优化。

加强自然保护区基础设施建设，提高监测与研究水平。加强对自然保护区周边资源开发活动的监控引导。完善自然保护区建设与管理的法规体系，建立自然保护区的警告、升降级及定期考评制度。对部分保护价值明显下降和管理水平低下的保护区，应进行警告、降级乃至撤销，促进自然保护区管理水平的提高。

优先完成230个国家级自然保护区的基本建设，将其中88个自然保护区建成规范化国家级自然保护区。开展全国自然保护区调查，初步形成国家级自然保护区监测体系，重点加强自然保护区国家和省一级的管理能力，制定自然保护区资源状况的调查和信息公布相关标准和规章制度，全面提升自然保护区和各级有关主管部门的管理能力。

（4）加强自然生态系统保护。以促进人与自然和谐为重点，强化自然生态保护。优先保护天然植被，坚持因地制宜，重视自然恢复。继续实施天然林保护、天然草原植被恢复、退耕还林、退牧还草、退田还湖、防沙治沙、水土保持和防治石漠化等生态治理工程。严格控制土地退化和草原沙化。经济社会发展要与水资源条件相适应，统筹生活、生产和生态用水。

加强森林生态系统保护。加大天然林和生态公益林的保护力度，推进环境友好的林业建设方式，禁止陡坡开荒，严厉打击各类盗伐、超量采伐活动。加强对单一树种人工林建设的生态监管，对大规模林纸一体化项目及其造林基地建设要进行严格的生态环境影响评价。

保护和恢复湿地生态功能。严格限制围湖、围海造地和占填河道等改变湿地生态功能的开发建设活动。开展湿地生态功能与生物多样性保护，加强湖泊湖滨带保护区、湿地自然保护区建设与管理。

促进草原生态恢复与保护。加大天然草原保护和草地资源管理力度，合理划定轮牧区和禁牧区，禁止草原开垦行为。严格控制采集草原固沙野生植物和中草药材。大力发展沼气、风能、太阳能和生物质能等新能源，避免过度樵采对草灌植被造成破坏。

保护海洋生态环境。合理开发海洋资源，实施海洋环境综合管理，促进海洋经济发展。综合治理重点海域环境，遏制渤海、长江口和珠江口等近岸海域生态恶化趋势。恢复近海海洋生态功能，保护红树林、滨海湿地和珊瑚礁等海洋、海岸带生态系统，加强海岛保护和海洋自然保护区管理。完善海洋功能区划，规范海域使用秩序，严格限制开采海砂。

2. 强化区域生态保护监督与管理

(1) 加强资源开发的生态环境监管。严格控制破坏地表植被的开发建设活动，防治水土流失，重点控制农牧交错区的土地退化和草原沙化，在自然环境恶劣和生态环境超载的地区，加快实施移民搬迁。对资源开发活动的生态破坏状况开展系统的调查与评估，制定全面的生态恢复规划和实施方案，针对矿山、取土采石场等资源开发区、地质灾害毁弃地和塌陷地、大型工程项目建设区的裸露工作面开展生态恢复。加强生态恢复工程实施进度和成效的检查与监督，及时公布检查评估状况。加强对尾矿、矸石、废石等矿业固体废物及其贮存设施的监督管理，防止环境事故发生。

规范水资源开发行为，协调好生活、生产、生态用水，流域水资源开发利用规划要全面评估工程项目对流域和区域生态环境的影响，引导经济社会发展与水资源条件相适应，维持健康的水生态系统。在干旱与半干旱地区建设水坝和调水工程，要充分考虑生态用水需要。严格控制地下水开采量，地下水已严重超采的地区，应严禁新建取用地下水的供水设施，并逐步减少地下水取水量。在西部和北方水资源短缺地区，要严格限制高耗水产业发展。

强化旅游开发活动的生态环境保护工作，加大旅游区环境污染和生态破坏情况的检查力度，做好旅游规划中有关环境影响评价的审查、指导和督促。重点加强对生态敏感区域旅游开发项目的环境监管，建立健全地方性的规章制度、标准和考核办法，规范旅游开发活动，开展生态旅游试点示范。广泛开展宣传、教育、培训等活动，提高公众的旅游生态环境保护意识。

(2) 提高生物多样性履约和管理能力。实施《全国生物物种资源保护与利用规划》，全面调查全国物种及遗传资源本底、物种及遗传资源的传统知识与适用技术，开展相关鉴别、整理和编目工作；建设物种及遗传资源数据库和信息系统，构建物种及遗传资源保护与持续利用信息共享平台；完善相关的法规政策及管理制度，加强进出境查验，控制物种及遗传资源的流失；开展生物物种资源保护和管理宣传教育；继续做好生物物种资源就地和迁地保护，加强对现有设施的管理。

建立科学有效的外来物种防治措施、协调管理和应急机制。对外来物种进行全面调查，开展外来入侵物种对生物多样性和生态环境的影响研究。加强对转基因生物体、病原微生物的监控管理，努力将转基因生物及其产品在生产、转运、销售和使用过程中，可能对生物多样性、人类健康及生态环境的影响降低到最低水平。

做好《生物多样性公约》和《生物安全议定书》履约工作，进一步完善国内履约机制，完成第四次生物多样性履约国家报告和第一次生物安全议定书履约国家报告，编写《生物多样性公约》要求的各专题报告。推动地方建立生物多样性保护协调机制，与国外相关机构密切合作，推动有关国际合作项目的顺利实施，制定和完善遗传资源保护与管理标准、规范。建立政府、科研单位和相关生物技术企业的信息交流机制，使我国生物多样性的资源优势尽快转化为经济效益。

（3）重视生态敏感区和脆弱区保护。在全国生态环境现状调查工作基础上，系统调查我国典型生态敏感区和脆弱区的类型与空间分布，明确这些区域生态环境的特点和面临的主要问题，编制《生态脆弱区保护规划》，将生态脆弱区纳入国家主体生态功能区中的限制开发区，执行相应的环境经济政策和环境保护要求。

启动生态环境监测及现状评价工作，将生态监测和评价纳入日常监管工作，并明确相应的生态保护内容。各级环保部门要会同有关部门优先在生态敏感区和脆弱区分期划定一批禁采区、禁垦区、禁伐区和禁牧区。在生态敏感区和脆弱区加强环境污染控制，特别是加强危险化学品和危险废物的管理。

3. 加大农村环境污染防治力度

（1）实施"农村小康环保行动计划"。按照"生产发展，生活宽裕，乡风文明，村容整洁，管理民主"的要求，推进社会主义新农村建设。开展村庄环境综合整治，以农村环境卫生整治、农村生活垃圾、生活污水处理、村容村貌建设等为重点内容，全面改善农村生产与生活环境，使"十一五"末期全国村庄环境综合整治率达到20%以上。具体任务包括：一是加强村庄生活垃圾收运—处理系统、生活污水处理设施建设；二是实施工业企业污染治理示范工程；三是在重点流域建设一批规模化畜禽养殖场废弃物处理与资源化利用设施；四是选择典型区建设土壤污染综合治理示范工程；五是加强有机食品生产基地建设；六是新建400个国家级环境优美乡镇和8 000个生态村；七是加强农村环境监测、监管和宣教等环保能力建设。

（2）综合防治土壤污染。开展全国土壤污染现状调查与评价，研究土壤污染治理与修复技术。严格控制在主要粮食产地、"菜篮子"基地进行污灌，加强对主要农产品产地土壤环境的常规监测，在重点地区建立土壤环境质量定期评价制度。污染严重且难以修复治理的耕地应在土地利用总体规划中做出调整。针对不同土壤污染类型（重金属、有机污染等），选取有代表性的典型区（污灌区、固体废物堆放区、矿山区、油田区、工业废弃地等）开展土壤污染综合治理研究与技术评估，选择若干重点区域，建设土壤污染治理示范工程。

(3) 加强农村面源污染控制，强化农产品产地环境监管。开展重点流域、区域农村面源污染调查，摸清农村面源污染负荷及特征，提出农村面源污染防治措施。制定相关法规，为加强农村环境保护、整体提升我国农村环境监管能力、改善农村环境质量、防治农村地区生产生活及外来污染物造成的环境问题提供法律依据。

加大环境友好型农业生产技术的研发推广力度，制定、完善并监督实施农药、化肥、农膜等农业生产资料的环境安全使用标准及生产操作技术规范，指导农民科学使用农用化学品，制定支持有机肥生产和使用的政策。禁止秸秆焚烧，推进秸秆的综合利用，大力推广秸秆还田、气化、制造轻质建材等综合利用。

加强对农产品生产基地和生产加工企业周边地区的环境监测、环境质量评价和监管工作。推动全国农业生产方式和结构的转型，扩大生态农业生产面积，特别是在条件适宜的地区，积极发展绿色和有机食品生产，完善、制定相关监测标准及技术规范。继续深入开展国家级有机食品生产基地建设工作，制订详细的环境管理计划，开展生产基地水体、土壤、大气环境质量定期监测，综合防治病虫害。"十一五"期间，优先在西部、中部地区自然条件良好的农村地区，建设一批有机食品生产基地；东部地区则考虑选取有机食品发展较快、基础较好的一些地区建设示范工程。

(4) 防治畜禽和水产养殖污染。根据《畜禽养殖污染防治管理办法》，划定畜禽禁养区，加强畜禽养殖污染防治和环境执法。禁养区内不得新建任何畜禽养殖场，已建的畜禽养殖场要限期搬迁或关闭。制定、完善畜禽养殖环境保护相关标准和技术规范，研究并制定促进畜禽养殖废弃物综合利用及产业化的经济技术政策、发展规划。积极发展养殖小区，推广健康养殖技术，实行种养结合、雨污分流、清洁生产、干湿分离，实现畜禽粪便资源化利用，加快推进规模化畜禽养殖场的技术改进与污染治理。

优先在重点流域、区域和畜禽养殖环境问题较为严重的地区，根据当地经济发展水平、种植业和养殖业布局等具体情况，选择生产沼气、堆肥等方法建设畜禽养殖污染防治示范工程，总结推广一批经济适用的畜禽养殖污染防治和废弃物综合利用技术和模式，加大推广力度，切实推动畜禽养殖环境问题的解决。

开展水产养殖污染防治工作。对水产养殖环境问题进行调查研究，制定水产养殖环境保护法规、技术规范，推动水产养殖环境监管工做法制化、规范化。

4. 巩固推进生态示范创建工作

大力推进生态省（市、县）、环境优美乡镇和生态村的建设，进一步完善生态省（市、县）考核的有关指标体系，制定相关管理和考核验收办法。以生态示范创建为载体，推动区域经济、社会和资源、环境的协调发展，减少资源消耗和环境污染，全面提高人们的生产与生活环境质量。

（1）深化生态省、生态市和生态县建设。根据各地自然条件、社会经济基础，分类指导，分区推进，因地制宜开展生态示范创建工作。在稳定东部地区创建成果的同时，鼓励经济发展条件较好并位于重要生态功能区域的市、县开展生态市、生态县的建设。加强对中西部地区的宣传和培训，加大中西部地区创建工作的推进力度，稳步扩大生态省（市、县）建设的覆盖面。

（2）积极推进环境优美乡镇创建工作。进一步推动环境优美乡镇创建工作。按照自下而上的思路，根据生态创建工作"两个80%"（即生态市所辖80%的县要达到生态县的标准，生态县所辖80%的乡镇要达到环境优美乡镇的标准）的基本要求，把创建工作与生态县建设和农村经济社会发展有机结合起来，鼓励和引导具有较好社会基础、较强经济实力、较优环境条件的乡镇率先开展环境优美乡镇创建工作。

（3）大力开展生态村建设。结合《农村小康环保行动计划》实施，制定"国家级生态村"考核验收标准，指导并推动各地因地制宜地开展生态村创建活动，并以此作为生态示范创建的细胞工程，开展村庄环境综合整治，发展生态经济，提高村庄生态文明水平，全面改善农村环境与整体面貌。"十一五"期间，力争创建8 000个生态村，推动全国农村环境保护水平整体提升。

（四）保障措施

1. 建立健全相关法律、法规和标准

加强立法工作，把生态环境保护纳入法制化轨道。尽快制定《自然保护区法》《土壤污染防治法》《转基因生物安全法》《生态保护法》等法律，制定《生物遗传资源管理条例》《物种资源保护条例》《畜禽养殖业污染防治条例》《农村环境保护条例》等有关法规。加快建立生态保护标准体系，包括土壤环境质量标准、城市与农村生态环境质量评价标准、生物多样性评价标准、转基因生物环境风险评估标准、外来入侵物种环境风险评估标准、生态旅游标准、矿山生态保护与恢复标准、地表水资源开发生态保护标准、自然保护区分类标准等。制定矿山、畜禽养殖、自然保护区等生态环境监察工作规范。制定相关法规，保障生态环境保护规划的权威性。

2. 完善生态环境监督管理体制

建立和完善部门协调机制,加强部门合作。针对资源开发的生态环境保护等问题,建立定期或年度的部门联合执法检查。加强对生态环境有重大影响的资源开发和项目建设的环境影响评价。建立较完善的生态保护统计体系。

建立自然保护区动态管理机制,开展定期的自然保护区的质量和管理能力评估,建立自然保护区警告、升降级制度。把各级政府对本辖区生态环境保护责任落到实处,建立生态环境保护与建设的审计制度。

3. 创新生态保护政策

研究并制定生态补偿政策。根据我国生态保护与管理的特点,针对不同领域不同层次的生态补偿需求,构建我国生态补偿政策的总体框架,确定若干优先领域,重点突破,制定生态补偿政策技术导则。选取典型区域与领域,开展生态补偿试点。

制定并完善生态保护的公共参与政策,鼓励公众参与生态环境管理、监督与建设。建立重大生态环境法规政策、规划公告制度,保障公众的知情权。针对重大环境问题,举行公众听证会,广泛听取社会各界的意见,鼓励公众参与生态环境监督。

4. 加强生态保护技术研究与推广应用

加强生态保护重点领域的基础研究和科技攻关,加强对科研院所的科研能力建设支持,优先安排重大生态环境问题与关键技术科研课题。加强对外交流与合作,共同开展生态环境保护领域重大战略与重要理论研究。"十一五"期间,重点开展城市水体生态修复技术、土壤污染防治与农村环境综合整治技术、重要生态功能区保护和建设的方法与技术模式、生物多样性与生物安全支撑技术、生态系统监测、评价等生态环境保护关键技术的研究。对经实践验证具有较好效果的成熟技术模式,进行大范围推广与应用,为全面改善生态环境质量提供技术支撑。

加强生态环境保护科普基地建设,依托自然保护区、生态工业园区、生态示范区等,建设一批国家生态环境保护科普基地;建设国家生态环境保护科技资源信息共享平台。

5. 建立多渠道的投资体系

积极争取生态保护的财政投入,建立自然保护区专项资金,按照相关责权分别用于自然保护区建设和运行管理。针对农村环保投入长期不足的问题,将农村环境保护投资纳入到国家重点流域、区域环保投资领域。

充分发挥市场机制,广泛吸纳社会资金投入生态环境保护与建设。加快生态补偿机制建立步伐,通过区域、流域间的生态补偿机制建立,解决生态保护资金投入不足问题。充分利用国际基金、非政府组织的力量开展生态保护，鼓励和吸引国内外民间资本投资生态保护。

6. 加强生态保护能力建设

加强生态保护相关领域的基础调查、监测、评价能力建设，从生态安全、生态系统健康、生态环境承载力等方面对区域、流域生态环境质量进行系统评价，为生态保护决策提供支持。整合利用各部门和相关机构的信息、研究成果。深入开展生态监测工作，建立地面观测站点，逐步完善生态监测网络，充分利用遥感、卫星图片等数据信息对生态环境质量进行评估，对全国和重点区域生态环境质量进行定期评价，并公布评价结果。

在系统调查、监测、评价的基础上，针对重点流域及重点生态功能保护区开展生态预警及防护体系的研究和建立工作，及时掌握这些地区的生态安全现状和变化趋势。通过建立生态预警评价指标、分级管理方案和确定警戒线等措施，对生态系统的演化趋势进行预测评价，提出相应的防范对策，为政府决策提供科学依据。

加强生态环境保护管理能力建设，在深化试点工作的基础上，继续深入开展生态环境监察试点工作，"十一五"期间新增200个试点，开展生态环境监察示范活动。建立基层生态环境监察队伍，保障资金，开展人员培训，配备必要的办公设施与执法装备，全面提高生态环境保护执法能力。

7. 促进公众参与和监督

深入开展生态环境国情、国策教育，分级、分批开展生态环境保护培训，重视生态环境保护的基础教育。开辟公众参与生态保护的有效渠道，为公众参与重大项目决策监督和咨询提供必要的条件。发挥新闻媒体的宣传和监督作用。要积极宣传国家生态环境保护相关方针政策和法律、法规，公开生态环境执法典型案例，通过案例教育群众，普及生态知识，提高公众保护生态环境的自觉性。

三、《国家重点生态功能保护区规划纲要》

加强生态功能保护区建设是促进我国重要生态功能区经济、社会和环境协调发展的有效途径，是维护我国流域、区域生态安全的具体措施，是有效管理限制开发主体功能区的重要手段。国家环境保护总局依据国务院《全国生态环境保护纲要》《关于落实科学发展观加强环境保护的决定》和《关于编制全国主体功能区规划的意见》的精神，于2007年10月31日编制了《国家重点生态功能保护区规划纲要》（以下简称《纲要》）。

(一)《纲要》编制的背景

《纲要》指出，生态功能保护区是指在涵养水源、保持水土、调蓄洪水、防风固沙、维系生物多样性等方面具有重要作用的重要生态功能区内，有选择地划定一定面积予以重点保护和限制开发建设的区域。建立生态功能保护区，对于防止和减轻自然灾害、协调流域及区域生态保护与经济社会发展、保障国家和地方生态安全具有重要意义。国家重点生态功能保护区是指对保障国家生态安全具有重要意义，需要国家和地方共同保护和管理的生态功能保护区。

党中央、国务院对重要生态功能区的保护工作十分重视。2000年国务院印发的《全国生态环境保护纲要》明确提出，要通过建立生态功能保护区，实施保护措施，防止生态环境的破坏和生态功能的退化。胡锦涛总书记在2004年中央人口资源环境工作座谈会上强调："做好生态功能区划和生态保护规划，加大重要生态功能保护区、自然保护区建设力度，提高保护质量。"党的十七大重申，要深入贯彻落实科学发展观，统筹人与自然和谐发展，到2020年把我国建设成为人民富裕程度普遍提高、生活质量明显改善、生态环境良好的全面小康社会。《中华人民共和国国民经济和社会发展第十一个五年规划纲要》将重要生态功能区建设作为推进形成主体功能区，构建资源节约型、环境友好型社会的重要任务之一。《国务院关于落实科学发展观加强环境保护的决定》将保持"重点生态功能保护区、自然保护区等的生态功能基本稳定"作为我国环境保护的目标之一

(二)《纲要》的意义

《纲要》指出，我国重要生态功能区生态破坏严重，部分区域生态功能整体退化甚至丧失，严重威胁着国家和区域的生态安全。突出表现在：大江大河源头区的生态功能退化，水源涵养功能下降，对下游地区的生态安全带来了严重威胁；北方重要防风固沙区植被被破坏，绿洲开始萎缩，沙尘暴威胁严重；江河、湖泊、湿地萎缩，生态系统退化，洪水调蓄功能下降；部分地区水土流失加剧，威胁区域的可持续发展。

我国重要生态功能区生态恶化的主要原因是：经济发展与生态保护之间的矛盾突出，落后的生产生活方式是造成区域生态功能破坏的重要原因；条块式的管理方式阻碍了重要生态功能区的整体性保护；监管能力薄弱，执法不严，管理不力，致使许多生态环境被破坏的现象屡禁不止，加剧了生态环境的退化。因此，重要生态功能区的保护事关我国生态安全，是国家生态保护的重要内容。我国人口多、人均资源匮乏，如何统筹人与自然和谐发展，为全面建设小康社会提供良好生态环境，是摆在我们面前迫切需要研究和解

决的一个重大课题。从我国国情实际出发，生态功能保护区建设是统筹人与自然和谐发展、改善和提高生态环境质量的一项重大举措和有效途径，是符合我国现阶段国情的生态环境保护的有效形式，是保护我国重要生态功能区的主要措施。《纲要》是我国生态功能区保护的首部规范性文件，对指导我国生态功能保护区建设具有重要意义。

(三)《纲要》的主要内容

1. 指导思想及原则

（1）指导思想。以科学发展观为指导，以保障国家和区域生态安全为出发点，以维护并改善区域重要生态功能为目标，以调整产业结构为手段，统筹人与自然和谐发展，把生态保护和建设与地方社会经济发展、群众生活水平提高有机结合起来，统一规划，优先保护，限制开发，严格监管，促进我国重要生态功能区经济、社会和环境的协调发展。

（2）基本原则包括如下4点：统筹规划，分步实施；高度重视，精心组织；保护优先，限制开发；避免重复，互为补充。

2. 主要目标

以《中华人民共和国国民经济和社会发展第十一个五年规划纲要》明确的国家限制开发区为重点，合理布局国家重点生态功能保护区，建设一批水源涵养、水土保持、防风固沙、洪水调蓄、生物多样性维护生态功能保护区，形成较完善的生态功能保护区建设体系，建立较完备的生态功能保护区相关政策、法规、标准和技术规范体系，使我国重要生态功能区的生态恶化趋势得到遏制，主要生态功能得到有效恢复和完善，限制开发区有关政策得到有效落实。

3. 主要任务

《纲要》明确指出，重点生态功能保护区属于限制开发区，要在保护优先的前提下，合理选择发展方向，发展特色优势产业，加强生态环境保护和修复，加大生态环境监管力度，保护和恢复区域生态功能。要坚持统筹规划，分步实施；高度重视，精心组织；保护优先，限制开发；避免重复，互为补充的原则，在生态功能保护区重点开展以下三方面工作：

一是合理引导产业发展。依据资源禀赋的差异，积极发展生态农业、生态林业、生态旅游业；在中药材资源丰富的地区，建设药材基地，推动生物资源的开发；在畜牧业为主的区域，建立稳定、优质、高产的人工饲草基地，推行舍饲圈养；在重要防风固沙区，合理发展沙产业；在蓄滞洪区，发展避洪经济；在海洋生态功能保护区，发展海洋生态养殖、生态旅游等海洋生态产业。同时限制高污染、高能耗、高物耗产业的发展。要依法淘汰严重污染环境、严重破坏区域生态、严重浪费资源能源的产业，要依法关闭破坏资源、污染环境和损害生态系统功能的企业。同时，积极推广沼气、风能、小水电、太阳能、地热能及其他清洁能源，解决农村能源需求，减少对自然生态系统的破坏。

二是保护和恢复生态功能。遵循先急后缓、突出重点，保护优先、积极治理，因地制宜、因害设防的原则，结合已实施或规划实施的生态治理工程，加大区域自然生态系统的保护和恢复力度，目的是提高水源涵养能力、恢复水土保持功能、增强防风固沙功能、提高调洪蓄洪能力，改善和提高区域环境质量。

三是强化生态环境监管。通过加强法律、法规和监管能力建设，提高环境执法能力，避免边建设、边破坏；通过强化监测和科研，提高区内生态环境监测、预报、预警水平，及时准确掌握区内主导生态功能的动态变化情况，为生态功能保护区的建设和管理提供决策依据；通过强化宣传教育，增强区内广大群众对区域生态功能重要性的认识，自觉维护区域和流域生态安全。

（四）《纲要》确定的主要举措

一是要加强部门协调。建立综合决策机制，应积极与其他相关部门开展联合执法检查，严厉查处生态功能保护区内各种破坏生态环境、损害生态功能的行为。

二是要科学规划。制定重点生态功能保护区实施规划，并将实施规划的主要内容纳入各级政府国民经济和社会发展规划。

三是要建立多渠道的投资体系。研究制定生态功能保护区融资、税收等优惠政策，逐步建立和完善生态环境补偿机制。

四是要加强科技创新。加强资源综合利用、生态重建与恢复等方面的科技攻关，减少资源消耗，控制环境污染，促进生态恢复。

五是要增强公众参与意识。充分利用广播、电视、报刊等媒体，广泛深入地宣传生态功能保护区建设的重要作用和意义，动员公众参与生态功能保护区建设。

四、《全国生物物种资源保护与利用规划纲要》

生物物种资源是维持人类生存、维护国家生态安全的物质基础，是实现可持续发展战略的重要资源。为全面加强生物物种资源的保护和管理，国务院办公厅于2004年3月31日发出《关于加强生物物种资源保护和管理的通知》（以下简称《通知》）。国家环境保护总局于2004年11月11日做出关于贯彻落实国务院办公厅《关于加强生物物种资源保护和管理的通知》的意见,并联合生物物种资源保护部际联席会议16个成员单位历经2年时间,共同编制完成了《全国生物物种资源保护与利用规划纲要》(以下简称《规划纲要》)。2007年10月,经国务院同意正式发布。

(一)《规划纲要》编制的背景

"生物物种资源"是指具有实际或潜在价值的植物、动物和微生物物种以及种以下的分类单位及其遗传材料。"生物物种资源"除了指物种层次的多样性,还包含种内的遗传资源和农业育种意义上的种质资源。而"遗传资源"是指任何含有遗传功能单位(基因和DNA水平)的材料;"种质资源"是指农作物、畜、禽、鱼、草、花卉等栽培植物和驯化动物的人工培育品种资源及其野生近缘种。

我国是世界上生物多样性最丰富的国家之一,也是世界上重要的农作物起源中心之一,还是多种特有畜、禽、鱼类种和品种的原产地。此外,世界著名的中国传统医药及其相关传统知识是许多相关产业的珍贵创新资源。

目前,生物物种资源的拥有和开发利用程度已成为衡量一个国家综合国力和可持续发展能力的重要指标之一。由于人口的快速增长、对生物物种资源的过度开发、外来物种的引进、环境污染、气候变化等原因,我国生物物种资源丧失和流失情况严重。为了进一步加强生物物种资源保护,扭转生物物种资源管理面临的被动局面,并在保护的基础上,推进生物物种资源的可持续利用,《规划纲要》提出要使用现代科学技术和适用传统知识,保护生物多样性,保护物种及其栖息环境,持续利用生物物种及其遗传资源,公平分享因利用生物物种及遗传资源和相关传统知识产生的惠益,促进人与自然和谐共处。

(二)《规划纲要》的特点、意义

《规划纲要》最鲜明的特点是"全面翔实,重点突出"。"全面翔实"是指《规划纲要》涵盖了生物物种资源涉及的各个行业和领域,目标任务具体、可操作性强;"重点突出"是指《规划纲要》明确了生物物种资源保护和利用的重点领域和优先行动,强调重点保护物种资源的原生境不受破坏、防止物种资源的丧失,严格控制物种资源的出境、防止物种资源的流失。

《规划纲要》符合国家中长期发展战略的要求,是我国生物物种资源保护领域首部重要的纲领性文件。对于发展和开拓我国新时期、新阶段生物物种资源保护工作具有重要的意义。《规划纲要》的实施,将推进我国丰富的生物物种资源得到有效保护,减少生物物种及其遗传资源的丧失和流失,保证生物物种及其遗传资源的永续生存和潜在利用，保障国家生态安全，使生物物种资源惠益子孙后代，同时也体现出我国认真履行国际公约和积极参与国际合作的态度

（三）《规划纲要》的主要内容

《规划纲要》提出了以下生物物种资源保护和利用的战略思想和战略任务。

（1）《规划纲要》确定了保护和利用物种资源的五大原则：国家主权原则、科学性原则、优先保护原则、保护与利用相协调原则和各方参与原则。五大原则的确立对于我国参与国际谈判、争取国家利益、更好地解决保护与利用的关系具有重大的意义。

（2）《规划纲要》提出今后15年生物物种资源保护与利用的总体目标，并划分了3个5年规划阶段来实施。①总体目标。使用现代科学技术和适用传统知识，保护生物多样性，保护物种及其栖息环境，持续利用生物物种及其遗传资源，公平分享因利用生物物种及遗传资源和相关传统知识产生的惠益，促进人与自然和谐共处。②阶段目标。第一，近期目标（2006～2010年）。到2010年，有效遏制目前生物物种资源急剧减少的趋势，特别是有效遏制因人为因素造成的生物物种资源急剧丧失趋势。第二，中期目标（2011～2015年）。到2015年，基本控制生物物种资源的丧失与流失。第三，远期目标（2016～2020年）。到2020年，生物物种资源得到有效保护。

（3）《规划纲要》根据物种资源的范畴和保护需求，确定了12个重点领域的近期和中长期规划任务。12个重点领域是：①陆生野生动物资源保护与利用；②水生生物资源保护与利用；③畜禽遗传资源保护与利用；④农作物及其野生近缘植物种质资源保护与利用；⑤林木植物资源保护与利用；⑥观赏植物资源保护与利用；⑦药用生物物种资源保护与利用；⑧竹藤植物资源保护与利用；⑨其他野生植物资源保护与利用，其他野生植物资源是指除农业野生植物、林木野生树种、野生观赏植物、野生药用植物、野生竹藤类植物以外的其他野生植物资源；⑩微生物资源保护与利用；⑪与生物物种资源相关的传统知识保护与利用；⑫生物物种资源出入境查验体系建设。

《规划纲要》对12个重点领域的背景、存在的主要问题、主要目标与任务、保护与利用措施，进行了分解、分析，对今后制定各领域规划具有明确的指导意义。

（4）《规划纲要》提出了"十一五"期间生物物种资源保护和利用的10项优先行动和55个优先项目。优先行动和优先项目的确定为解决当前突出问题，明确财政资金的投入指明了方向。

(5) 保障措施。《规划纲要》从9个方面做了具体规定：①完善管理体系与协调机制；②加强相关法律制度建设；③加大执法力度；④完善经济政策与市场监督体系；⑤加大资金投入；⑥强化宣传教育；⑦加强科学研究；⑧提高人力资源能力保障水平；⑨探索和建立公众参与机制。

五、《全国生态脆弱区保护规划纲要》

我国是世界上生态脆弱区分布面积最大、脆弱生态类型最多、生态脆弱性表现最明显的国家之一。生态脆弱区不仅是目前生态问题突出、经济相对落后和贫困人口比例较大的区域，也是环境监管薄弱的地区。加强生态脆弱区保护是控制生态退化、恢复生态系统功能、改善生态环境质量和落实《全国生态功能区划》的具体措施，也是促进区域经济、社会和环境协调发展与贯彻落实科学发展观的有效途径。依据国务院《全国生态环境保护纲要》和《关于落实科学发展观加强环境保护的决定》有关精神，环境保护部于2008年9月27日编制了《全国生态脆弱区保护规划纲要》（以下简称《规划纲要》）。

《规划纲要》指出，我国生态脆弱区大多位于生态过渡区和植被交错区，处于农牧、林牧、农林等复合交错带，是我国目前生态问题突出、经济相对落后和人民生活贫困区。同时，也是我国环境监管的薄弱地区。加强生态脆弱区保护，增强生态环境监管力度，促进生态脆弱区经济发展，有利于维护生态系统的完整性，实现人与自然的和谐发展，是贯彻落实科学发展观、牢固树立生态文明观念、促进经济社会又好又快发展的必然要求。

党中央、国务院高度重视生态脆弱区的保护。温家宝总理多次强调，我国许多地方生态脆弱，环境承载力很低；保护环境，就是保护我们赖以生存的家园，就是保护中华民族发展的根基。《国务院关于落实科学发展观加强环境保护的决定》明确指出，在生态脆弱地区要实行限制开发。因此，"十一五"期间，环境保护部将通过实施"三区推进"（即自然保护区、重要生态功能保护区和生态脆弱区）的生态保护战略，为改善生态脆弱区生态环境提供政策保障。

《规划纲要》明确了生态脆弱区的地理分布、现状特征及其生态保护的指导思想、原则和任务，为恢复和重建生态脆弱区生态环境提供科学依据。

（一）生态脆弱区特征及其空间分布

生态脆弱区也称生态交错区，是指两种不同类型生态系统交界过渡区域。这些交界过渡区域生态环境条件与两个不同生态系统核心区域有明显的区别，是生态环境变化明显的区域，已成为生态保护的重要领域。

1. 生态脆弱区基本特征

(1) 系统抗干扰能力弱。生态脆弱区生态系统结构稳定性较差，对环境变化反应相对敏感，容易受到外界的干扰发生退化演替，而且系统自我修复能力较弱，自然恢复时间较长。

(2) 对全球气候变化敏感。生态脆弱区生态系统中，环境与生物因子均处于相变的临界状态，对全球气候变化反应灵敏，具体表现为气候持续干旱、植被旱生化现象明显、生物生产力下降、自然灾害频发等。

(3) 时空波动性强。波动性是生态系统的自身不稳定性在时空尺度上的位移。在时间上表现为气候要素、生产力等在季节和年际间的变化；在空间上表现为系统生态界面的摆动或状态类型的变化。

(4) 边缘效应显著。生态脆弱区具有生态交错带的基本特征，因处于不同生态系统之间的交接带或重合区，是物种相互渗透的群落过渡区和环境梯度变化明显区，因此具有显著的边缘效应。

(5) 环境异质性高。生态脆弱区的边缘效应使区内气候、植被、景观等相互渗透，并发生梯度突变，导致环境异质性增大，具体表现为植被景观破碎化、群落结构复杂化、生态系统退化明显、水土流失加重等。

2. 生态脆弱区的空间分布

我国生态脆弱区主要分布在北方干旱半干旱区、南方丘陵区、西南山地区、青藏高原区及东部沿海水陆交接地区，行政区域涉及黑龙江、内蒙古等21个省、区、市，包括东北林草交错生态脆弱区、北方农牧交错生态脆弱区、西北荒漠绿洲交接生态脆弱区、南方红壤丘陵山地生态脆弱区、西南岩溶山地石漠化生态脆弱区、西南山地农牧交错生态脆弱区、青藏高原复合侵蚀生态脆弱区和沿海水陆交接带生态脆弱区。

(二) 生态脆弱区的主要压力

1. 主要问题

(1) 草地退化、土地沙化面积巨大；

(2) 土壤侵蚀强度大，水土流失严重；

(3) 自然灾害频发，地区贫困不断加剧；

(4) 气候干旱，水资源短缺，资源环境矛盾突出；

(5) 湿地退化，调蓄功能下降，生物多样性丧失。

2. 成因及压力

造成我国生态脆弱区生态退化、自然环境脆弱的原因除生态本底脆弱外，人类活动的过度干扰是直接成因。主要表现在：

(1) 经济增长方式粗放。我国经济增长方式粗放的特征主要表现在重要资源单位产出效率较低，生产环节能耗和水耗较高，污染物排放强度较大，再生资源回收利用率低下，社会交易率低而交易成本较高。2006年中国GDP约占世界的5.5%，但能耗占到15%、钢材占到30%、水泥占到54%；2000年中国单位GDP排放CO_2 0.62千克、有机污水0.5千克，污染物排放强度大大高于世界平均水平；而矿产资源综合利用率、工业用水重复率均高于世界先进水平15~25个百分点；社会交易成本普遍比发达国家高30%~40%。

（2）人地矛盾突出。我国以占世界9%的耕地、6%的水资源、4%的森林、1.8%的石油，养活着占世界22%的人口，人地矛盾突出已是我国生态脆弱区退化的根本原因。

（3）监测与监管能力低下。我国生态监管机制由于部门分割、协调不力，导致监管效率低下。同时，由于相关政策法规、技术标准不完善，经济发展与生态保护矛盾突出，特别是生态监测、评估与预警技术落后，生态脆弱区基线不清、资源环境信息不畅，难以为环境管理与决策提供良好的技术支撑。

（4）生态保护意识薄弱。我国人口众多，环保宣传和文教事业严重滞后。地方政府重发展轻保护思想普遍，有的甚至以牺牲环境为代价，单纯追求眼前的经济利益；严重破坏人类的生存环境。民众环保观念淡漠，对严峻的环境形势认知水平低，缺乏主动参与和积极维护生态环境的思想意识，资源掠夺性开发和浪费使用不能有效遏制，生态破坏、系统退化日趋严重。

（三）《规划纲要》的指导思想、原则及目标

1. 指导思想

以邓小平理论和"三个代表"思想为指导，贯彻落实科学发展观，建设生态文明，以维护生态系统完整性、恢复和改善脆弱生态系统为目标，在坚持优先保护、限制开发、统筹规划、防治结合的前提下，通过适时监测、科学评估和预警服务，及时掌握脆弱区生态环境演变动态，因地制宜，合理选择发展方向，优化产业结构，力争在发展中解决生态环境问题。同时，强化法制监管，倡导生态文明，积极增进群众参与意识，全面恢复脆弱区生态系统。

2. 基本原则

（1）预防为主，保护优先；

（2）分区推进，分类指导；

（3）强化监管，适度开发；

（4）统筹规划，分步实施。

3. 规划期限

（1）规划的基准年为 2008 年；

（2）规划期为 2009~2020 年。

4. 编制依据

（1）《中华人民共和国国民经济和社会发展第十一个五年计划纲要》（2006 年 3 月 16 日十届全国人大第四次会议通过）；

（2）《全国生态环境保护纲要》（国发〔2000〕38 号）；

（3）《全国生态环境建设规划》（国发〔1998〕36 号）；

（4）《国务院关于落实科学发展观加强环境保护的决定》（国发〔2005〕39 号）；

（5）《国家环境保护"十一五"规划》（国发〔2007〕37 号）；

（6）《全国生态保护"十一五"规划》（联合国环境与发展大会〔2006〕158 号）；

（7）《国家重点生态功能保护区规划纲要》（联合国环境与发展大会〔2007〕165 号）；

（8）《全国生态功能区划》（环境保护部公告 2008 年第 35 号）。

5. 规划目标

（1）总体目标。到 2020 年，在生态脆弱区建立起比较完善的生态保护与建设的政策保障体系、生态监测预警体系和资源开发监管执法体系；生态脆弱区 40% 以上适宜治理的土地得到不同程度治理，水土流失得到基本控制，退化生态系统基本得到恢复，生态环境质量总体良好；区域可更新资源不断增值，生物多样性保护水平稳步提高；生态产业成为脆弱区的主导产业，生态保护与产业发展有序、协调，区域经济、社会、生态复合系统结构基本合理，系统服务功能呈现持续、稳定态势；生态文明融入社会各个层面，民众参与生态保护的意识明显增强，人与自然基本和谐。

（2）阶段目标。①近期（2009~2015 年）目标。明确生态脆弱区空间分布、重要生态问题及其成因和压力，初步建立有利于生态脆弱区保护和建设的政策法规体系、监测预警体系和长效监管机制；研究构建生态脆弱区产业准入机制，全面限制有损生态系统健康发展的产业扩张，防止因人为过度干扰所产生新的生态退化。到 2015 年，生态脆弱区战略环境影响评价执行率达到 100%，新增治理面积达到 30%；生态产业示范已在生态脆弱区全面开展。②中远期（2016~2020 年）目标。生态脆弱区生态退化趋势已得到基本遏止，人地矛盾得到有效缓减，生态系统基本处于健康、稳定发展状态。到 2020 年，生态脆弱区 40% 以上的土地得到不同程度治理，退化生态系统已得到基本恢复，可更新资源不断增值，生态产业已基本成为区域经济发展的主导产业，并呈现持续、强劲的发展态势，区域生态环境已步入良性循环轨道。

（四）《规划纲要》的主要任务

1. 总体任务

以维护区域生态系统完整性、保证生态过程连续性和改善生态系统服务功能为中心，优化产业布局，调整产业结构，全面限制有损于脆弱区生态环境的产业扩张，发展与当地资源环境承载力相适应的特色产业和环境友好产业，从源头控制生态退化；加强生态保育，增强脆弱区生态系统的抗干扰能力；建立健全脆弱区生态环境监测、评估及预警体系；强化资源开发监管和执法力度，促进脆弱区资源环境协调发展。

2. 具体任务

（1）调整产业结构，促进脆弱区生态与经济的协调发展；

（2）加强生态保育，促进生态脆弱区修复进程；

（3）加强生态监测与评估能力建设，构建脆弱区生态安全预警体系；

（4）强化资源开发监管执法力度，防止无序开发和过度开发。

3. 重点生态脆弱区建设任务

根据全国生态脆弱区空间分布及其生态环境现状，本规划重点对全国八大生态脆弱区中的19个重点区域进行分区规划建设。①东北林草交错生态脆弱区；②北方农牧交错生态脆弱区；③西北荒漠绿洲交接生态脆弱区；④南方红壤丘陵山地生态脆弱区；⑤西南岩溶山地石漠化生态脆弱区；⑥西南山地农牧交错生态脆弱区；⑦青藏高原复合侵蚀生态脆弱区。

4. 近期建设重点

（1）生态脆弱区现状调查与基线评估；

（2）生态脆弱区监测网络与预警体系建设；

（3）开展生态脆弱区保护、修复与产业示范；

（4）典型示范工程整合与技术推广。

（五）对策措施

（1）完善生态脆弱区的政策与法律、法规体系；

（2）强化生态督查，促进生态脆弱区保护与建设；

（3）增强公众参与意识，建立多元化社区共管机制；

（4）构建生态补偿机制，多渠道筹措脆弱区保护资金；

（5）加强科技创新，促进脆弱区生态保育；

（6）探索产业准入管理，从源头遏制脆弱区生态退化。

六、《国家农村小康环保行动计划》

（一）出台的背景和意义

改革开放以来，我国农村经济快速发展，农村生活污水、垃圾、农业生产及畜禽养殖废弃物排放量也在增大，农村地区环境状况日益恶化，威胁到广大农民的生存环境与身体健康，也制约了农村经济的健康发展。"三农"问题一直是党中央、国务院关注的焦点，农村环境保护被提上议事日程。根据胡锦涛在 2005 年中央人口资源环境工作座谈会上"要启动农村小康环保行动计划"的指示，国家环境保护总局决定出台《国家农村小康环保行动计划》（以下简称《行动计划》），并委托环境规划院负责《行动计划》的起草工作。经过深入调研、多次研讨、反复论证，《行动计划》终于在 2006 年年底之前发布实施。

《行动计划》紧紧围绕全面建设小康社会的总体目标，坚持以人为本、环保为民，坚持以土壤污染和畜禽养殖污染防治为重点，强化农村环境综合整治，坚持因地制宜、重点突破，以试点示范为先导，用 15 年左右的时间，基本解决农村"脏、乱、差"问题，有效遏制农村环境污染加剧趋势，改善农村生活与生产环境，建设"清洁水源、清洁家园、清洁田园"的社会主义新农村，为全面建设小康社会提供环境安全保障。

（二）农村环境形势

1. 现状问题

随着农村经济的快速发展，农村生活污水、垃圾、农业生产及畜禽养殖废弃物排放量增大，农村地区环境状况日益恶化，农村环境质量明显下降，直接威胁着广大农民的生存环境与身体健康，制约了农村经济的健康发展，农村环境状况令人担忧。

（1）村庄环境"脏、乱、差"问题突出；

（2）城市工业污染向农村转移趋势加剧；

（3）土壤污染问题已对食品安全构成严重威胁；

（4）农村饮水安全保障程度低；

（5）农业生产废弃物综合利用率低，面源污染问题突出。

2. 成因分析

导致当前农村环境问题的主要原因，可以归结为以下 4 个方面。

（1）农村环保基础设施建设严重滞后。由于受历史的局限和经济体制条件的制约，基层政府提供环保基础设施等公共服务的能力非常薄弱，农村环保基础设施建设总体上处于空白状态，许多农村地区成为污染治理的盲区和死角。

（2）农村环保监管能力亟待提高。我国农村基层环保机构很不健全，绝大部分乡镇没有建立专门的环保机构和队伍，环境监测和环境监察工作尚未覆盖广大农村地区，存在污染事故无人管、环保咨询无处问的现象。

（3）农村环保法律、法规和制度不健全。相对城市环境保护和工业污染防治而言，农村环保工作起步晚、基础弱，针对农村环境问题的相关立法尚处于空白，给农村环保执法和环境问题的解决造成了一定的困难。

（4）对农村环保的宣传教育不够。我国环保宣传教育还没有深入到农村，干部、群众的环境法制观念和依法维权意识不强，难以适应新农村建设的需要。

（三）指导思想、原则与目标

1. 指导思想

以"三个代表"重要思想和科学发展观为指导，围绕全面建设小康社会的总体目标，坚持以人为本、环保为民，突出农村环境污染防治，以试点示范为先导，切实解决农村环境"脏、乱、差"问题，努力改善农村生活与生产环境，稳步推进社会主义新农村建设，为全面建设小康社会提供环境安全保障。

2. 基本原则

（1）突出污染防治，完善基础设施；

（2）明确目标任务，分步落实措施；

（3）坚持因地制宜，分类分区指导；

（4）坚持全面推进，实现重点突破；

（5）坚持政府主导，鼓励公众参与；

（6）坚持科技先行，多方筹措资金。

3. 工作目标

（1）总体目标。到2020年，有效控制农村地区环境污染的趋势，基本解决农村"脏、乱、差"问题，农村生活与生产环境得到切实改善，为建设"清洁水源、清洁家园、清洁田园"的社会主义新农村和全面建设小康社会提供环境安全保障。

（2）"十一五"目标。到2010年，初步解决农村环境"脏、乱、差"问题，农村地区工业企业污染防治取得阶段性成效，农村饮用水环境得到改善，规模化畜禽养殖污染得到基本控制，新增一批有机食品生产基地，生态示范创建活动全面展开，农村环境监管能力得到加强，公众环保意识进一步提高，农村环境得到初步改善。具体目标是：建设500个工业企业污染治理示范工程；基本完成全国1万个行政村的农村生活垃圾收运—处理系统、生活污水处理设施示范建设，东、中、西部分别完成4 000个、3 500个、2 500个示范工程建设；建设500个规模化畜禽养殖污染防治示范工程；建设10处土壤污染防治与修复示范工程；建设600处农村饮用水源地污染治理示范工程；建设300个有机食品生产基地；创建2 000个环境优美乡镇、1万个生态村；加强200个县的环境监测、监管和宣教基本设施建设。

（四）五大重点领域

《行动计划》围绕"有效控制农村地区环境污染的趋势，基本解决农村脏、乱、差问题，农村生活与生产环境得到切实改善，为建设清洁水源、清洁家园、清洁田园的社会主义新农村和全面建设小康社会提供环境安全保障"的总体目标，坚持以人为本、环保为民、因地制宜、重点突破的原则，确定了以下五大领域的工作重点。

（1）开展村庄环境污染综合治理。在实施"行动计划"的农村地区，生活垃圾要实现定点存放、统一收集、定时清理、集中处置，提倡资源化利用或纳入镇级以上处置系统集中处理；应采取分散或相对集中、生物或土地等多种处理方式，因地制宜开展农村生活污水处理，结合农村沼气建设与改水、改厕、改厨、改圈，逐步提高生活污水处理率。

（2）加强工业企业污染防治。坚持工业企业适当集中原则，优化工业发展布局。东部沿海经济比较发达地区的农村工业企业，要积极推行清洁生产；中西部经济欠发达地区的农村工业企业，要合理开发和利用自然资源，严禁引进和新建污染严重的生产项目。

（3）治理土壤污染与农村面源污染。在全国土壤污染状况调查的基础上，针对不同土壤污染类型选取有代表性的区域开展土壤污染治理与修复示范工作。严格控制农田污灌与底泥施用，大力发展有机食品生产，指导农民合理使用农药、化肥、农膜等农用化学品，积极发展生态农业。

（4）保障农村饮用水环境安全。建设并完善水源地环境保护工程建筑物，合理布置取水点位置，划定水源保护区，加强水源水质监测，开展农村饮用水源水质调查与评估。

（5）防治规模化畜禽养殖污染。采取生产沼气、建设有机肥生产厂、土地利用、工艺处理等模式，提高畜禽养殖废弃物资源化利用水平与污染物达标排放率。使用安全、高效的环保生态型饲料和先进的清粪工艺、饲养管理技术，实现污染"源头控制"。

（五）建设任务

《行动计划》还明确提出了2010年以前将要完成的多项具体任务目标。

1. 农村环境污染治理基础设施建设

（1）农村生活垃圾收运处理系统示范建设。到 2010 年，在 1 万个行政村建设垃圾收集—转运设施，建设 200 个（10 吨/日处理规模）卫生/无害化填埋场。

（2）生活污水处理设施示范建设。到 2010 年，完成 1 万个行政村污水处理设施示范建设。优先在我国农村水环境污染较严重的地区及水污染治理重点流域，建设农村生活污水处理示范工程，根据各地区的实际情况，选择化粪池、污水净化池、人工湿地、地埋式污水处理等技术模式，建设污水处理设施，发挥辐射、带动周边地区的示范作用。

2. 工业企业污染防治示范建设

到 2010 年，完成 500 个工业企业污染防治示范工程建设，其中东、中、西部分别完成 250 个、150 个、100 个示范工程。

3. 土壤污染综合治理与修复示范建设

到 2010 年，建设 10 处土壤污染防治与修复示范工程，其中东、中、西部分别完成 5 处、4 处、1 处示范工程建设。

4. 有机食品生产基地建设

到 2010 年，建设 300 个有机食品生产基地，其中东、中、西部分别完成 60 个、90 个、150 个示范工程建设。

5. 农村饮用水源地保护示范建设

到 2010 年，完成 600 处农村饮用水源地环境保护示范工程建设，其中东、中、西部分别完成 150 处、200 处、250 处示范工程建设。

6. 规模化畜禽养殖污染防治示范建设

到 2010 年，完成 500 个规模化畜禽养殖污染防治示范工程建设，其中东、中、西部分别完成 200 个、180 个、120 个示范工程建设。

7. 创建环境优美乡镇、生态村

到 2010 年，创建 2 000 个环境优美乡镇，其中东、中、西部分别创建 1 000 个、600 个、400 个；创建 1 万个生态村，其中东、中、西部分别创建 5 000 个、3 000 个、2 000 个。

8. 农村环境保护能力建设

到 2010 年，完善 200 个县的环境监测、监管和宣教基本设施建设，其中东、中、西部分别完成 40 个、60 个、100 个。

（六）保障措施

为保障《行动计划》顺利开展，国家环境保护总局成立了《行动计划》实施领导小组。由国家环境保护总局任组长单位，成员单位由相关部门组成；领导小组下设办公室及联络员，联络员由各部委选派人员组成。各省、市、县也要成立相应组织领导、协调机构。根据《行动计划》各项重点任务投资需求，"十一五"期间，实施八大重点任务共投资约50.8亿元。以中央财政投入为主，地方配套，村民自愿，鼓励社会各方参与。地方各级人民政府要把"行动计划"列入"十一五"规划和年度计划，每年安排一定数量的专项资金。

七、《关于加强农村环境保护工作的意见》

党中央、国务院高度重视农村环境保护工作，经过多年的努力，农村环境污染防治和生态保护取得了积极进展。但是，我国农村环境形势十分严峻，点源污染与面源污染共存，生活污染和工业污染叠加，各种新旧污染相互交织，工业及城市污染向农村转移，危害群众健康，制约经济发展，影响社会稳定，已成为我国农村经济社会可持续发展的制约因素。造成我国农村环境问题的主要原因，一是农村环保法律、法规和制度不完善；二是农村环保资金投入严重不足；三是农村环保基础设施建设严重滞后；四是农村环保监管能力薄弱。

我国农村环境的现状与改善农民健康状况、提高农民生活质量的迫切要求不相适应；与转变农业生产方式、提高食品安全水平的迫切要求不相适应；与激发农村活力、促进农村经济发展的迫切要求不相适应；与建设农村新环境、构建社会主义和谐社会的迫切要求不相适应。加强农村环境保护是落实科学发展观、构建和谐社会的必然要求；是适应农村经济社会发展、建设社会主义新农村的重大任务；是建设资源节约型、环境友好型社会的重要内容；是加快实现环境保护历史性转变的客观需要。为此国家环境保护总局于2007年6月5日做出《关于加强农村环境保护工作的意见》（以下简称《意见》）。

（一）指导思想

以科学发展观为指导，按照建设资源节约型和环境友好型社会的要求，坚持以人为本、城乡统筹，以农村环境保护优化经济增长，把农村环境保护与产业结构调整、节能减排结合起来，禁止工业和城市污染向农村转移，全面实施农村小康环保行动计划，着力推进环境友好型的农村生产生活方式，促进社会主义新农村建设，为构建社会主义和谐社会提供环境安全保障。

（二）基本原则

（1）全面推进，突出重点；
（2）因地制宜，分类指导；

(3) 依靠科技，创新机制；

(4) 政府主导，公众参与。

(三) 主要目标

(1) 到 2010 年，农村环境污染加剧的趋势有所控制，农村饮用水源地环境质量有所改善，农村地区工业污染和生活污染防治取得初步成效，规模化畜禽养殖污染得到一定控制，农业面源污染防治力度加大，有机食品、绿色食品占农产品的比重不断提高，生态示范创建活动深入开展，农村环境监管能力得到加强，公众环保意识提高，农民生活与生产环境有所改善。

(2) 到 2020 年，农村环境质量和生态状况明显改善。

(四) 着力解决突出的农村环境问题

(1) 切实保护好农村饮用水源地；

(2) 加大农村生活污染治理力度；

(3) 严格控制农村地区工业污染；

(4) 加强畜禽水产养殖污染防治；

(5) 控制农业面源污染；

(6) 积极防治农村土壤污染；

(7) 加强农村自然生态保护；

(8) 加强农村环境监测和监管。

(五) 强化农村环境保护工作措施

(1) 加强农村环境保护立法；

(2) 建立农村环境保护责任制；

(3) 加大农村环境保护投入；

(4) 增强科技支撑作用；

(5) 深化试点示范工作；

(6) 加强组织领导和队伍建设；

(7) 加大宣传教育力度。

八、《国家环境与健康行动计划 (2007～2015 年)》

为推动环境与健康工作科学开展，保障国家"十一五"规划纲要目标的顺利实现，促进经济社会可持续发展，卫生部、国家环保总局、国家发改委、教育部、科技部、财政部、国土资源部、建设部、交通部、水利部、农业部、商务部、广电总局、统计局、安全监管总局、国务院法制办、气象局、中医药局 18 个部门联合制定了《国家环境与健康行动计划 (2007～2015 年)》(以下简称《行动计划》)。

《行动计划》指出，党中央、国务院一贯重视环境与健康问题，新中国成立伊始即确立了"预防为主"的卫生工作方针，开展轰轰烈烈的爱国卫生运动，大力整治环境卫生，为预防传染病发生和流行、保护人民身体健康、保证国家建设和经济发展顺利进行发挥了积极而不可替代的作用；20世纪80年代初以来，我国政府一直将"环境保护"作为一项基本国策，合理开发利用自然资源，努力控制环境污染和生态破坏，防止环境质量恶化，保障经济社会持续发展。多年来，我国不断加强环境与健康管理和研究，环境保护和健康保护工作取得较大成绩，为维护经济建设和社会发展做出了积极贡献。

但是，相对于经济社会发展的形势需要，我国环境与健康工作仍显薄弱，能力和水平存在较大差距。特别是改革开放以来，我国经济迅猛发展，物质文化极大丰富，人民群众对生活环境和健康安全的期望不断提高，而环境污染带来的环境质量下降、生态平衡破坏以及公众健康危害，越来越成为制约经济持续增长和影响社会和谐发展的关键因素，切实加强环境与健康工作，努力解决发展、环境、健康之间的突出矛盾，已经成为当前迫切需要解决的重大问题。

近年来，世界卫生组织、联合国环境规划署及其合作伙伴与成员国密切合作，努力推进环境与健康战略和政策的制定，提出了加强环境与健康工作的一系列建议，强调建立环境与健康部门间制度性长效合作机制，制订国家环境与健康行动计划，促进环境与健康工作积极发展。

为了有力推进我国环境与健康工作，积极响应国际社会倡议，针对我国环境与健康领域存在的突出问题，借鉴国外相关经验，18个部门特制定《行动计划》。《行动计划》作为中国环境与健康领域的第一个纲领性文件，对指导国家环境与健康工作科学开展，促进经济社会可持续健康发展具有重要意义。

（一）指导思想与基本原则

1. 指导思想

贯彻以人为本和全面、协调、可持续的科学发展观，按照构建社会主义和谐社会基本要求，加强环境与健康的管理和研究，解决与人民群众利益密切相关的突出问题，减少环境污染及其健康危害风险，提高处置与服务的能力和水平，保护人民群众身体健康和生命安全，促进发展、环境、健康的和谐统一，为经济社会可持续发展提供有力保障。

2. 基本原则

基本原则即政府主导，社会参与；部门合作，统筹安排；预防优先，强化监测；落实措施，科学实施。

（二）目标

1. 总体目标

完善环境与健康工作的法律、管理和科技支撑，控制有害环境因素对健康的影响，减少环境相关性疾病发生，维护公众健康，促进国家"十一五"规划纲要中提出的约束性指标和联合国千年发展目标的实现，保障经济社会持续协调发展。

2. 阶段目标

2007~2010年：全面建立环境与健康工作协作机制，制定促进环境与健康工作协调开展的相关制度和环境污染健康危害风险评估制度；完成对现有环境与健康相关法律、法规及标准的综合评估，提出法律、法规及标准体系建设的需求；完成国家环境与健康现状调查及对环境与健康监测网络实施方案的研究论证；加强环境污染与健康安全评估科学研究。

2010~2015年：开展环境与健康相关法律、法规的研究、制定和修订工作，完善环境与健康标准体系；充实环境与健康管理队伍和实验室技术能力，基本建成环境与健康监测网络和信息共享系统，有效实现环境因素与健康影响监测的整合以及监测信息共享；完善环境与健康风险评估和风险预测、预警工作，实现环境污染突发公共事件的多部门协同应急处置；基本实现社会各方面参与环境与健康工作的良好局面。

（三）行动策略

1. 建立健全环境与健康法律、法规标准体系

《行动计划》指出，要贯彻以人为本的执政理念，从保护公众健康权益和提高人民生活质量出发，指导环境与健康工作，建立健全法律、法规、标准体系，为加强政府监管、规范社会行为、支持百姓维权提供坚实的法律依据。

完善环境与健康法律、法规：综合评估现有法律、法规的实施效能，针对当前工作中存在的突出矛盾，提出完善环境与健康相关法律、法规的总体方案。开展环境污染损害赔偿法律制度研究工作，进一步强化环境污染的法律责任，完善环境污染损害赔偿的法律依据，研究制定环境污染损害程度鉴定、赔偿程序和范围等具体赔偿办法及对污染者的法律援助办法。完善环境影响评价法律、法规建设，将环境对健康的影响作为环境影响评价的必要内容，加强对健康危害的预防与控制。着手饮用水卫生安全法规的研究起草工作，切实保障饮用水安全。制定发布环境污染健康影响评价、室内空气卫生管理、突发环境污染公共事件应急处置等规章，推动和规范相关工作的

开展。

完善环境与健康相关标准：根据环境与健康工作需要，结合我国具体国情，统筹协调标准制定、修订工作，完善标准体系，抓紧制定环境与健康重点领域亟须的基础标准，尽快解决现行标准的衔接问题，保证环境与健康工作顺利开展。亟须制定以下方面的标准：

（1）环境污染健康损害评价与判定；
（2）环境污染健康影响监测；
（3）环境健康影响评价与风险评估；
（4）饮用水、室内空气及电磁辐射等卫生学评价；
（5）土壤生物性污染；
（6）环境污染物与健康影响指标检测；
（7）突发环境污染公共事件应急处置。

2. 形成环境与健康监测网络

开展实时、系统的环境污染及其健康危害监测，及时有效地分析环境因素导致的健康影响和危害结果，掌握环境污染与健康影响发展趋势，为国家制定有效的干预对策和措施提供科学依据。

根据我国环境与健康工作实际需要，制定统一的国家监测方案和监测规范，在充分利用现有各部门相关监测网络、监测工作和监测力量的基础上，进一步加强监测设备和人员队伍建设，不断充实和优化监测内容，逐步建立和完善包括环境质量监测与健康影响监测的国家环境与健康监测网络。相关部门依据法律、法规的规定，在各自的职责范围内开展有关环境与健康的监测和研究，获取丰富的基础数据和成果，系统地掌握我国主要环境污染物水平和人群健康影响状况与发展变化趋势，为科学指导环境保护和健康保护工作提供有力的技术支持。

（1）建立饮水安全与健康监测网络；
（2）建立空气污染与健康监测网络；
（3）建立土壤环境与健康监测网络；
（4）建立极端天气气候事件与健康监测网络；
（5）建立公共场所卫生和特定场所生物安全监测网络。

3. 加强环境与健康风险预警和突发事件应急处置工作

有效实施风险评估、风险预警和突发事件应急处置，提高风险预测和突发事件应急处置能力，避免或降低严重的环境与健康危害。

（1）开展环境与健康风险评估工作；
（2）加强环境与健康风险预警工作；

(3) 加强环境与健康突发事件应急处置能力建设。

4. 建立国家环境与健康信息共享的服务系统

信息是环境与健康工作的重要基础，充分发挥信息效能，为决策、管理、研究等提供有力支持，需要有良好的信息共享和信息管理保障。

(1) 建立信息共享服务系统；

(2) 建立环境与健康监测数据库；

(3) 健全信息共享机制与信息发布制度。

5. 完善环境与健康技术支撑建设

掌握国家环境与健康状况，根据面临的形势开展重点领域的研究，加强科技创新和成果转化，为环境与健康工作的开展提供有力的技术支持。

(1) 开展环境与健康影响现状调查；

(2) 气候变化对人体健康影响研究；

(3) 环境与健康基础性研究和中医药对环境污染健康危害的干预研究；

(4) 环境污染健康危害评价技术研究；

(5) 环境污染疾病负担评估体系研究和环境与健康资金需求分析；

(6) 加强技术能力和专业队伍建设。

6. 加强环境与健康宣传和交流

开展公众宣传和广泛交流，增强社会对环境与健康工作的普遍认知，争取各方面的有力支持，保证环境与健康政策措施有效实施。

(1) 加强社会宣传和教育工作；

(2) 积极开展国内和国际交流。

(四) 保障机制

环境与健康工作是一项系统工程，需要多部门广泛参与、多学科积极支持、多方面协调配合，在立法、制定政策和执行层面采取切实有效的措施，提高环境保护和健康保护两方面成效。

1. 将环境与健康列入政府优先工作领域

处理好环境与健康问题是顺利实施国家可持续发展战略的基本要求，关系到我国小康社会目标的成功实现和最广大人民群众的根本利益。各地区、各部门应当进一步提高认识，加强领导，将环境与健康工作纳入重要议事日程，列入经济社会发展规划，确定环境与健康工作的优先地位，加大环境与健康相关法律、法规的执行力度，根据环境与健康工作需要，健全监督管理队伍，落实行政管理职责。各级政府要对环境与健康工作给予支持，并不断拓展筹资渠道，逐步形成政府、社会团体及企业、个人等多方面共同支持环境与健康事业的局面。有关部门应当加强对环境与健康工作的组织，认真落实工作任务、目标和要求，施行政务公示，强化责任考核，接受社会监督，保障环境与健康工作的顺利、有效开展。

2. 设立国家环境与健康组织机构

成立由卫生部、国家环保总局为牵头部门，国家发改委、教育部、科技部、财政部、国土资源部、建设部、交通部、水利部、农业部、商务部、广电总局、统计局、安全监管总局、国务院法制办、气象局、中医药局等部门参加的国家环境与健康工作领导小组，研究制定国家环境与健康宏观管理政策，指导环境与健康工作科学发展；成立由卫生部、国家环保总局联合组成的国家环境与健康工作领导小组秘书机构，承担相关工作的运转和协调；建立国家环境与健康专家咨询委员会，为国家环境与健康工作提供咨询建议和技术支持。

3. 建立环境与健康工作协调机制

建立国家环境与健康工作领导小组例会制度、国家环境与健康工作秘书机构工作制度、部门间协调地方工作制度以及考核与责任追究制度，保证国家环境与健康工作全面有效落实。建立部门间环境与健康工作协调机制，根据各自职能及工作基础，明确工作分工，科学制订工作计划，充分发挥部门专长和资源效能。

九、《"十一五"全国环境保护法规建设规划》

党的十六大提出了到2010年形成中国特色社会主义法律体系的任务。党和国家高度重视立法规划工作，中共中央转发《中共全国人大常委会党组关于〈十届全国人大常委会立法规划〉的请示》的通知指出，实现立法规划，将为到2010年形成中国特色社会主义法律体系奠定坚实的基础。这对于进一步健全社会主义法制，促进和保障社会主义物质文明、精神文明协调发展，具有重要意义。国家环境保护总局据此于2005年10月27日制定并发布了《"十一五"全国环境保护法规建设规划》（以下简称《建设规划》）。

2005年3月12日，胡锦涛在中央人口资源环境工作座谈会上指出，要"坚持依法办事，把人口资源环境工作纳入法制轨道"，对环保法制工作提出了更高的要求和明确的目标。今后的5年是落实这一目标的关键时期。环保法规建设规划是环保法制建设的重要基础性工作，是落实国家立法规划的重要组成部分。

《建设规划》根据《中共中央关于"十一五"国民经济和社会发展规划的建议》和《国务院关于落实科学发展观加强环境保护的决定》的要求，

结合依法强化环境保护工作、落实科学发展观、构建社会主义和谐社会、促进人与自然和谐的需要，提出今后5年（2006~2010年）全国环境法规建设的目标和任务，把我国的环境法规建设提高到一个新的水平，为完成国家环境保护任务、促进经济社会全面协调可持续发展提供有力的保障。

（一）环境法规建设取得重大成就

《建设规划》指出，"十五"期间，全国环境保护事业取得积极进展，环境法规建设也取得重大成就。国家先后制定或修订了一批环境保护的法律、行政法规、规章和标准，批准了一批国际环境条约。地方也出台了一系列地方性环境法规、规章和标准，我国环境法律体系更趋完善。

1. 环境法律

全国人大常委会制定了3部环境法律，即《中华人民共和国环境影响评价法》《中华人民共和国清洁生产促进法》《中华人民共和国放射性污染防治法》；修订了2部环境法律，即《中华人民共和国大气污染防治法》《中华人民共和国固体废物污染环境防治法》。此外，还制定或修订了与环境保护密切相关的重要法律，如《中华人民共和国渔业法》《中华人民共和国水法》等近20部。

2. 环境行政法规

国务院制定了《农业转基因生物安全管理条例》《退耕还林条例》等行政法规。

3. 环保部门规章

国家环境保护总局发布了《建设项目环境影响评价行为准则与廉政规定》等18部重要环境保护部门规章和规范性文件，并与有关部门联合发布了清洁生产审核办法、电子信息产品污染控制管理办法等规章。

4. 国际环境条约

我国先后参与制定并批准了《巴塞尔公约修正案》《京都议定书》等多边环境公约，同时还签署了若干新的双边环境协定。

5. 地方环境立法

地方环境立法不仅数量多，而且质量不断提高。在立法质量方面，各地更加突出地方特色，更加注重针对性和可操作性（如北京市重点针对大气污染防治、黑龙江省突出居民生活环境的保护），先后制定了一大批具有鲜明地方特色的地方环境法规和规章。福建、广东等地还针对环境执法工作的要求，创设了查封、暂扣违法物品等行政强制手段，具有较强的可操作性。地方环境立法不仅补充了国家环境立法的不足，适应地方环保工作的实际需要，而且还有力地支持了国家的有关环境立法工作，同时为其他地方的环境立法提供了有益借鉴。

截至 2005 年 10 月，我国已经制定环境保护法 9 部、自然资源法 15 部；修订后的《中华人民共和国刑法》专门规定了破坏环境资源保护罪，为打击环境犯罪提供了有力的法律武器；制定颁布了环境保护行政法规 50 余项；环境保护部门规章和规范性文件近 200 件；军队环保法规和规章 10 余件；国家环境标准 500 多项；批准和签署多边国际环境条约 51 项。各地方人大和政府制定的地方性环境法规和地方政府规章共 1 600 余件。

（二）环境法规建设存在的问题

《建设规划》指出，虽然"十五"期间环境法规建设取得重大成就，但还不能完全适应新时期环境保护工作的需要，突出表现在：

（1）立法空白仍然存在，如有关化学品环境管理、土壤污染防治、核安全管理、生态保护、生物安全等方面的法律尚未制定；

（2）配套立法进展缓慢，如限期治理、总量控制、排污许可、机动车尾气排放等方面的法规迟迟难以出台。

（三）《建设规划》的主要内容

1. 规划的目标

根据我国环境立法的现状和环境保护的实际需要，到 2010 年我国环境立法发展必须实现"一个目标"，把握"两个重点"：

"一个目标"是指坚持现有环境法律体系，通过立足我国具体国情与借鉴国外成功经验相结合，通过制定新法和修订现有法律的结合，到 2010 年初步建立促进资源节约型、环境友好型社会和保障可持续发展的环境法律体系。

"两个重点"是指在不断完善我国环境法律体系的过程中，在法规体系建设和立法内容两个方面，要始终把握重点：

（1）在法规体系建设方面，要突出重点：通过修改《中华人民共和国环境保护法》，制定国家环境保护的基本法——《国家环境政策法》，构建生态保护、核安全法律框架，完善污染防治法律、法规。

（2）在立法的内容方面，要力争重点突破：坚持以人为本，尊重公民的环境权益，畅通公众参与渠道，建立信息公开制度；通过环境税费改革，企业环保成本内部化，加大处罚力度，强化执法手段，明确民事责任，解决"违法成本低、守法成本高、执法成本更高"的问题；强化政府环境责任，建立党政领导干部环保政绩考核评价体系；规范行政管理行为，建立环境保护行政问责制度等。

2. 主要任务

(1) 制定环境保护基本法律——《国家环境政策法》。《建设规划》指出，在各单项环境法律逐步到位的基础上，制定一部更高阶位的基本法律——《国家环境政策法》，宣示国家环境政策既是落实科学发展观和环境保护基本国策、确保实现全面建设小康社会环境目标的需要，也是我国环境法律体系进一步发展的内在要求。实现全面建设小康社会的目标，推动整个社会走上生产发展、生活富裕、生态良好的文明发展道路；落实科学发展观，建立促进可持续发展的机制；构建和谐社会，促进人与自然性、长远性、普遍性、根本性，应由全国人民代表大会通过国家基本法律予以调整和规范。

我国环境法律体系的立法模式，主要是通过制定各单项法律，以单个环境要素为其调整对象。随着各单项法律的先后制定和相继修订，在各单项法律之间导致彼此不协调，特别是与之相伴的某些主要管理制度和措施的规定，在不同的单项法律之间存在不协调，需要通过环境基本法进行有效整合。作为国家基本法律，《国家环境政策法》应当规定以下基本事项：国家环境保护的目标、原则和基本政策，环境保护的基本制度和体制，环境保护事务与其他经济社会发展事务的协调机制，政府、企业和公众等不同主体的基本环境权利和义务，特别是各级政府的环境责任以及相应的监督考核机制，环境管理的基本权能和执法手段，基本法与其他环境保护单项法律的关系以及其他基本事项。

环境保护基本法律的出现，表明环境保护立法经历了从单项立法到综合立法的发展过程。它要求国家从对单个环境要素的法律保护，发展到将环境作为一个整体加以保护。这是法律体系发展的基本规律和趋势。中国环境立法在1979年起步之初，就有制定环境保护基本法律的设想。30年来的环境立法实践，为环境保护基本法律的制定奠定了基础。目前，按照《环境保护法（试行）》制定之初的设想，修改《环境保护法》，并将其上升为国家基本法律并由全国人民代表大会审议通过的时机已经成熟，应当努力推进。

(2) 填补环境保护法规空白，完善法规体系。完善环境保护法律、法规体系，填补环境保护领域法律空缺，主要体现在以下几个方面：一是为建设资源节约型、环境友好型社会，需要制定相关的法律、法规，如《循环经济促进法》；二是为填补生态保护的法律空白，需要制定《自然保护区法》《中华人民共和国生物安全法》《中华人民共和国土壤污染防治法》《中华人民共和国遗传资源保护法》《中华人民共和国生态保护法》等法律，《西部开发生态保护监督条例》《农村环境保护条例》《畜禽养殖污染防治条例》《生物物种资源保护条例》《生态功能保护区建设与管理条例》等行政法规，《生态示范管理办法》《有机产品管理办法》《生态功能区划管理办法》《国家级自然保护区监督检查办法》《环保用微生物环境安全管理办法》《转基因生物环境安全管理办法》等部门规章;三是为完善核安全领域的法律空白,需要制定《核安全法》《民用核设备安全监督管理条例》《放射性物质运输安全管理条例》等法律、行政法规和部门规章;四是为填补污染控制领域中某些方面的空白,需要制定相关的法律、法规,如《有毒有害化学物质控制法》等;五是为进一步明晰环境侵权的民事责任,需要制定相关的法律、法规,如《环境污染损害赔偿法》《环境污染损害评估办法》《跨界环境污染损害赔付补偿办法》等;六是为完善环境管理制度,规范执法行为,需要制定相关的法律、法规,如《环境监测管理条例》《环境监察工作条例》《环境行政违法行为行政处分办法》等。

(3) 制定配套法规,增强可操作性。一是法律、法规有明确立法授权的,抓紧完成授权立法,如《排污许可证管理条例》《饮用水水源保护区污染防治条例》《环境污染限期治理管理条例》《利用危险废物经营许可证管理规定》等。二是需要在上位法规定的行政处罚的行为、种类和幅度范围内做细化规定的,如为了明确《环境噪声污染防治法》中"给予罚款"的具体数额和幅度,需要制定《环境噪声污染防治行政处罚办法》。三是对上位法的原则性规定,制定实施性的法规,规定具体制度和措施,如根据《固体废物污染环境防治法》有关废弃产品的生产者延伸责任的规定,需要制定《特种产品和包装物回收利用处置系列规定》;根据《环境影响评价法》有关环境影响后评估制度的规定,需要制定《建设项目环境影响后评价管理办法》。四是需要对法律制定实施细则或者单项法规的,如《防治机动车排放污染管理条例》《社会生活噪声污染防治条例》《建筑施工噪声污染防治条例》。

(4) 根据环境保护的客观要求,适时修订法律、法规。抓紧完成《中华人民共和国水污染防治法》《中华人民共和国大气污染防治法》的修改,启动《中华人民共和国环境影响评价法》《中华人民共和国环境噪声污染防治法》《建设项目环境保护管理条例》等法律、法规的修订。

(5) 为履行国际环境条约需要配套制定的法律、法规。主要包括《固体废物进口管理办法》《消耗臭氧层物质管理条例》《外来入侵物种环境安全管理办法》《生物遗传资源与传统知识获取与惠益分享管理条例》以及《危险化学品进出口环境管理办法》等。

(6) 将环境保护工作行之有效的管理模式规范化、制度化、法制化。主要包括《公众参与环境保护管理办法》《环境友好企业评定办法》《环保模范城市考核办法》《企业环境信息公开管理办法》《生态示范管理办法》等。

(7) 积极支持、指导和推动地方环境立法。如《中华人民共和国水污染防治法》第五十九条和《固体废物污染环境防治法》第四十九条，分别授权地方制定关于个体工商户水污染防治的办法和关于农村生活垃圾管理的办法。国家环境保护总局应当积极支持、指导和推动地方制定相关的地方环境法规或者规章。

(8) 参与相关立法，更加重视全国人大、国务院和国务院有关部门与环境保护密切相关的立法活动全国人大、国务院和国务院有关部门许多立法草案，其内容与环境保护密切相关。按照国家立法程序规定，国家环境保护总局有权通过对相关立法草案提出意见等方式，参与相关立法活动。这种参与立法活动也是环境保护立法的重要组成部分。今后对这种参与立法的活动应当更加重视，如《海洋工程建设项目环境管理条例》《民用机场环境保护管理办法》《取水许可证管理办法》等。

3. 保障措施

(1) 加大立法经费投入，保障立法工作进度和质量；

(2) 重视立法前期基础性研究工作，为立法工作提供坚实的科研和技术支撑；

(3) 畅通公众参与渠道，完善立法听证机制，建立环保立法的专家库；

(4) 充分利用不同立法形式，综合采取多种立法方法，分层次推进环保立法工作。

十、《国家环境保护"十一五"科技发展规划》

为全面落实《中共中央国务院关于实施科技规划纲要增强自主创新能力的决定》和《国务院关于落实科学发展观加强环境保护的决定》，贯彻落实全国科技大会和第六次全国环保大会精神，提升环保科技创新能力，国家环境保护总局编制了《国家环境保护"十一五"科技发展规划》（以下简称《科技发展规划》），并于2006年6月22日颁布。

《科技发展规划》指出，未来5~15年，甚至更长时间内，伴随我国经济社会的高速发展，资源环境的瓶颈制约与胁迫影响将日益严峻。面对这一重大挑战，必须以科学发展观为指导，在全面落实《国务院关于落实科学发展观加强环境保护的决定》和《国家中长期科学和技术发展规划纲要(2006~2020年)》的基础上，明确未来环境科技发展的总体战略，从前瞻性、战略性、全局性高度对环境科技的发展认真分析、提前部署和科学规划，使环境科技适应全面建设小康社会和走新型工业化道路的发展要求，为我国未来经济社会发展提供更大的空间。

"十一五"是全面建设小康社会承前启后的关键时期,构建发展与环境的新型关系,是我国国民经济和社会发展第十一个5年规划纲要确定的重要目标。第六次全国环境保护大会的召开,预示着全国环保工作已进入了以保护环境优化经济增长的新阶段,按照第六次全国环保大会的部署和要求全面实现三个转变,是"十一五"环境科技发展的首要任务。

(一)"十一五"环境形势与科技需求

1. 环境形势与特点

《科技发展规划》指出,与20世纪80年代相比,我国生态与环境问题无论在类型、规模、结构、性质以及影响程度上都发生了深刻变化,主要表现在:

(1) 环境与资源约束瓶颈加大,环境污染呈加剧蔓延趋势;
(2) 新污染物质和持久性有机污染物的危害逐步显现;
(3) 生态与环境问题变得更加复杂、风险更加巨大;
(4) 环境问题成为新的外交热点。

2. 环境科技的发展趋势

进入新世纪以来,国际国内环境科技的发展呈现以下特点:

(1) 研究手段更加先进;
(2) 研发与应用结合更加紧密;
(3) 研究视野更加开阔;
(4) 国际合作主题更加突出。

3. "十五"环境科技发展取得的成就

"十五"以来,国家在重大环境科学研究领域组织实施了一批重要项目,取得了一定成绩,主要体现在:

(1) 持续支持基础研究,科学揭示关键环境问题;
(2) 重视重要技术研发,充分鼓励集成创新与应用示范;
(3) 关注环境热点,为国家环境管理提供决策支持。

4. 问题与需求

(1) 存在问题。《科技发展规划》指出,当前,我国的环境保护面临着三大矛盾,即环境问题日益严重与增长方式转变缓慢的矛盾突出,协调经济与环境关系的难度越来越大;人民群众改善环境的迫切性与环境治理长期性的矛盾突出,环境问题成为引发社会矛盾的"焦点"问题;污染形势日益严峻与国际环保要求越来越高的矛盾突出。

"十五"环境科技虽然取得了一定成绩,但面对世界环境科学技术的快速发展，面对我国环境保护存在的矛盾，环境科技在遏制生态环境恶化的趋势、缓解资源环境对发展的瓶颈制约、促进全面协调可持续发展方面，还存在较大差距，主要表现为：①环境科技与国家环境保护需求脱节，环境科技支持方向与国家环境保护内在需求联系不紧密，缺乏应对科学发展观和全面建设小康社会目标提出的新需求、新挑战、新战略的研究支持能力，环境综合决策的科技支撑能力薄弱，环境科技体系尚不健全，对国家重点环保计划的支持能力弱；②研究计划与应用结合不紧密，国家科技计划安排中，忽视对部门应用科技的有效支持，忽视发挥部门的优化组合与引领作用，导致解决国家重大环境问题的有效技术和手段明显不足；③科技投入严重不足，没有形成稳定的环境科技投入机制，科研基础条件落后；④环境科技队伍力量较弱，科技人才不足的问题依然突出，科技创新的体制、机制有待进一步健全；⑤缺乏大跨度的学科交叉综合研究和环境科技信息化共享平台，众多环境科技成果难以直接转化为环境效益，环境科技在保护环境、改善环境质量方面的贡献并不十分显著。

(2) 科技需求。《科技发展规划》指出，在"十一五"期间，环境科技必须真正体现以环境优化经济增长的新思路、新要求；必须为实现"十一五"国家环境保护目标提供最直接的科技支撑；必须在全面推进、重点突破基础上，为切实解决突出的环境问题提供最有效的科技服务。"十一五"期间，环境科技需求的重点：①全面建设小康社会环境质量保障体系科技需求；②城市化快速发展进程中面临的突出环境问题及科技需求；③新型工业化和生态产业发展科技需求；④农业现代化进程中的环境问题与环境科技；⑤生态保育、修复与重建科技需求；⑥核与辐射安全科技需求；⑦循环经济发展的关键科技问题；⑧重大流域水污染和区域大气污染控制科技需求；⑨全球化的环境影响和国际环境履约科技需求；⑩环境综合管理的科技发展需求。

(二) 指导思想、规划原则和规划目标

1. 指导思想

以邓小平理论和"三个代表"重要思想为指导，按照全面落实科学发展观、构建社会主义和谐社会的要求，以解决我国未来5年乃至更长时间发展过程中的重大环境问题、为环境管理提供科技支撑为出发点，以区域、流域的污染综合防治及保障生态环境系统与人体健康为重点，开展基础性、前瞻性和应用基础性研究，努力建设以改善环境质量为主要特征的、能主动引导社会经济发展的、具有中国环境科技特色的环境科技创新体系，为实现资源节约型和环境友好型社会提供环境科技保障，为实现国家"十一五"环境目标提供科学依据和技术支撑。

2. 规划原则

（1）坚持以人为本、和谐发展的原则；

（2）坚持立足全局、统筹兼顾的原则；

（3）坚持基础研究、综合集成与推广应用相结合的原则；

（4）坚持有所为、有所不为的原则；

（5）坚持调动各方面积极性的原则。

3. 规划目标

（1）总目标。到 2010 年，基本阐明我国区域性、流域性重大环境问题形成的机理和机制，以解决关键技术为核心，适当开展储备技术研究，实现我国重要区域（流域）环境污染综合防治关键技术的突破和创新；按照系统、完备、实用、高效、应急的原则，研究建立先进的国家环境监测预警体系、国家环境监管体系和核与辐射环境安全管理体系；进一步研究完善国家宏观环境管理决策的政策法规和标准体系；基本形成应对全球变化与履行国际环境公约的科技支撑；建设环境保护国家重点实验室和国家实验室；基本完成环境科技体制改革，形成高素质的国家环境科技管理、研究、成果推广队伍，力争为"十一五"环境保护目标的全面实现提供完整的环境科技支撑。

（2）具体目标。①以城市集中饮用水水源和农村饮用水安全保障为重点，完善国家水环境保护战略、政策与标准，研发一批科技含量高、应用前景广、具有核心竞争力的流域水污染控制与修复关键技术。②以区域大气污染物总量控制为基础，研究重点地区和城市大气污染与成因，提出我国重点地区和城市大气污染控制技术与对策，研发大气细粒子及"三致"污染物源解析与大气污染物排放控制技术，建立区域大气环境质量综合调控方法，确保重点地区和城市大气环境质量的改善。③在查明我国土壤污染现状的基础上，以土壤多介质污染防治为重点，建立控制及修复受污染土壤的技术体系；支持农村环境综合整治技术的开发、应用和推广，提高农村环境管理和污染防治科技能力，改善村镇环境质量。④完善污染物总量控制理论与方法，提高环境监测信息综合分析能力，建立以提高资源利用效率、降低能耗为中心、以绿色设计为引导的循环经济和清洁生产技术体系，确保主要污染物的排放总量得到有效控制，重点行业污染物排放强度明显降低。⑤在查明我国污染物排放现状的基础上，建立污染物排放清单和环境统计、分析与公布的技术体系，为准确判断环境形势，制定科学的环境保护政策服务。⑥研究建立预防和降低环境灾害的预警应急技术体系，构建以环境安全监控、环境风险预警、环境应急处置、环境基准标准为核心的环境监管技术支撑体系，确保核与辐射环境安全。⑦制定并完善水、大气、土壤有毒有害和难降解污染物优先控制名录，研究典型有毒有害和难降解污染物迁移转化规律、生物降解性能和处理处置技术，研究我国环境与人体健康的标准、基准，探索污染与健康的诊断、预警和防治方法。⑧研究保护重要生态功能区生态功能、遏制区域生态恶化趋势的科学和技术问题，开展草原退化、水土流失、矿区生态环境状况评价方法和理论研究；完善环境标识、环境认证和政府绿色采购制度，研究制定发展循环经济和建设生态补偿机制的政策、标准和评价体系。⑨提出符合我国国情的全球变化的适应和减缓对策，研究全球变化的区域响应；履行气候变化国际公约的科技支撑、生态系统与生物多样性国际公约的科技支撑、环境污染与越境转移国际公约的科技支撑，不断完善具有中国特色的环境履约支撑体系。⑩建设一支与我国环境科技发展需求相适应的规模适中、结构合理、素质优良的环境科技人才队伍，整体改善环境科技仪器装备，使国家环境科研装备、实验条件、人才队伍适应环境科技与环境管理的发展要求。

（三）重点发展领域与优先主题

（1）水污染防治；

（2）大气污染防治；

（3）土壤污染防治与农村环境综合整治；

（4）固体废物与化学品污染防治；

（5）生态保护与生态建设；

（6）核与辐射安全；

（7）环境综合管理关键科学技术支撑；

（8）基于循环经济的污染防治技术；

（9）环境与健康；

（10）区域与全球环境问题。

（四）加强环境科技基础能力建设

（1）提高环境科技实验研究能力；

（2）提高环境基础观测能力；

（3）建立完善环保科普基地；

（4）建设国家环境科技资源信息共享平台。

（五）保障措施

（1）加强环境科技管理；

（2）优先主题的分解落实；

(3) 以体制创新和机制转变推进规划的实施；
(4) 建立多元化科技投入机制；
(5) 促进科技示范和成果推广化；
(6) 加强环境科技普及与教育。

十一、《节能减排综合性工作方案》

为加强节能减排工作，保证"十一五"减排指标的实现，国务院于2007年6月3日批准了国家发改委会同有关部门制定的《节能减排综合性工作方案》（以下简称《方案》）。

《方案》指出，《中华人民共和国国民经济和社会发展第十一个五年规划纲要》提出"十一五"期间单位国内生产总值能耗降低20%左右、主要污染物排放总量减少10%的约束性指标。这是贯彻落实科学发展观、构建社会主义和谐社会的重大举措；是建设资源节约型、环境友好型社会的必然选择；是推进经济结构调整、转变增长方式的必由之路；是提高人民生活质量、维护中华民族长远利益的必然要求。《方案》强调，当前，实现节能减排目标面临的形势十分严峻。2006年全国没有实现年初确定的节能降耗和污染减排的目标，加大了今后4年节能减排工作的难度。更为严峻的是，2007年一季度，工业特别是高耗能、高污染行业增长过快。与此同时，各方面工作仍存在认识不到位、责任不明确、措施不配套、政策不完善、投入不落实、协调不得力等问题。这种状况如不及时扭转，不仅2007年节能减排工作难以取得明显进展，"十一五"节能减排的总体目标也将难以实现。《方案》要求各地区、各部门充分认识节能减排的重要性和紧迫性，真正把思想和行动统一到中央关于节能减排的决策和部署上来，狠抓节能减排责任落实和执法监管，建立强有力的节能减排领导协调机制。节能减排综合性工作方案共分十大部分，整个方案包括40多条重大政策措施和多项具体目标，涉及控制高耗能、高污染行业过快增长等。

（一）实现节能减排的目标任务和总体要求

1. 主要目标

到2010年，万元国内生产总值能耗由2005年的1.22吨标准煤下降到1吨标准煤以下，降低20%左右；单位工业增加值用水量降低30%。"十一五"期间，主要污染物排放总量减少10%。到2010年，二氧化硫排放量由2005年的2 549万吨减少到2 295万吨，化学需氧量（COD）由1 414万吨减少到1 273万吨；全国城市污水处理率不低于70%，工业固体废物综合利用率达到60%以上。

2. 总体要求

以邓小平理论和"三个代表"重要思想为指导，全面贯彻落实科学发展观，加快建设资源节约型、环境友好型社会，把节能减排作为调整经济结构、转变增长方式的突破口和重要抓手，作为宏观调控的重要目标，综合运用经济、法律和必要的行政手段，控制增量、调整存量，依靠科技、加大投入，健全法制、完善政策，落实责任、强化监管，加强宣传、提高意识，突出重点、强力推进，动员全社会力量，扎实做好节能降耗和污染减排工作，确保实现节能减排约束性指标，推动经济社会又好又快发展。

（二）控制增量，调整和优化结构

（1）控制高耗能、高污染行业过快增长。严格控制新建高耗能、高污染项目。严把土地、信贷两个关口，提高节能环保市场准入门槛。

（2）加快淘汰落后生产能力。加大淘汰电力、钢铁、建材、电解铝、铁合金、电石、焦炭、煤炭、平板玻璃等行业落后产能的力度。

（3）完善促进产业结构调整的政策措施。进一步落实促进产业结构调整暂行规定。修订《产业结构调整指导目录》，鼓励发展低能耗、低污染的先进生产能力。

（4）积极推进能源结构调整。

（5）促进服务业和高技术产业加快发展。

（三）加大投入，全面实施重点工程

（1）加快实施十大重点节能工程；

（2）加快水污染治理工程建设；

（3）推动燃煤电厂二氧化硫治理；

（4）多渠道筹措节能减排资金。

（四）创新模式，加快发展循环经济

（1）深化循环经济试点；

（2）实施水资源节约利用；

（3）推进资源综合利用；

（4）促进垃圾资源化利用；

（5）全面推进清洁生产。

（五）依靠科技，加快技术开发和推广

（1）加快节能减排技术研发；

（2）加快节能减排技术产业化示范和推广；

（3）加快建立节能技术服务体系；

（4）推进环保产业健康发展。

（六）强化责任，加强节能减排管理

（1）建立政府节能减排工作问责制；

（2）建立和完善节能减排指标体系、监测体系和考核体系；

（3）建立健全项目节能评估审查和环境影响评价制度；

（4）强化重点企业节能减排管理；

（5）加强节能环保发电调度和电力需求侧管理；

（6）严格建筑节能管理，大力推广节能省地环保型建筑；

（7）强化交通运输节能减排管理；

（8）加大实施能效标识和节能节水产品认证管理力度；

（9）加强节能环保管理能力建设。

（七）健全法制，加大监督检查执法力度

（1）健全法律、法规；

（2）完善节能和环保标准；

（3）加强烟气脱硫设施运行监管；

（4）强化城市污水处理厂和垃圾处理设施运行管理和监督；

（5）严格节能减排执法监督检查。

（八）完善政策，形成激励和约束机制

（1）积极稳妥地推进资源性产品价格改革；

（2）完善促进节能减排的财政政策；

（3）制定和完善鼓励节能减排的税收政策；

（4）加强节能环保领域金融的服务。

（九）加强宣传，提高全民节约意识

（1）将节能减排宣传纳入重大主题宣传活动中；

（2）广泛深入、持久地开展节能减排宣传；

（3）表彰奖励一批节能减排先进单位和个人。

（十）政府带头，发挥节能表率作用

（1）政府机构率先垂范，建设崇尚节约、厉行节约、合理消费的机关文化；

（2）抓好政府机构办公设施和设备节能；

（3）加强政府机构节能和绿色采购。

十二、《全国生态功能区划》

《全国生态功能区划》是由环境保护部和中国科学院共同编制完成的。《全国生态功能区划》是基于生态环境保护的产业结构调整和布局的重要决策依据，是依法加强资源开发环境监管的重要尺度，是实施区域生态环境分区管理的基础和前提，是继我国自然区划、农业区划之后在生态环境保护与生态建设方面的重大基础性工作。制定《全国生态功能区划》，是科学开展生态环境保护工作的重要手段，是指导产业布局、资源开发的重要依据，对维护区域生态安全、促进人与自然和谐发展具有重要意义。

党中央、国务院高度重视生态功能区划工作。2000年，国务院颁布了《全国生态环境保护纲要》，明确了生态保护的指导思想、目标和任务，要求开展全国生态功能区划工作，为经济社会持续、健康发展和环境保护提供科学支持。2004年，胡锦涛总书记强调指出："开展全国生态区划和规划工作，增强各类生态系统对经济社会发展的服务功能。"2005年，国务院《关于落实科学发展观加强环境保护的决定》再次要求"抓紧编制全国生态功能区划"。国家"十一五"规划纲要明确要求对22个重要生态功能区实行优先保护，适度开发。

为贯彻落实党中央、国务院编制全国生态功能区划的有关要求，从2001年开始，国家环境保护总局会同有关部门组织开展了全国生态现状调查。在调查的基础上，中国科学院以甘肃省为试点开展了省级生态功能区划研究，并编制了《全国生态功能区划规程》。2002年8月，国家环境保护总局会同国务院西部开发办公室联合下发了《关于开展生态功能区划工作的通知》，启动了西部12个省、自治区、直辖市和新疆生产建设兵团的生态功能区划编制工作。2003年8月，开始了中东部地区生态功能区划的编制。2004年，我国内地31个省、自治区、直辖市和新疆生产建设兵团全部完成了生态功能区划编制工作。在此基础上，综合运用新中国成立以来自然区划、农业区划、气象区划，以及生态系统及其服务功能研究成果，2005年，中国科学院汇总完成了《全国生态功能区划》初稿。之后，国家环境保护总局会同中国科学院先后召开了10余次专家分析论证会，对《全国生态功能区划》初稿进行了反复修改和完善。2006年10月，《全国生态功能区划》再次征求国务院各有关部门和各省、自治区、直辖市的意见后，又进一步得到充实与完善。2007年7月，国家环境保护总局与中国科学院又联合主持了专家论证会，对修改完善的《全国生态功能区划》进行了全面系统地评估，并得到了由16位院士、专家组成的专家组的充分肯定，并于2008年7月发布。《全国生态功能区划》的范围为我国内地31个省级行政单位的陆地，未包括香港特别行政区、澳门特别行政区和台湾省。

《全国生态功能区划》共有6部分内容：①指导思想、基本原则和目标；②区划方法与依据；③全国生态功能区划方案；④生态功能区类型及概述；⑤全国重要生态功能区域；⑥生态功能区划实施的保障措施。

《全国生态功能区划》是在全国生态调查的基础上，分析区域生态特征、生态系统服务功能与生态敏感性空间分异规律，确定不同地域单元的主导生态功能，对生态敏感性、生态系统服务功能及其重要性进行了评价，确定了不同区域的生态功能，提出了详细的全国生态功能区划方案。此次将全国生态功能区划分为3个等级。首先，根据生态系统的自然属性和所具有的主导服务功能类型，将全国划分为生态调节、产品提供与人居保障3类一级生态功能区。其次，在生态功能一级区的基础上，依据生态功能重要性划分二级生态功能区。生态调节功能包括水源涵养、土壤保持、防风固沙、生物多样性保护、洪水调蓄等；产品提供功能包括农产品、畜产品、水产品和林产品；城镇人居保障功能包括都市带和城镇群功能区等。最后，在二级区的基础上，按照生态系统与生态功能的空间分异特征、地形差异、土地利用的组合来划分三级生态功能区。

据此方案，全国被划分为216个生态功能区。其中，具有生态调节功能的生态功能区148个，占国土面积的78%；提供产品的生态功能区46个，占国土面积的21%；人居保障功能区22个，占国土面积的1%。生态功能是生态系统的内在属性。生态功能区划客观反映了我国生态系统生态功能空间分异规律，明确了我国不同区域生态系统生态调节、产品提供和人居保障的功能，为有效管理生态系统提供了基础和手段，是生态保护工作由经验型管理向科学型管理转变、由定性型管理向定量型管理转变、由传统型管理向现代型管理转变的一项重大基础性工作，是国家主体功能区划分的重要依据，对于牢固树立生态文明观念，科学指导产业布局、资源开发和生态保护，有效维护国家生态安全，促进经济又好又快发展具有重要意义。

生态功能区划的目标主要有3个方面。一是明确全国不同区域的生态系统类型、生态环境问题、生态敏感性和生态系统服务功能类型及其空间分布特征，提出全国生态功能区划方案，明确各类生态功能区的主导生态服务功能以及生态环境保护目标，划定对国家和区域生态安全起关键作用的重要生态功能区域；二是强化统筹兼顾、分类指导和生态系统管理思想，改变按要素管理生态系统的传统模式，以保护生态功能为基础，增强各功能区生态系统的生态调节功能，实现区域生态系统的良性循环；三是以生态功能区为基础，指导区域生态保护与生态建设，为区域产业布局、资源利用和经济社会发展规划提供科学依据，促进社会经济发展和生态环境保护的协调。"为有效管理生态系统提供了基础和手段。"

十三、《关于进一步加大工作力度确保实现"十一五"节能减排目标的通知》

"十一五"以来,全国各地把节能减排作为调整经济结构、转变发展方式的重要抓手,加大资金投入,强化责任考核,完善政策机制,加强综合协调,节能减排工作取得重要进展。全国单位国内生产总值能耗累计下降14.38%,化学需氧排放总量下降9.66%,二氧化硫排放总量下降13.14%。但要实现"十一五"单位国内生产总值能耗降低20%左右的目标,任务还相当艰巨。为进一步加大工作力度,确保实现"十一五"节能减排目标,国务院于2010年5月4日做出了《关于进一步加大工作力度确保实现"十一五"节能减排目标的通知》(以下简称《通知》),就有关事项做了部署。

(一)增强做好节能减排工作的紧迫感和责任感

《通知》指出,"十一五"节能减排指标是具有法律约束力的指标,是政府向全国人民做出的庄严承诺,是衡量落实科学发展观、加快调整产业结构、转变发展方式成效的重要标志,事关经济社会可持续发展,事关人民群众切身利益,事关我国的国际形象。当前,节能减排形势十分严峻,特别是2009年第三季度以来,高耗能、高排放行业快速增长,一些被淘汰的落后产能死灰复燃,能源需求大幅增加,能耗强度、二氧化硫排放量下降速度放缓甚至由降转升,化学需氧量排放总量下降趋势明显减缓。为应对全球气候变化,我国政府承诺到2020年单位国内生产总值二氧化碳排放要比2005年下降40%~45%,节能提高能效的贡献率要达到85%,这也给节能减排工作带来巨大挑战。各地区、各部门要充分认识加强节能减排工作的重要性和紧迫性,切实增强使命感和责任感,下更大决心,花更大气力,果断采取强有力、见效快的政策措施,打好节能减排攻坚战,确保实现"十一五"节能减排目标。

(二)强化节能减排目标责任

《通知》强调,国务院将对省级政府2009年节能减排目标完成情况和措施落实情况及"十一五"目标完成进度的评价考核,考核结果向社会公告,落实奖惩措施,加大问责力度。及时发布2009年全国和各地区单位国内生产总值能耗、主要污染物排放量指标公报,以及2010年上半年全国单位国内生产总值能耗、主要污染物排放量指标公报。各地区要按照节能减排目标责任制的要求,一级抓一级,层层抓落实,组织开展本地区节能减排目标责任评价考核工作,对未完成目标的地区进行责任追究。到"十一五"末,要对节能减排目标完成情况算总账,实行严格的问责制,对未完成任务的地区、企业集团和行政不作为的部门，都要追究主要领导责任，根据情节给予相应处分。

（三）加大淘汰落后产能力度

2010年关停小火电机组1 000万千瓦，淘汰落后炼铁产能2 500万吨、炼钢600万吨、水泥5 000万吨、电解铝33万吨、平板玻璃600万重箱、造纸53万吨。加强淘汰落后产能核查，对未按期完成淘汰落后产能任务的地区，严格控制国家安排的投资项目，实行项目"区域限批"，暂停对该地区项目的环评、供地、核准和审批。对未按规定期限淘汰落后产能的企业，依法吊销排污许可证、生产许可证、安全生产许可证，投资管理部门不予审批和核准新的投资项目，国土资源管理部门不予批准新增用地，有关部门依法停止落后产能生产的供电供水。

（四）严控高耗能、高排放行业过快增长

严格控制"两高"和产能过剩行业新上项目。各级投资主管部门要进一步加强项目审核管理，2011年不再审批、核准、备案"两高"和产能过剩行业扩大产能项目。未通过环评、节能审查和土地预审的项目，一律不准开工建设。对违规在建项目，有关部门要责令停止建设，金融机构一律不得发放贷款。对违规建成的项目，要责令停止生产，金融机构一律不得发放流动资金贷款，有关部门要停止供电供水。落实限制"两高"产品出口的各项政策，控制"两高"产品出口。

（五）加快实施节能减排重点工程

安排中央预算内投资333亿元、中央财政资金500亿元，重点支持十大重点节能工程建设、循环经济发展、淘汰落后产能、城镇污水垃圾处理、重点流域水污染治理，以及节能环保能力建设等，形成年节能能力8 000万吨标准煤，新增城镇污水日处理能力1 500万吨、垃圾日处理能力6万吨。

（六）切实加强用能管理

要加强对各地区综合能源消费量、高耗能行业用电量、高耗能产品产量等情况的跟踪监测。对能源消费和高耗能产业增长过快的地区，合理控制能源供应，切实改变敞开口子供应能源、无节制使用能源的现象。

（七）强化重点耗能单位节能管理

突出抓好千家企业节能行动，公告考核结果，强化目标责任，加强用能管理，提高用能水平，确保形成2 000万吨标准煤的年节能能力。省级节能主管部门要加强对年耗能5 000吨标准煤以上重点用能单位的节能监管，落实能源利用状况报告制度，推进能效水平对标活动，开展节能管理师和能源管理体系试点。已经完成"十一五"节能任务的用能单位，要继续狠抓节能不放松，为完成本地区节能任务多做贡献；尚未完成任务的用能单位，要采取有力措施，确保完成"十一五"节能任务。中央和地方国有企业都要发挥表率作用，加大节能投入，加强管理，对完不成节能减排目标和存在严重浪费能源资源的，在经营业绩考核中实行降级降分处理，并与企业负责人绩效薪酬紧密挂钩。

（八）推动重点领域节能减排

加强电力、钢铁、有色、石油石化、化工、建材等重点行业节能减排管理，加大用先进适用技术改造传统产业的力度。加强新建建筑节能监管，到2010年年底，全国城镇新建建筑执行节能强制性标准的比例达到95%，完成北方采暖地区居住建筑供热计量及节能改造5 000万米^2，确保完成"十一五"期间1.5亿米^{2}的改造任务。2010年，公共机构能源消耗指标要在2009年基础上降低5%。加强流通服务业节能减排工作。

（九）大力推广节能技术和产品

继续实施"节能产品惠民工程"，在加大高效节能空调推广的基础上，全面推广节能汽车、节能电机等产品，继续做好新能源汽车示范推广，2010年5月底前有关部门要出台具体的实施细则落实政府优先和强制采购节能产品制度，完善节能产品政府采购清单动态管理。

（十）完善节能减排经济政策

深化能源价格改革，调整天然气价格，推行居民用电阶梯价格，落实煤气、天然气发电上网电价和脱硫电价政策，出台鼓励余热余压发电上网和价格政策。积极落实国家支持节能减排的所得税、增值税等优惠政策，适时推进资源税改革。深化生态补偿试点，完善生态补偿机制。开展环境污染责任保险。

（十一）加快完善法规、标准

尽快出台固定资产投资项目节能评估和审查管理办法，抓紧完成城镇排水与污水处理条例的审查修改，做好大气污染防治法（修订）、节约用水条例、生态补偿条例的研究起草工作。研究制定重点用能单位节能管理办法、能源计量监督管理办法、节能产品认证管理办法、主要污染物排放许可证管理办法等。完善单位产品能耗限额标准、用能产品能效标准、建筑能耗标准等。

（十二）加大监督检查力度

《通知》要求，各级政府要组织开展节能减排专项督察，严肃查处违规乱上"两高"项目、淘汰落后产能进展滞后、减排设施不正常运行及严重污染环境等问题，彻底清理对高耗能企业和产能过剩行业电价优惠政策，发现一起，查处一起，对重点案件要挂牌督办，对有关责任人要严肃追究责任。要组织节能监察机构对重点用能单位开展拉网式排查，严肃查处使用国家明令淘汰的用能设备或生产工艺、单位产品能耗超限额标准用能等问题，情节严重的，依法责令停业整顿或者关闭。

（十三）深入开展节能减排全民行动

加强能源资源和生态环境国情宣传教育，进一步增强全民资源忧患意识、节约意识和环保意识。

（十四）实施节能减排预警调控

《通知》要求，各地区要做好节能减排形势分析和预警预测，制定相关预警调控方案。

十四、《国家突发环境事件应急预案》

我国是世界上突发环境事件最为严重的少数国家之一。近年来我国的突发环境事件呈现出多样性、高频性、广泛性和极易扩散性的特点。尤其是我国正处于多种矛盾凸显的转型时期，各类突发环境事件层出不穷，给国家和人民的生命财产安全带来了重大的损失，同时也影响了和谐社会的构建。

预案是我国应对突发事件或紧急状态的法律体系之外最重要的制度设计，也是行政管理上的一大创新。突发环境事件应急预案，是指针对可能发生的突发环境事件，为确保迅速、有序、高效地开展应急处置，减少人员伤亡和经济损失而预先制订的计划或方案。党中央、国务院高度重视应急预案工作。2003年7月28日，胡锦涛总书记在全国防治"非典"工作会议上指出，抗击"非典"，我们取得了很重大的胜利，但是也暴露出我国突发事件应急机制不健全，处理和管理危机能力不强，一些地方和部门缺乏应对突发事件的准备和能力。必须做好应对突发事件的思想准备、预案准备和工作准备，防患于未然。2003年10月，党的十六届三中全会做出的《关于建立健全社会主义市场经济体制的决定》中明确指出：建立健全应急机制，提高政府应对突发事件和风险的能力。这就把建立健全应急机制提到了重要议事日程。2005年在全国应急管理工作会议上，温家宝总理强调，加强应急管理工作，是维护国家安全、社会稳定和人民群众利益的重要保障，是履行政府社会管理和公共服务职能的重要内容。各级政府要切实增强责任感、紧迫感，把这项安国利民的大事做好。为了提高应对突发环境事件的处理能力，2001年国家环境保护总局成立了环境应急调查中心；2003年建成了环境应急指挥中心，并于2003年和2004年连续两年进行了环境突发事故的应急演习；2006年1月，国家环境保护总局颁布了《国家突发环境事件应急预案》，对环境应急预案的编制，突发环境事件信息接收、报告、处理、统计分析以及预警信息监控、信息发布、预案的评估、预案的备案，实施与监督管理等提出明确要求。2007年，第十届全国人大常委会第二十九次会议通过了《中华人民共和国突发事件应对法》。该法对如何应对突发环境事件的组织体系、工作机制等内容做出了规定。根据《中华人民共和国突发事件应对法》的规定，"国务院制定国家突发事件总体应急预案，组织制定国家突发事件专项应急预案；国务院有关部门根据各自的职责和国务院相关应急预案，制定国家突发事件部门应急预案。为此，环境保护部和有关部门制定和完善了涉及重点流域敏感水域水环境应急预案、《大气环境应急预案》《危险化学品废弃化学品应急预案》《核与辐射应急预案》等9个相关环境应急预案，以及《黄河流域敏感河段水环境应急预案》《处置化学恐怖袭击事件应急预案》《处置核与辐射恐怖袭击事件应急预案》《农业环境污染突发事件应急预案》《农业重大有害生物及外来生物入侵突发事件应急预案》等突发环境事件应急预案。地方各级人民政府和县级以上地方各级人民政府有关部门根据有关法律、法规、规章、上级人民政府及其有关部门的应急预案以及本地区的实际情况，制定相应的突发事件应急预案"。

　　这些应急预案的相继施行，不仅表明我国应急预案框架体系已初步形成，政府应对突发环境事件的能力在不断提高，而且也标志着我国政府对于突发环境事件的应急工作逐步在法制化的轨道上迈进。

　　为规范突发环境事件应急预案管理，完善环境应急预案体系，增强突发环境事件应急预案的科学性、实效性和可操作性，根据《中华人民共和国突发事件应对法》《国家突发公共事件总体应急预案》《国家突发环境事件应急预案》及相关环境保护法律、法规，环境保护部于2010年9月28日制定了《突发环境事件应急预案管理暂行办法》。

　　制定《突发环境事件应急预案管理暂行办法》的目的：一是为了能够依法指导和规范环境应急预案的整个管理过程；二是规范和完善我国突发环境事件应急预案体系的必然要求，有利于促进各级各类应急预案之间的协调一致性；三是衔接突发环境事件与其他各类突发事件应急处置的内在需要。

　　该办法的特点：一是突出了环境应急预案的全过程管理；二是强调了环境应急预案的分类管理；三是注重了预案管理的整体与个性相结合；四是在预案编制、评估等环节的社会化运营机制方面进行了探索；五是通过贯彻执行该办法，实现环境应急全过程管理。

第四节 保护环境的行动

一、中华环保世纪行

（一）2006年中华环保世纪行

2006年是实施"十一五"规划的第一年。根据全国人大环资委和中央、国务院13个部门的意见，2006年中华环保世纪行宣传活动的主题是"推进节约型社会建设"。

全国人大环资委主任委员、中华环保世纪行组委会主任毛如柏于2006年5月11日在北京宣布中华环保世纪行宣传活动正式启动。全国人大常委会副委员长司马义·艾买提为即将出发的记者团授旗。国家环境保护总局党组副书记、副局长祝光耀主持会议。全国人大环资委副主任委员叶如棠指出，2006年中华环保世纪行宣传活动的主题确定为"推进节约型社会建设"，其目的就是要通过大力宣传节约资源和保护环境基本国策，大力宣传有关环境与资源保护的法律、法规，大力宣传各地区、各行业和企业单位在节约资源、保护环境和发展循环经济等方面的做法和经验，进一步提高全社会的法律意识、节约资源意识和保护环境意识。同时，2006年还要积极配合全国人大常委会执法检查和有关部门的工作，有针对性地报道环境与资源保护工作中的典型经验和存在的问题，推进资源节约型、环境友好型社会建设。

叶如棠强调，在今后的发展道路上还面临不少困难和问题，其中一个重要方面就是经济快速发展同资源环境约束加大的矛盾。全面建设资源节约型、环境友好型社会，任务是十分艰巨的。面对新的形势和新的要求，认真做好新时期中华环保世纪行工作，我们应该把握好以下几个方面：一是要在指导思想上全面贯彻落实科学发展观，紧紧围绕党和国家的工作大局，立足科学发展、构建和谐社会这个大目标，把实现节约发展、清洁发展、安全发展和可持续发展作为中华环保世纪行宣传活动的重点，大力宣传和弘扬科学发展观，积极推进经济增长方式的转变，落实节约资源、保护环境的基本国策，为促进我国经济社会全面协调可持续发展多做贡献。二是要紧紧围绕环境与资源保护的重大问题和群众关心的突出问题，切实增强宣传报道工作实效。三是要继续坚持"三个监督"相结合。中华环保世纪行宣传活动经久不衰，并成为环境保护事业的重要品牌，关键是能够较好地将人大法律监督、媒体舆论监督和社会群众监督有机结合起来。"三个监督"互为补充，目标一致，形成合力，发挥出了特有的监督作用。这是中华环保世纪行取得成功的主要经验，也是中华环保世纪行得以坚持的根基所在。四是要充分发挥新闻记者的作用。与人民同行，与时代同进，这是党和国家对新闻工作者寄予的厚望。长期从事中华环保世纪行采访报道的各新闻媒体，监督力度之大，导向之鲜明，行动之果敢，都给社会各界留下深刻印象。五是要加强领导，齐心协力搞好中华环保世纪行宣传活动。

（二）2007年中华环保世纪行

2007年4月27日，以"推动节能减排促进人与自然和谐"为主题的中华环保世纪行宣传活动启动仪式在京举行。中国科协副主席、书记处书记齐让出席当天的启动仪式。2007年5月7日~7月27日，中华环保世纪行记者团历时3个月，对8个省30多个地市，200多个现场集中采访或暗访。共有16家中央新闻媒体、记者约70人次参加此次采访活动，已发表各类报道近百篇，大大推动了政府节能减排工作。

（三）2008年中华环保世纪行

2008年10月8日，中华环保世纪行宣传活动启动仪式在北京举行。全国人大环境与资源保护委员会主任委员汪光焘主持启动仪式，全国人大常委会副委员长陈至立宣布2008年中华环保世纪行宣传活动启动。全国人大环境与资源保护委员会副主任委员张文台、共青团中央书记处书记汪鸿雁、国土资源部副部长贠小苏、国家海洋局副局长张宏声等出席了启动仪式。2008年中华环保世纪行宣传活动以"节约资源，保护环境"为主题。宣传的重点是："改革开放30年来在环境资源方面取得的成绩，对当年颁布的《循环经济促进法》进行宣传报道。"

该活动坚持以邓小平理论和"三个代表"重要思想为指导，深入贯彻落实科学发展观，全面宣传我国改革开放30年来在环境资源保护方面取得的成效，大力宣传循环经济促进法，努力提高全社会节约资源、保护环境的法制观念和意识，为推进资源节约型和环境友好型社会建设创造良好的社会氛围。

汪光焘指出，2007年中华环保世纪行宣传活动紧紧围绕"推动节能减排，促进人与自然和谐"这一主题，开展宣传和采访报道工作，取得了积极成效。他表示，2008年中华环保世纪行宣传活动将紧紧围绕党和国家工作大局、全国人大环境资源立法和监督工作重点、人民群众反映强烈的环境资源问题进行采访报道。坚持正确的舆论导向，发挥舆论的引导、激励作用，弘扬社会正气，通达社情民意，引导社会热点，疏通社会情绪；坚持正面宣传为主，注重总结经验，大力宣传先进典型，切实增强全民环境资源法制意识，提高建设资源节约型和环境友好型社会的自觉性；坚持深入基层、深入实际、深入群众，把维护人民群众的环境权益作为宣传活动的出发点，突出采访报道重点，注重采访报道的深度和宣传效果。

2008年中华环保世纪行宣传活动由全国人大环境与资源保护委员会、环境保护部、住房和城乡建设部、国土资源部、国家海洋局、国家林业局等10余家部委主办、近40家中央媒体参加。

（四）2009年中华环保世纪行

2009年3月18日，中华环保世纪行活动启动仪式在北京举行。中华环保世纪行宣传活动以"让人民呼吸清新的空气"为主题，重点采访报道《中华人民共和国大气污染防治法》和《中华人民共和国水土保持法》的有关实施情况。全国人大环资委主任委员汪光焘、副主任委员张文台等中华环保世纪行组委会成员单位领导出席仪式。水利部副部长鄂竟平在启动仪式上讲话。

全国人大常委会副委员长陈至立出席并宣布活动启动。张文台在启动仪式上表示，2009年中华环保世纪行将以围绕全国人大常委会今年大气污染防治等环境资源立法和监督工作为重点，大力宣传我国环境资源法律、法规实施进展情况以及取得的积极成效和典型，大力宣传"十一五"规划确定的节能减排目标完成情况和取得的可行经验，进一步提高全社会保护环境资源的意识和法制观念，为推进资源节约型和环境友好型社会建设，促进经济社会又好又快发展做出贡献。

鄂竟平讲话时说，中华环保世纪行开展17年来，积极传播人与自然和谐相处的先进理念，大力宣传保护生态环境、保护水土资源的成功经验和巨大成效，勇于鞭笞破坏生态环境的违法违规现象，在全社会引起了强烈的反响，赢得了人民群众的广泛支持和赞誉。这次组委会决定将水土保持作为今年中华环保世纪行的重点内容，很有必要，也很重要。

我国是世界上水土流失最为严重的国家之一，水土流失面积大、分布广、强度烈、危害重。严重的水土流失已对我国的生态安全、粮食安全、防洪安全和水土资源安全构成重大威胁，成为制约我国经济社会可持续发展的一个重要因素。

自1991年6月29日《中华人民共和国水土保持法》颁布实施以来，在各级人大、政府的重视、支持下，在有关部门的积极配合下，各级水行政主管部门认真履行职责，水土保持工作取得了重要进展。一是建立健全了水土保持配套法规体系和监督执法体系。全国31个省（自治区、直辖市）、200多个市（地）、2400多个县（市）建立了水土保持监督管理机构。二是加大综合治理力度,全国已初步治理水土流失面积近 100 万千米^2,许多农民因治理水土流失走上了富裕发展的道路。三是强化保护监管,矿山开采、公路铁路建设等引起的人为水土流失恶化趋势得到一定控制。四是创新防治思路,开创了依靠大自然力量加快水土流失防治的新路子。

鄂竟平指出:目前水土流失防治面临的形势依然十分严峻,防治任务十分艰巨。特别是一些开矿、修路和建厂等的建设单位法制观念和水土保持意识淡薄,蓄意逃避水土保持法律责任,拒不落实水土保持"三同时"制度,乱砍滥伐,乱采乱弃,造成大量的人为水土流失。

鄂竟平希望参加这次中华环保世纪行的记者朋友们,能够深入到水土流失严重地区和国家水土保持重点工程,深入到生产建设单位和生产建设现场采访,积极宣传水土保持在改善工农业生产条件、保障经济社会发展、保护生态环境方面的巨大作用和巨大成效;积极宣传开展水土流失防治的好经验、好做法和取得的突出成绩;实事求是地报道生产建设过程中不承担水土保持法律责任、造成严重水土流失危害的违法违规现象,揭露典型违法违规行为。他热切希望,通过宣传报道,能促进我国水土保持事业的健康发展。

（五）2010 年中华环保世纪行活动

2010 年中华环保世纪行宣传活动以"推动节能减排,发展绿色经济"为主题,大力宣传我国"十一五"推动节能减排和促进清洁生产的成效和经验,大力宣传各地区、各行业和社会各界重视、参与和推动绿色经济、低碳经济发展的成效和经验。

环境保护部副部长潘岳出席启动仪式并讲话,他指出,我国污染减排工作取得了一定的进展,局部环境得以改善,但环境形势总体恶化的趋势尚未得到有效遏制,环境污染依然十分严重。一是污染减排压力有增无减;二是重金属污染等潜在的环境问题不断显现;三是环保基础能力建设相对滞后。潘岳同时指出,任何危机都是改革的机遇,严峻的环境形势也为我们加快产业结构调整、发展"绿色经济"提供了重要契机。我们正在从 5 个方面深入研究并加以推进:一是继续完善环境经济政策体系。从过去主要用行政办法来保护环境,向综合运用法律、经济、技术和必要的行政办法来解决环境问题,与国家有关部门出台绿色信贷、绿色保险、绿色贸易、绿色税收等一系列"绿色政策",通过激励和约束机制促进"绿色经济"发展。二是以污染物减排促进经济结构调整。在完成减排"硬指标"过程中,促使地方和行业主动淘汰落后产能,努力调整经济结构、转变增长方式,管住增量、调整存量、上大压小、扶优汰劣,加快向"绿色经济"转型的步伐。三是积极培育和发展新兴绿色产业。推动技术创新和进步,促进产业部门的"绿色化"。通过发展循环经济和实施清洁生产，推进产业、产品结构调整以及技术的更新进步。四是将"绿色经济"纳入到经济社会发展综合决策中。在环境与发展综合决策、经济刺激方案以及产业调整和振兴规划的执行过程中，要融入"绿色经济"理念、措施和行动。五是积极倡导公众绿色消费。要以环境标志产品认证为重要平台和抓手，以政府绿色采购为重要的切入点和推动力量，引导公众自觉选择资源节约型、环境友好型、低碳排放型的消费模式。

二、严厉查处环境违法行为，开展环保专项整治行动

（一）2006年环保专项行动

为落实《国务院关于落实科学发展观加强环境保护的决定》，解决突出的环境问题，保障人民群众的环境权益，2006年5~11月，国家环境保护总局会同国家发改委、监察部、司法部、工商总局、安监局、电监会在全国组织开展整治违法排污企业保障群众健康环保专项行动。根据《2006年整治违法排污企业保障群众健康环保专项行动工作方案》的部署，其工作重点和要求如下。

1. 集中整治威胁饮用水源安全的污染和隐患

（1）在2005年饮用水源保护区专项检查基础上，对生活饮用水地表水源一级保护区内的环境违法问题进行集中整治；

（2）在开展环境安全大检查的基础上，进一步查清环境污染源，集中整治对饮用水源构成重大污染事故隐患的排污企业；

（3）检查化工企业应对事故状态下防范环境污染的措施实施情况。

2. 集中整治工业园区的环境违法问题

（1）要坚决纠正工业园区建设、管理过程中，降低环境保护准入门槛、阻挠干扰环保部门现场执法检查、降低或取消排污费等一系列违反环保法律、法规的行为。

（2）要对工业园区内未履行环境影响评价审批程序即擅自开工建设或者擅自投产的企业，一律责令停止建设或停止生产；对建有污水处理厂但不能达标排放的工业园区内的企业限期治理。治理期间应限产限排，逾期未完成治理任务的，责令其停产整治或依法关闭。

3. 集中整治建设项目环境违法问题

对2003年《环境影响评价法》实施以来的建设项目，重点是化工、冶炼、造纸、印染、公路等行业的建设项目（包括在建和已运营公路）执行环保法律、法规的情况进行检查，及时发现和解决建设项目在环境影响评价审批、环保"三同时"监管和验收过程中存在的问题。

这次专项行动，全国共出动环境执法人员 167 万人次，检查企业 72 万家，立案查处环境问题 2.8 万件，其中取缔关闭违法排污企业 3 176 家。七部门连续组织两批 13 个联合督查组，对 12 个省的 36 个市（地）、县的 20 个饮用水源保护区、44 个工业园区和 207 家企业进行了督查。国家环境保护总局和监察部联合挂牌督办 3 批 16 个环境违法案件，涉及 13 个省 133 家企业，处理责任人 31 人，其中 2 人被追究刑事责任。全国各地共挂牌督办环境违法案件 5 701 个，其中省级挂牌督办 526 个。

（二）2007 年环保专项行动

2007 年是实现"十一五"节能减排目标的关键之年，也对环保工作提出了更高的标准、更严的要求和更加艰巨的任务。根据国务院七部门环保专项行动部际联席会议的安排，2007 年的专项行动将重点解决以下 3 个方面的突出环境问题：

（1）深入开展饮用水水源保护区的环境整治。

（2）深入开展工业园区环境违法问题整治。

（3）深入开展重点行业污染整治。

为保障 2007 年环保专项行动顺利实施，要突出做好以下几个方面的工作：①责任落实要到位；②联合执法要到位；③案件查处要到位；④督促检查要到位；⑤舆论宣传要到位。

2007 年 10 月下旬，国土资源部从全国各个省、区、市国土资源厅、部机关司局、在京直属事业单位、土地督察系统抽调人员，组成 15 个检查组，到各地对土地执法百日行动进行检查。国土部门再次施压，确保清查土地违法到位。

在土地执法检查自查中，以租代征违法违规用地、违法规划扩大工业用地、未批先用违法违规用地非常严重。根据历年执法检查的实际数据估算，每年我国新增建设用地 95% 属于农村集体农用地。而在新增建设用地中，违法占用农村集体农用地的宗数、面积以及耕地面积，大都在 50% 以上。国土部门表示，土地问题极为复杂，土地违法现象已危及 1.2 亿公顷耕地红线和社会稳定。"现在中部崛起、西部大开发、东北老工业基地振兴，东部地区大量的产业要向西部地区转移，所以中西部地区和东北地区用地需求越来越大，在这种情况下搞百日行动，查处违法违规用地，选择一批典型案件进行直查和督办，具有重要意义。"

（三）2008 年环保专项行动

2008 年，环境保护部、国家发改委、监察部、司法部、住房城乡建设部、工商总局、安监总局、电监会在北京联合召开全国整治违法排污企业保障群众健康环保专项行动电视电话会议，总结5年专项行动成效，对今后5年开展专项行动的工作做了具体部署。环境保护部部长周生贤、发改委副秘书长马力强、监察部副部长郝明金、环境保护部副部长张力军等出席了会议。

周生贤传达了中共中央政治局常委、国务院副总理李克强对整治违法排污企业保障群众健康环保专项行动的重要批示精神，并代表八部门总结5年来环保专项行动工作。他说，在国务院的统一领导和部署下，5年来，环境保护、发展改革部门会同监察、司法行政、工商、安全监管和电力监管等部门加强组织领导、建立协调机制、开展环保专项行动，为推动科学发展、促进社会和谐发挥了积极作用：一是着力查处环境违法行为，遏制违法排污高发势头。5年共出动执法人员700余万人次，检查企业300多万家次，查处环境违法企业12余万家次，取缔关闭违法排污企业2万多家，有力震慑了环境违法行为。二是着力解决危害群众健康的突出环境问题，维护群众环境权益。共检查集中式饮用水源地1.5万余个，取缔关闭了一级保护区内所有工业企业排污口，清理了二级保护区内违法建设项目，基本消除了保护区内的环境安全隐患；96%以上的环境投诉及时得到解决。三是着力淘汰落后产能，促进污染减排。仅2007年就取缔关闭造纸企业1120家，淘汰落后产能260万吨，减排化学需氧量60余万吨。四是集中整治重点地区重点行业污染，晋陕蒙宁"黑三角"、湘黔渝"锰三角"等地的环境质量得到改善。

周生贤指出，5年来通过各地区、各部门的努力，环保专项行动已经成为推动环保工作、实现环保目标的重要举措，成为加强宏观调控、推动科学发展的重要手段，成为规范市场秩序、完善市场经济体制的重要抓手，成为维护群众环境权益、推进和谐社会建设的重要力量。但也要清醒地看到，当前环境违法行为仍然相当普遍，环境形势依然十分严峻，必须持续有效地开展环保专项行动，采取更加有力的整治措施，切实维护群众环境权益，为促进经济社会又好又快发展提供良好的环境保障。

2008年将集中整治三个方面的问题：一是以巩固整治成效为目标，集中开展环保专项行动后督察；二是以促进污染减排为目标，集中开展城镇污水处理厂和垃圾填埋场等重点行业专项检查；三是以让不堪重负的江河湖海休养生息为目标，集中开展重点流域污染企业的专项整治。

对于今后5年的环保专项行动，周生贤强调：要继续以解决危害群众健康和影响可持续发展的突出环境问题为重点，主要任务：①紧紧围绕完成污染减排任务，开展对重点行业环境违法问题的集中整治；②紧紧围绕保障群众环境权益,开展对饮用水源地环境违法问题的集中整治;③紧紧围绕让不堪重负的江河湖海休养生息,开展对重点流域环境违法问题的集中整治。周生贤说,根据国务院八部门环保专项行动部际联席会议商定的工作安排,2008年环保专项行动全国共出动执法人员160余万人次,检查企业70多万家次,立案查处1.5万家环境违法企业,挂牌督办3 500余件,追究地方政府及相关部门行政责任人100余名。环境保护后督察、环境基础设施专项检查和重点流域水环境集中整治都取得了积极的成效。

(四) 2009年环保专项行动

由环保部等八部门联合部署的2009年全国环保专项行动集中开展钢铁、涉砷行业专项检查;巩固饮用水源保护区集中整治成果,持续开展环境保护后督察;着力整治城镇污水处理厂、垃圾填埋场环境违法问题。

2009年是进入新世纪以来我国经济发展最为困难的一年,扩内需、保增长的任务非常艰巨,节能减排压力增大,环保专项行动面临的形势更加复杂,任务更加艰巨。工业是我国经济的主体,是耗费能源、资源,产生环境污染的主要行业。工业领域能耗占全国能耗70%,主要污染物化学需氧量(COD)、二氧化硫排放量工业分别占全国的35%和86%左右。工业节能减排的成效,直接关系到"十一五"节能减排目标能否实现,直接约束我国经济社会可持续发展能力的提高。为全面贯彻党的十七大和中央经济工作会议精神,落实科学发展观,紧紧围绕保增长、保民生、保稳定的总要求,切实解决当前影响可持续发展的突出环境问题,保障人民群众的切身环境权益,2009年环境保护部、工业和信息化部等九部门继续在全国开展整治违法排污企业保障群众健康环保专项行动。

在2009年环保专项行动中,全国共出动执法人员242万余人次,检查企业98万多家次,立案查处环境违法问题1万余件,挂牌督办2 587件。其中,取缔关闭企业744家,停产治理企业841家,限期治理企业810家,在重金属污染企业检查、饮用水水源地安全保障、城镇污水处理厂和垃圾填埋场监管、钢铁行业环境整治等方面取得新的进展。119名责任人被追究责任。开展饮用水水源保护区后督察,检查饮用水水源地3 177个,取缔关闭企业831家、直接排污口220个,拆除违法建设项目780个。开展扩内需保增长建设项目专项检查,对23个省(区、市)313家企业(项目)进行现场检查,查出62家企业(项目)存在的环境违法问题。开展长江环保执法行动。组织新中国成立60周年大庆环境安全大检查。开展规模化畜禽养殖场执法检查,共检查33 000余家,依法查处环境违法问题19 000多件,关闭禁养区内规模化养殖场1 035家。出台《污染源限期治理办法(试行)》

《环境违法案件挂牌督办管理办法》《关于规范行使环境监察执法自由裁量权的指导意见》《环境行政处罚办法》等规范性文件。

（五）2010年环保专项行动

环境保护部、国家发改委、工业和信息化部、监察部、司法部、住房城乡建设部、工商总局、安全监管总局和电监会于2010年3~12月继续在全国组织开展整治违法排污企业保障群众健康环保专项行动。这次整治行动的指导思想是：以邓小平理论和"三个代表"重要思想为指导，深入贯彻落实科学发展观，以解决危害群众健康和影响可持续发展的突出环境问题为重点，进一步加大对重金属污染物排放企业（以下简称"重金属排放企业"）环境违法行为的整治力度，遏制重金属污染事件频发势头，进一步加大对污染减排重点行业的监管力度，为推进发展方式转变、经济结构调整和"十一五"污染减排目标实现提供环境执法保障。其工作重点是：①集中整治重金属排放企业环境违法问题；②巩固污染减排成效，进一步加大对污染减排重点行业的监管力度。

2010年环保专项行动期间，全国共出动执法人员266余万人次，检查企业106余万家次，查处环境违法问题10 278件，挂牌督办1 980件。其中，取缔关闭企业931家，停产治理企业815家，限期治理企业678家，69名责任人被依法追究责任。在重金属污染排查整治和重点行业、污染减排重点行业监管等方面取得新进展。一是加大重金属排放企业排查整治力度，遏制重金属污染事件上升势头。2010年，各地认真贯彻落实《国务院办公厅关于转发环境保护部等部门加强重金属污染防治工作的指导意见》，组织编制重金属污染防治规划，积极开展专项检查和综合整治。2010年环境保护部直接调查的重金属污染事件有12起，比2009年的21起下降约42%。2010年共排查重金属排放企业11 515家，比2009年增加约20%。共查处违反建设项目环保法律、法规企业1 731家，违反危险废物管理规定企业373家，淘汰生产工艺、设备落后企业337家。环境保护部对14个重点省（区）的41个地市的503家重金属排放企业进行了现场督察，对2个区域性环境违法问题和8家企业环境违法案件及突出问题实施挂牌督办。二是强化重点行业企业环境监管，保障"十一五"污染减排任务的超额完成。2010年年初，环境保护部组织对14个省（区）的461家制浆造纸企业进行督察，对5个地区和9家造纸企业环境违法问题实施挂牌督办，推动相关省开展造纸行业专项整治。2010年，全国新增污水处理能力1 900万米^3/日。截至2010年底，全国建成城镇污水处理厂2 832座，总设计处理能力达到1.25亿米^3/日。各地对纳入日常监管的2 461座各类污水处理厂进行检查，污染物排放达标率明显提高。各地共检查产能过剩和重复建设较为突出的钢铁、水泥等企业4 838家,对359家超标、超总量的环境违法企业实施限期治理。三是全面推进环境违法案件后督察,确保整治到位。各地对2009年开展环保专项行动以来发现的2 441件环境违法问题开展后督察,有效地防止污染反弹。环境保护部组织对2009年国控重点污染源及污水处理厂主要污染物排放超标企业整改情况进行了后督察,查处57家二氧化硫超标排放企业、74家化学需氧量超标排放企业、19家化学需氧量超标排放污水处理厂和136家其他污染物超标排放企业。在总结经验的基础上,环境保护部颁布《环境行政执法后督察办法》,进一步规范了后督察工作。

三、环境保护会议

(一) 第六次全国环境保护大会

2006年4月17～18日,第六次全国环境保护大会在北京召开,温家宝总理参加会议并作了《全面落实科学发展观加快建设环境友好型社会》的重要讲话。国家发改委、财政部、环保总局负责同志就贯彻《国务院关于落实科学发展观加强环境保护的决定》做了发言,山东、河南、四川省负责同志介绍了加强环境保护的经验做法,国务院副总理曾培炎做了大会总结讲话。

国务院将第六次环境保护大会作为"十一五"规划纲要实施后召开的第一个全国性会议,体现了党中央、国务院对环境保护工作的高度重视。中共中央政治局常委、国务院总理温家宝出席会议并发表重要讲话。他强调,保护环境关系到我国现代化建设的全局和长远发展,是造福当代、惠及子孙的事业。我们一定要充分认识我国环境形势的严峻性和复杂性,充分认识加强环境保护工作的重要性和紧迫性,把环境保护摆在更加重要的战略位置,以对国家、对民族、对子孙后代高度负责的精神,切实做好环境保护工作,推动经济社会全面协调可持续发展。温家宝总理全面分析了环境保护面临的形势,深刻阐述了加强环境保护的重大意义,提出做好新形势下的环保工作,关键是要加快实现"三个转变",明确了"十一五"环境保护的指导思想和目标,部署了今后一个时期的环保工作。温家宝从科学角度,阐述了自然发展规律和人类生存条件之间的关系。从中华民族长远发展的角度,客观分析了经济社会发展的人口资源环境条件。从科学发展观的角度,深刻揭示了我国在发展中面临的两大矛盾:一个是不发达的经济与人们日益增长的物质文化需求的矛盾,解决这个矛盾要靠发展;另一个是经济社会发展与人口资源环境压力加大的矛盾,解决这个矛盾要靠科学发展。实现"三个转变"

是完成环保任务的关键。

"三个转变",一是从重经济增长轻环境保护转变为保护环境与经济增长并重,把加强环境保护作为调整经济结构、转变经济增长方式的重要手段,在保护环境中求发展;二是从环境保护滞后于经济发展转变为环境保护和经济发展同步,做到不欠新账、多还旧账,改变先污染后治理、边治理边破坏的状况;三是从主要用行政办法保护环境转变为综合运用法律、经济、技术和必要的行政办法解决环境问题,自觉遵循经济规律和自然规律,提高环境保护工作水平。

第六次全国环境保护大会的名称,由前5次的全国环境保护会议改为全国环境保护大会,一字之差,表明了环保工作站在历史性的起点。奏响了环保工作方向性、战略性、历史性转变的时代强音,是迈向新目标的一次召唤,是踏上新征程的一次动员,在全国的2 300多个分会场,有11万人参加第六次全国环境保护大会。温家宝总理的重要讲话,更加增强了人们实现新时期环境目标的勇气和信念。

(二)全国环境政策法制工作会议

2006年12月12日,第一次全国环境政策法制工作会议在北京召开,国家环保总局副局长潘岳主持会议。全国各省、自治区、直辖市环保局和计划单列市环保局,副省级城市环保局等环保部门的有关负责人参加了会议。国家环境保护总局局长周生贤出席会议并讲话。周生贤指出:"加强环境政策法制工作是全面贯彻落实科学发展观、构建和谐社会的必然要求,是推进历史性转变的迫切需要,是顺应世界环境管理潮流的重要举措。'十五'以来,我国环境政策法制工作取得了重要进展,符合我国国情的环境保护法律体系已初步建立。但也必须看到,环境政策法制工作还不适应环保工作的要求,经济、技术和实用的政策偏少,政策间缺乏协调;现有环境法律、法规偏软,可操作性不强;有法不依、执法不严、违法不究的现象还比较普遍,执法监督工作薄弱。因此必须采取更加有力的措施,全面推进环保政策法制建设。"

环境政策法制是推进历史性转变的重要保障。要以推进历史性转变为主要任务,加强环境战略和政策研究,完善环境立法,提高立法质量,加大执法力度,强化执法监督,力争用10年左右的时间,形成覆盖环境保护各个领域、门类齐全、功能完备、措施有力的环境政策法制体系,把环境保护纳入依法治理的轨道。

周生贤强调,当前和今后一段时间,要着力抓好以下工作:一是切实加强环境立法。要以提高立法质量为目标,以加大对违法行为处罚力度为突破口，以增强立法可操作性为关键，以规范政府环境责任为保障，抓紧制定修订一批当前急需的环境法律、法规，特别要集中力量修改好《中华人民共和国环境保护法》，尽快出台《规划环境影响评价条例》。二是从国家战略层面开展环境战略和政策研究。要将环境保护的要求体现在产业政策、货币政策、价格政策、财税政策、贸易政策之中，将环境保护的规定从生产领域延伸到流通、分配、消费的各个环节，形成保护环境的宏观政策体系。三是进一步加大环境执法力度。要严格执行各项环境管理法律制度，依法处罚各类环境违法行为，加强环境法制信息、统计工作，努力做到科学执法。四是全面强化环境法律监督。要强化机关内部监督，加强环保系统行政复议工作，重视人大、政协和社会监督，建立完善新闻舆论监督和环境信息公开制度。五是深入开展环境普法教育。要切实把环境保护法律、法规宣传纳入整个社会普法宣传体系，进一步提高全民环境法制意识，形成环境法治的社会氛围。

第七章 我国环境政策的展望

中国的环境保护起步于政策而不是法律，自从20世纪70年代初全国第一次环境保护会议召开到环境保护成为一项基本国策入宪，从《中华人民共和国环境保护法》的实施到有中国特色的环境保护法律体系的形成，近30年环境保护的实践证明：我国在环境的治理、改善和保护上，是以政策起步，依政策治理向以法律规范、依法治理的转变。但更多地体现为依政策与依法律的并行不悖。环境政策是实施可持续发展战略的延伸和实现其发展目标的重要调控手段。虽然，我国已经初步形成具有中国特色的环境政策体系。但是，从总体上看，我国的环境政策研究还相当薄弱，环境政策意识和环境政策的宣传教育还不能满足环境保护事业的需要，环境政策教育还相当落后。当前我国环境保护正在进入实现历史性转变的关键阶段，即保护环境与经济增长并重，环境保护和经济发展同步，以保护环境优化经济增长，综合运用法律、经济、技术和必要的行政办法解决环境问题的新阶段。因此，从环境政策的规律、存在问题的角度分析我国的环境保护政策具有重要的理论意义和实践意义。

第一节 我国环境政策的演进规律

环境保护是我国的一项基本国策，历来受到党和政府的高度重视。在50多年的发展历程中，我国已形成了具有中国特色的环境政策体系。环境政策实现了从单一到完备、从定性到定量、从抽象到具体的转变，其中蕴含了深刻的规律性，因此，探索环境政策演进的规律，对研究环境政策的取向有着深刻的现实意义。

一、地位从基本国策到可持续发展战略

1983年，国务院宣布环境保护是两项基本国策之一，强调了环境同人口一样是中国的紧迫问题。9年后，《中国环境与发展十大对策》宣布，实施可持续发展战略。1994年《中国21世纪议程》发布后，中央各部门与地方各省均制定各部门、各地方的《21世纪议程》，并分别从计划、法规、政策、传播、公众参与等不同方面推动实施。1996年，"九五"计划将可持续

发展同科教兴国并列为两项基本战略。从国家各部门到地方省市县，都以可持续发展为目标编制发展规划，要求用环境与发展相统一的观念来指导本部门或本地区的工作。

二、重点从偏重污染控制到污染控制与生态保护并重

20世纪70年代初，我国环境保护从治理工业"三废"起步；80年代和90年代前期，重点仍是污染控制；90年代后期及进入21世纪，中国环境保护开始将污染防治与生态保护提到同等重要的地位。1998年，长江发生特大洪灾以后，国家为保护自然生态实施了一系列政策措施，如全面停止长江、黄河上中游的天然林的采伐，把生态恢复与建设列为西部大开发的首要措施，制定了"退耕还林（草）、封山绿化、以粮代赈、个体承包"的政策等。这标志着中国环境政策发生了历史性的转折。2005年，全国森林面积达1.75亿公顷，森林覆盖率达18.21%，森林蓄积量达124.56亿米^3。截至2010年年底，全国各种类型、不同级别的自然保护区2 349个，约占国土面积的15%；已建成生态示范区试点地区和单位528个，其中已命名的国家级生态示范区233个。

三、方法从末端治理到源头控制

20世纪90年代初，我国工业污染防治开始实行从"末端治理"向全过程控制转变；从单纯浓度控制向浓度与总量控制相结合转变；从分散治理向分散与集中治理相结合转变。限制资源消耗大、污染重、技术落后产业的发展，并利用世界银行贷款开始了清洁生产的试点。"九五"期间，围绕经济结构调整，关停了8万多家15种重污染的小企业。到2000年年底，全国23.8万家污染企业的90%以上实现了达标排放。这些都从源头上减少了资源破坏和环境污染。同时，积极扶持高新技术产业和第三产业的发展，推进经济与社会的信息化，1995年以来，全国工业废水和工业COD的排放不断下降，而工业产值仍保持高速增长。

四、范围从点源治理到流域和区域的环境治理

我国以往实行的"谁污染谁治理"政策着力于点源控制与浓度控制。1996年，《"九五"期间全国主要污染物排放总量控制计划》对12项主要污染物的排放实行总量控制。此前，为了弥补乡镇企业污染物排放量数据的缺失，1995年进行了"全国乡镇企业污染情况调查"。"九五"期间，全国普遍加强污染治理，同时开展大规模的环境基础设施建设。

1996~2005年,中国实施《跨世纪绿色工程规划》,重点是"三河"、"三湖"加上"两区"(SO_2污染控制区和酸雨控制区)、"一市"(北京)和"一海"(渤海)以及三峡库区及其上游、南水北调工程地区等。2006年还把黄河、松花江也纳入重点。在这些重点流域和区域,多渠道争取资金采取综合性措施,加大治理力度,包括实施总量控制政策、排污收费政策和"以气代煤、以电代煤"的能源政策,推动企业达标排放和加快城市环境基础设施的建设,努力使重点地区的环境恶化状况有所改善。

五、手段从政府直接管制向间接管制转变

政府直接管制措施是政府运用行政权力直接处理外部性问题的方式,通常是通过行政与法规来实现的,它是世界各国政府解决外部性问题最基本、最常用的方式。我国环境政策中政府管制最早的方式是污染物排放标准控制,它强调污染的末端治理,即对污染的浓度进行限制。由于是被迫接受政府命令,企业往往采用稀释浓度的做法应付环保部门,造成了污染的持续恶化。为此国家颁布了排污收费的环境政策,它是对环境排放污染物的单位和个体工商户征收排污费。从1982~2003年,排污收费制度实现了从超标排放收费转变为按污染物的种类、数量实行排污收费与超标收费并存;从污染物的浓度控制向浓度和总量控制相结合的转变。期间政府管制的强制性为环境政策提供了有力支持,排污许可证交易制度的出现是排污收费手段的有力补充,它将环境视为政府的商品,政府可以将环境污染分割为一定数量的污染权,每一份污染权允许其购买者排放相应量的污染物。同时,在产生外部性的污染者之间,政府也允许其对污染权进行交易。它的实施提升了企业环境信息的公开化,促进了企业环境管理投入的增加,并有助于实现企业环境竞争力。

针对企业对环境政策的抵制倾向,一种新型的环境政策应运而生,即自愿型环境政策。它倡导在企业、政府或非营利性组织之间建立一种旨在改善环境质量或提高自然资源的有效利用的非法定协议。当今国际上比较成熟的自愿性环境管理手段有ISO14001环境管理体系标准、清洁生产、环境标志、欧盟的EMAS和化工行业的"责任关爱行动"等。我国则在1992年提出了清洁生产理念,1994年实行了环境标志工作,并于1996年正式引进ISO14001环境管理体系标准。这种基于企业自愿基础上的环境政策促进了企业环保投入的增加,有效地减轻了政府在环境保护的责任。在这一系列环境政策的发展过程中,政府的管制职能不断地降低,政府由环境政策的推动者转变为环境政策的引导者;企业则由环境政策的被动接受者逐步转变为环境政策的主动参与者。它反映出我国的环境政策手段正在向政府间接管制转变。

六、环境政策的设计理念逐渐从"谁污染谁治理"转化为"科学发展观"

1979年9月,《中华人民共和国环境保护法(试行)》中"谁污染谁治理"的思想,成为后续环境政策责任制的指导思想,它确立了省长、市长等行政首长对于所管辖区域环境质量负责的环境保护目标责任制度,以及厂长、经理和承包者对其主管承包的生产经营活动所产生的环境后果负责的制度。在一定程度上遏制了环境污染的速度。但随着市场经济的发展,在技术、资金、管理上产生了许多难以解决的矛盾。1992年,我国率先引入了可持续发展的理念,先后颁布了包括中国《21世纪议程》在内的近10部环境政策,奠定了可持续发展基本国策的地位。1996年,在《国民经济与社会发展"九五"计划和2010年远景目标纲要》中,首次将可持续发展战略列为国家基本战略,实现了走可持续发展之路的战略转变。而党的十六届三中全会提出的科学发展观是对可持续发展理念的完善和提升,它强调了以人为本和可持续发展的重要性,在与环境政策融合过程中主要体现为公众参与和循环经济两个方面。

第二节 我国环境政策存在的问题及其原因

一、我国环境政策存在的问题

在看到我国环境政策形成体系取得成就的同时,也必须注意到环境政策面临困难的一面。从20个世纪80年代以来,对于中国的环境状况总的评价是"局部有所改善,总体还在恶化(1988年),以城市为中心的环境污染正在加剧并向农村蔓延,生态破坏范围在扩大,程度在加重(1996年)",相当多的地区环境污染和生态破坏状况仍然没有得到改变,有的甚至还在加剧(1999年)。循着这个轨迹我们看到,中国环境状况一直是偏紧,甚至是严重偏紧的,基本上保持了一个有所控制但难以控制的趋势。这表明环境政策的成效不断地被新产生的环境压力抵消,仅仅维持了环境状况不致急剧恶化,现行的环境政策还没有能力从根本上改变环境状况的严重局面;同时,我国环境政策的制定、执行、监督等目前都处于无法可依的状态。从具体形态上看,我国环境政策主要存在如下问题。

(一) 环境政策的决策存在问题

(1) 决策体系上存在问题。我国环境政策的决策体系从宏观上可以分为两个领域：首先，中央机关及各与环境保护有关的部门；其次，地方各级政府及其所对应的职能部门。根据环境保护法的规定，我国环境保护管理机构是"分级、分部门"、"自上而下"的管理体制，缺乏与之相对应的协调部门。这就造成在工作量繁杂的各部门之间，在制定某一环境政策时，不能跨部门、跨级别地沟通和询问；同时相对于法律、法规、规章的制定，政策的出台又有较为宽松的环境，决策者对某项环境政策制定难免主观上忽视，因此决策体系的割裂导致实践中环境政策之间存在割裂和冲突现象。所以，环境政策与环境法律的不统一、不衔接现象十分突出。

(2) 决策过程存在的问题。我国经济发展的决策过程在一定程度上与环境保护要求相脱节。虽然国家层次上的重大经济决策已较高程度地注意综合考虑环境影响和环境对策，但在区域和专业层次上，忽视环境因素的经济决策方式仍然占有相当大的比例，这给环境造成了沉重的压力。中国环境政策从其指导方针和政策原则来说，是十分注重从根源上防治和消除环境问题的。但如何找到实现这种方针和原则的具体途径，仍有很多问题需要探索，对经济决策系统进行改进，这是中国环境政策的突破点。

(3) 中国现行的环境保护政策在制定时主要是从单个问题出发，很大程度上忽略了环境资源本身就是复杂生态系统上的结点，它们之间存在着复杂的联系。而环境政策制定往往针对单一的环境要素，如大气、水、固体废物等，不是从环境与资源的系统性出发，缺乏明确的政策目标和协调统一的政策措施，导致许多政策实施难度增大；环境政策发展的过程性，在内容上难免有重复之处，甚至有些是互相冲突的，这成为导致环境政策效率低下的初始原因；有的政策颁布于计划经济时代，已经过时，一些处于同一层次或不同层次的法律、法规之间相互冲突的情况较多，协调性不够，立法带有滞后性，无法应对一些新情况和新问题。环境保护的法律、法规虽有多部，但至今还没有一部是针对环境政策的法律，所以各有关部门、单位以及个人在执行时，多各取所需，缺乏统一的遵循尺度。

(二) 环境政策制定过程中存在的问题

我国环境政策在数量上是十分庞大的，并且已经形成了粗具规模的环境政策体系。但是由于我国没有针对环境政策的制定进行规范的程序性规定，因此地方的环境政策在制定过程中存在着诸多问题。

首先，环境政策的制定主体、制定权限不明确。在体制上，我国由于自然资源被分割管理，造成资源利用率低效。对自然资源实行统一管理与分部管理相结合的管理模式,由于部门利益和地方利益所致,资源政策的制定和执行均受到影响,如土地资源管理由国家土地局负责,同时与农业、测绘、城建、环保、林业、海洋、地质矿产等部门有关;水资源管理由水利部负责,涉及地质矿产、气象、环保、土地、林业、建设、交通等部门。由于资源的整体性、多宜性特点,客体的界定不清,主管部门权限不清等原因,造成有利可图时互相争管,无利可图时互相推诿,无人管理。从而造成资源低效利用、浪费和破坏,并造成环境污染。同时,不同于环境法律、法规、规章的制定,环境政策的制定主体范围是非常模糊的,究竟哪些部门享有权力制定环境政策,何种情况下才能制定何种性质的环境政策,这些在我国并没有明确的规定,实际操作中只要与环境问题有关就可以制定某项环境政策。

其次,我国的环境政策通常是由一些行政机关起草制定,这就难以避免一些部门在起草时,忽视全局利益,仅着眼于部门利益,想方设法扩大本部门的权力,同时在权责规定方面,突出权力而忽视责任。

再次,环境政策的制定过程不公开透明,公众参与力度不够。我国传统环境政策的制定,都是在环境政策系统内部孤立、封闭地进行,缺乏高效的公众参与的机制和渠道,公众对与切身利益相关的环境政策享有的知情权、参与权和监督权,没有得到充分的保障,虽然近几年一些地方在环境政策起草过程中也举行听证会,但是多数流于形式,没有发挥实质作用。

(三) 环境政策执行过程中存在的问题

我国的环境政策执行过程中主要存在以下几个方面的问题:

首先,环境政策执行力偏软,导致执行得不彻底。现任环境保护部部长周生贤曾多次提及,我国的环境政策法规存在"四大软肋",可操作性不强,环保部门缺乏强制执行权。安徽省某市环保局局长在接受《瞭望》新闻周刊采访时深有感触地说:"招商引资是政府行为,领导要打破常规,不换脑筋就换人。我们隶属地方,所以执法起来很为难。"同时周刊记者2006年在安徽、江西两省与部分基层环保局局长对话时发现,由于多种因素制约,地方的一些环保局局长们对环保工作更多的是尴尬和无奈,环保工作"两头热中间冷"、环保执法成为"夹生饭"等现象普遍存在。专家认为,这种矛盾的存在,也反映出我国环保执法体制亟待改革。

其次,地方政府"土政策"干扰环境执法现象十分严重。一些地方政府或基层组织的决策者,受经济利益的驱使,凭借其享有的部分自由裁量权,把"政策的制定权"作为其最便利的获利工具,而且有恃无恐,执法犯法,一错再错,造就了一大批违法、违规"政策",也就是俗称的"土政策"。这些地方政府或基层组织往往打着政策创新的旗号进行政策规避,而行为都严重危害中央的政令畅通,具有相当大的欺骗性和迷惑性。特别是在环境保护领域,在中央对环境政策要求越来越严格的情况下,中西部的一些地方依然实行"先上马,后补办"、"只补手续,不补设备"、"补办设备,不予运行"的引资模式,使得环保行政许可手续在很多地方确实成了一个虚假摆设。在一些地方有不成文的规定,环保部门到企业检查工作必须经过当地政府的批准,这些环保部门的负责人表示,由于地方严重污染的企业被列为经济发展的"功臣",如果管得太严,就有可能得罪当地的领导,从而丢了"乌纱帽",因此一些项目在执行"三同时"政策时,只能"边上车边买票,先上车后买票,甚至上了车也不买票"。这种地方环保局局长当"挡箭牌"、"替罪羊"的现象并不少见。

(四) 环境政策监督的缺失

我国的环境监督由环境保护部负责,而环保部作为国务院的职能部门,这种定位让环境政策监督的地位尴尬,尤其在监督经济发展部门的环境行为时往往采取迁就妥协的态度。此外,在现行的行政法律规范中,"政策"享有司法豁免权。《中华人民共和国行政诉讼法》第十二条规定,公民、法人或其他组织对行政法规、规章,或者行政机关制定、发布的具有普遍约束力的决定、命令提起的诉讼,人民法院不予受理。这样就使各项执法中的具体政策不受司法监督。结果是政策的执行效力无法得到公正的评估。而其他国家在环境政策监督方面为了保证执法效果,一般都设立具有较强独立性的监督机构,我国仅有的环保部是无法完全承担这项重任的。

(五) 环境政策的执行手段单一,缺乏公众参与

(1) "命令—控制"型手段是我国治理环境问题的主要方式。"环境政策的管理手段都是直接管理环境,环境管理思想、管理方式还比较传统;重视点源治理,忽视全过程控制;重视自上而下的、行政的强制管理,忽视引导企业建立自我规划、自我控制、自我完善的机制;对下要求多,提供支持少。而普遍存在的有法不依、执法不严,严重影响了这类政策手段的执行效果。"但是环境问题的产生多是由于经济利益的驱使造成的,而每个个体又都是经济利益的最大限度的追求者,在经济利益面前很少有人能够真正听从命令,服从分配。因此,"命令—控制手段"并不能保障环境问题的恶化。

(2) "市场经济手段"种类少,且多数处于待发展、待完善的阶段。如"征收排污费"和"超标罚款"这两项手段,虽然已经实行多年,但是成果微乎其微,不仅没有遏制环境问题的产生,反而出现恶化的结果。"十五"环境保护计划指标没有全部实现,二氧化硫排放量比 2000 年增加了

27.8%，化学需氧量仅减少2.1%，未完成削减10%的控制目标。究其原因主要在于征收的排污费和罚款的标的额过低，与牺牲环境利益所换来的经济利益相比差距较大，造成地方企业为了经济利益宁可缴纳罚款而不减少排污量，甚至"理直气壮"地排污。而二氧化硫排放权交易在我国2004年开始，起步较晚，经过几年多的摸索和实践，仍有许多地方需要解决和完善。

(3) 环境社会手段实施力度不够，缺乏相应的鼓励措施。我国的环境保护工作中公众参与力度不够，仅有的公众听证也多数流于形式，由于缺乏必要的鼓励措施，导致公众参与环保活动的积极性不高。同时在民间潜在的一些环保性自治组织，并没有充分发挥它们在环保过程中的优势作用。

二、我国环境政策存在问题的原因分析

我国环境政策所存在的上述问题，其原因主要表现在以下几个方面。

（一）环境行政主体自身的部分"经济人"属性是导致我国环境政策执行不力的根本原因

国家作为管理公共事物的主体，通常被认为具有全能属性。张维迎在其《信息、管制与中国电信业的改革》一书中指出："政府是全知全能的，其拥有充分的信息。政府是一个'仁慈的君主'，除了全体人民的利益之外，绝无私心，代表它的政府公务人员都是大公无私的'公仆'。政府是言而有信的，其有完全承诺的能力。"但是环境法专家吕忠梅提出了反驳，她认为："首先，政府并非全知全能的。恰恰相反，其往往处于一种无知的状态。政府和被管制对象之间信息交流的渠道并不畅通。有许多管制必备的私人信息，政府并没有获得。其次，所谓政府是言而有信的、其有完全承诺的能力在一定程度上也是值得怀疑的。……政府承诺要用10年的时间让淮河还清。然而，10年过去了，淮河污染依旧，其水质并未见好转，而且由于严重的水污染，淮河沿岸甚至出现了数量众多的'癌症村'。最后，现实中并不存在大公无私的政府，也不存在公而忘私的公务人员。"理想主义者认为作为行使行政权的公务员"应当恪尽职守，不应有任何的个人利益取向和价值偏好，甚至连个人之荣辱好恶都不应有。"现实却是"公务员也是自然人，其有自身的基本生活需求，要追求自身经济效益的最大化，要表现自己的个性和欲望，需要获得社会的认同和尊重。在执行公务时会有自己的价值取向，会融入自己的世界观和方法论，谋求自己利益的最大化，哪怕会因此而背离社会公共利益的目标"。对于政府来说，其自身也面临着外界评价、政绩、生存发展的要求，也有其自身的利益取向。

总之，政府和作为其职权行使者的公务员都具有"经济人"属性。这

一思想源于亚当·斯密的古典经济学,他认为利己主义是人的本性,人们从事经济活动无不以追求自己最大的经济利益为目的,简单说,人都是对自我利益、理性、最大限度的追求者。政府自身也在追求其统治"租金"的最大化,亦权力效益的最大化。在我国现实环境保护中,"权力部门化、部门利益化、利益个人化"是一种典型的表现。因此,如果没有从根本上认识到环境保护与行政机关和其他行政主体"经济人"属性之间的冲突性,就如同让一只饥饿的猫看管鱼一样。如何处理好两者之间的关系,使得既不影响经济发展,人民生活稳定提高,又保护了环境,是我们仍旧需要在实践中探讨和摸索的。

(二)处于经济转型期地方自主权偏大导致"土政策"干扰环境执法

我国目前正处于高度集权向适度分权的政府转型时期,在该对立面运动过程中,与此相伴的是"两头小,中间大"的社会局面。所谓"两头小"是指国家和个人小,"中间大"是指地方政府或基层组织大。地方政府或基层组织为了保证财政收入,扩大税源,扶持本地企业,对于中央的精神是有所怠慢的。而法律对于普通老百姓来说,均有"天高皇帝远"之感,个人都处于其所在的单位或地区,直接影响其个人权益的也是与其关系最近的地方政府或基层组织。"人们出于利害得失的考虑,往往会主动满足'土政策'要求,即便它不合法也不合理,人们也会出于'县官不如现管'的顾虑而盲目或忍气吞声地自觉服从政策……所以,政策,尤其是'土政策'侵犯法律权威,也可以说是改革时期的一种必然现象……"同时,由于我国法律体系不健全,存在着大量的法律空白,留给地方政府或基层组织较大的自由裁量权,以至于一些行政机关的官员可以"理直气壮"地以政策代替法律。他们所谓的"政策",一无法律依据,二无程序约束,三无原则指导,往往是几个领导的内部商量的结果,完全着眼于个人利益得失,单纯地追求"政绩工程"、"形象工程",以牺牲环境利益为代价。

(三)基层环保机构不独立、执法机构不健全,导致执法人员执法力不从心

目前,我国除在一些大中城市的区级环保机构实行垂直领导外,大部分基层环保部门只是地方政府的一个职能部门,环保局局长由本级政府任命并对本级政府负责,经费支出列入本级政府财政预算。当地方领导追求"政绩经济"时,如果地方环保局局长"秉公办事",就会得罪自己的主管领导,无奈之下,他们只能顾全大局,无为而治。地方环保局是我国环境保护工作中的中坚力量,地方环保工作不能有效开展是我国目前环境问题严峻的主要原因。

第三节 国际社会对我国环境政策的评论

一、世界银行

世界银行在其1997年出版的《碧水蓝天：新世纪的中国环境》报告中，高度评价了中国的"总量控制"和"绿色工程"。该报告说："很多国家只承诺模糊不清的环境保护任务，而中国却提出了一套清晰的、可以考核的目标。"世界银行在2005年的《中国国别援助评价报告》中评论说："中国面临着严重的环境问题，而且由于是一个大国，某些方面的影响（如温室气体排放）也是世界性的。在20世纪90年代，中国政府越来越重视环境问题。一些有影响的外国报告以及国内的一些事件提高了环境意识。1994年在工业化程度较高的华北平原，饮用淮河水的人口出现大规模的病患，这是政府在环保方面的一个转折点，并最终导致了75 000家严重排污的小乡镇企业被关闭。1997年和1998年的洪灾推动了在敏感地区的砍伐禁令的出台。政府也采取了一些温和的措施，包括更加公开的环境报告制度、价格激励制度，以及新的法律、法规。领导人经常在重要讲话中谈到环保问题，而且中国已经把'可持续发展'作为第十个五年计划的一项指导原则。"

"由于这些政策的转变，中国在扭转和遏制环境退化方面已经取得了一些进展，但仍存在着一些严重的问题，今后的发展还难以确定。

尽管在每单位GDP的一次能源消耗方面，中国是主要经济体中效率最低的国家之一（2001年是美国的3.3倍，比印度高40%），但在1995～2001年间，中国的单位能耗改善了30%。从20世纪90年代后半期开始，尽管工业产出持续增长，工业污染排放急剧下降。20世纪90年代，尽管中国的物种多样性有所下降，但森林面积扩大。黄土高原的水土流失已经得到控制，这不仅有利于生活在那里的人们，而且有利于黄河水质的改善，并影响到北京沙尘暴天气的好转。近年来，中国通过大幅度减少消耗臭氧层物质排放，对全球环境做出了重要贡献。"

二、联合国开发署（UNDP）的评估

UNDP的《2002年中国人类发展报告》《2004年中国国别评估报告》《关于中国的国别项目纲要（2006～2010）》，全面地分析了中国环境的大背景、现状，尖锐地指出："快致富，后清理"战略对中国特别不实际。除了社会发展外，由于空前的经济增长，在环境领域面临同样巨大的挑战。传

统的方法已经不足以战胜这些挑战,需要有更多的创新的思想和整体的方法来确保环境与能源的可持续性。特别需要重视的领域包括:① 防治土地退化的系统方法;② 把生物多样性保护纳入全面发展的主流;③ 提高水的利用效率并确保饮用水的安全;④ 提高能源利用效率和采用可再生能源;⑤ 加强环境管理;⑥ 改善废物处置与卫生设施;⑦ 加强预防和应对灾害的能力。中国面临的紧迫挑战是如何平衡经济增长与环境保护。强化环境管理并推动绿色增长是极其巨大的挑战,它要求加强部门协调、全面规划及有效监控。

三、日 本

日本非政府组织"日本环境会议(Japan Environment Council)"编著的《亚洲环境白皮书》,连续3卷对中国的环境问题与环境政策都有详尽的评介,其中第一卷将中国环境问题的特征归纳为5点:"① 中国环境问题并不是未来的问题,而是当今正在发生的危机;② 中国的自然条件特别不利;③ 几千年的文明发展、列强侵略、内战和失误等,都对中国大地造成了巨大的影响;④ 历史性地形成了以重工业为中心、煤炭消耗为主、环境负荷沉重的经济结构,改革开放后仍无根本性的改变;⑤ 从20世纪末到21世纪上半叶,城市与乡村都将相继进入大量消费和大量废弃的社会。""中国在发展经济的同时,是否不得不以环境的持续破坏为代价吗?"该书作者认为,这样的批评并不见得过分。

日本桃山学院大学教授竹成一纪对中国的环境库兹涅茨曲线(Environmental Kuznets Curve,EKC)进行了研究。他采用《中国统计年鉴》和《中国环境年鉴》1993~2002年间的数据,推导了中国内地29个省、市、区(西藏、重庆未计算)的EKC模型,得出了COD,SO_2和烟尘相应于人均GDP的拐点。从目前研究结果看,中国EKC的拐点有可能比以往发达国家EKC的拐点为低,但必须切实加强环保。

四、美 国

美国外交问题评议会亚洲研究部长伊丽莎白·依考诺梅在2004年出版了一本专著——《河流越流越脏:环境问题挑战中国的未来》。该书从淮河的死亡开题,论及中国文明与环境破坏的历史、爆炸性的经济增长及其环境代价、中国环境保护的应对、新的环境政治学(非政府组织的作用)、国际社会与中国的环境问题、国外的经验教训和环境危机的预防,最后落脚到中国未来环境的3种情景(究竟是环境优美的中国?还是由惯性而继续恶化?

甚至是环境彻底崩溃？）以及美国的作用。该书作者研究了有关中国环境的古今文献，访谈了若干重要人士，对中国环境问题及其对中国未来的影响敲起了警钟。

此外，根据由美国耶鲁大学和哥伦比亚大学发表的 2006 年环境绩效指数，中国得分 56.2，位列 133 个国家或地区中第 94 名。EPI 系按照 6 个政策类别（环境健康、空气质量、水资源、生物多样性与栖息地、生产性自然资源，以及可持续能源政策）中的 16 项指标进行计算。中国在亚洲邻国中位居中游。EPI 体现了中国在某些环境领域中的进步，如对于生物多样性与生产性自然资源的保护，但也显示中国仍需在空气质量、水资源以及可持续能源政策等方面投入更多的精力。

五、世界经济合作与发展组织（OECD）对中国环境的评估与建议

2006 年 11 月，OECD 完成了对中国环境绩效的评估，提出了 51 条建议。OECD 指出，中国经济年均增长率达 10.1%，已是世界第四大经济体，但贫困仍然是中国农村的严重挑战。中国正在用"和谐社会"、"科学发展观"的思想，制定国民经济与社会发展计划和现代环境法制，加强环保机构和强化环境与自然资源的管理。OECD 认为，中国当前一是要加强实施环境政策的效果与效率，二是要在经济决策中提高综合关注环境的程度。

在减少环境政策实施方面的差距方面，OECD 建议：继续促使地方领导人承担起保护环境的责任；把国家环境保护总局升格为部委（国务院组成单位）；扩大市场机制的使用；增加环保资金来源并使其多样化等。

在把对环境的关注纳入经济社会的决策之中方面，OECD 建议：要评估自然资源的价格水平，并考虑进行环境税方面的改革；把对环境的关注从制度上纳入经济政策中；加强环境民主；向穷人和农民提供良好的环境服务；更加关注环境退化对于健康的影响等。

在加强环境领域的国际合作方面，OECD 建议：建立连贯的有关气候变化的国家计划；继续淘汰破坏臭氧层物质；政府加强对中国公司在海外运作的关注；重视区域性环境问题，如酸雨；增加环境方面的财政支助等。

第四节 我国环境政策的展望

政策在中国环境保护中的作用是巨大的，近 30 年环境保护的实践已证明了这一点，如立法前政策的宏观导向、立法后政策的具体实施、执法中的政策规范，无不体现政策在国家环境保护中强大的生命力。由于我国有依政

策治理国家的传统，使得政策在国家政治生活中占有特殊的地位。早在革命根据地的中华苏维埃共和国时期，由于处在战争年代，没有建立政权机关，党是用政策来指导根据地建设的。但由于政策的错误导向，使得革命遭受了巨大失误。体现在"中华苏维埃共和国土地法中"，在当时"左"倾政策的指导下，使这部中国革命史上的第一部土地法中规定了"地主不分田，富农分坏田"消灭地主阶级，打击了一大片，给根据地的建设带来了阻碍。新中国成立后，百孔千疮的中国还不善于用法律手段治理环境，1972年，联合国人类环境会议后，党和政府开始认识到环境问题的严重性，随即进行了一系列的重大决策，使中国的环境保护开始纳入政府工作的议事日程。可以说，中国的环境保护起步于政策的决策、规范，而不是法律的治理。大规模经济建设高潮的到来，使得国家没有精力进行法治建设，政策一度就成为指导中国革命和建设的座右铭，用政策取代了法律。由于政策的失误，导致建设失误的教训是惨痛的，如违背发展规律的"大跃进"、"人民公社"，盲目向大自然索取的战天斗地等，使中国的环境问题急剧恶化。

改革开放后的中国，实行了伟大的历史变革，即由计划经济向市场经济、由人治向法治、由依政策治国向依法治国的转变。就目前来讲，中国并没有成为法治国家，在依法治国的大目标下，充其量实行的是依政策治国与依法治国的双轨制，政策与法律在国家的环境保护中独处半壁江山，并驾齐驱。由于战略转移和政策的导向，使得在2003年3月全国人大通过的《中华人民共和国立法法》中，在立法的基本原则上，还庄严地宣告："立法要以经济建设为中心。"这就意味着，经济发展是主旋律，尽管环境保护是一项基本国策，但立法也要服从于经济建设这个中心。1979年的《中华人民共和国环境保护法（试行）》和1989年的《中华人民共和国环境保护法》的修改虽然都规定了"国家采取有利于环境保护的经济、技术政策和措施，使环境保护工作同经济建设和社会发展相协调"，但当两者发生冲突时，经济建设"是中心"。在环境保护法实施这20多年时间里与中国的环境恶化是同步的，静态的法律并不能保障动态的环境治理。为什么中国的环境恶化得不到遏制，关键就在于政策在中国的实际地位宏观上高于法律，微观上代替法律。频见报端和舆论的"按政策办事，受法律制裁"，反映了中国特定的社会现实。在新的历史时期，党和国家提出了依法治国的方针，其本身就是政策的体现。因此，中国需要对政策进行立法，在环境保护领域，既要有环境保护法又要有《环境政策法》，这是环境保护的客观要求。

制定环境政策法也是由中国特殊的国情决定的。从中国环境法的产生看，是随着中国环境问题的出现及其危害性的暴露而产生的。同世界各国相比，中国的环境立法更多地表现为政策措施的法律化。国外有关法律的移植和改造，是一系列行政法的直接确立过程，环境法是逐渐从民法、刑法、行政法中成长和发展起来，成为一个独特的法律领域，这样一种比较充分的发展过程，许多国家是从针对具体环境问题的单项法向综合法的演进过程。而我国没有一个法律体系正常产生和发展的过程，很难形成一个成熟的、富有现实有效性的环境法律体系。

鉴于中国特殊的国情和政策在国家环境保护中的重要作用，以及由于政策的决策失误给环境造成破坏的惨痛教训，我们认为，处于转型期的中国，在实行依政策治国与依法治国的双轨制中，诞生于计划经济体制下的《中华人民共和国环境保护法》已不适应中国的国情对环境保护的需要，"环境保护法并没有保护好环境"。因此，对环境保护法必须进行革命性的修改。同时制定《环境政策法》，在这方面，美国的经验是值得借鉴的。美国是法治国家，"两次世界大战刺激起来的忽视环境效应的高速经济发展给美国环境质量带来的严重后果在战后越来越清楚地为人们所认识。环境保护的呼声越来越高，环境保护的影响越来越大。鉴于环境对国家长远利益的重要性，美国国会颁布了一系列有关环境保护的法律，但都是针对单一的环境要素，采用的是头痛医头、脚痛医脚的片面、局部的调整保护立法。环境问题牵涉面很广，单靠这种立法不能解决环境与经济、政治、社会等问题之间错综复杂的矛盾，不能制止环境质量恶化。必须寻找一种全面的整体的立法对待环境问题。在这种形势下，产生了美国《环境政策法》。这部法律，在美国环境法体系中，具有特殊的地位，是一部从宏观方面调整国家基本政策的法规。它以统一的国家环境政策、目标和程序改变了行政机关在环境保护上的各行其是、消极涣散的局面，就其作用而言，它规定的环境影响评价程序迫使行政机关把对环境价值的考虑纳入决策过程，改变了行政机关过去的忽视环境价值的行政决策方式，它在美国历史上第一次为行政机关正确对待经济发展和环境保护两个方面利益和目标创造了内部和外部的条件"。由此可见，美国的《环境政策法》是成功的，是值得处于转型期的我国借鉴的。

制定《环境政策法》是中国环境保护的客观需要，是适合中国环境保护国情的必然选择。我们认为，制定《环境政策法》主要是对国家、政府的环境宏观决策、具体环境政策进行法律规范，将政策纳入法制化的轨道。第一，对环境政策的立法宗旨进行规范。环境政策法的立法宗旨应定位于为实施可持续发展战略，协调环境保护与经济发展的统一，依法规范不同层次的国家环境政策，建立起有中国特色的环境政策体系。第二，对环境政策的制定主体进行规范。谁是环境政策的最适决策者和制定者，其制定主体应具备哪些法定条件，对不同层次的环境政策制定主体的权利、义务有何规范，必须在法律中予以明确。第三，对环境政策的内容进行规范。不同层次的政策制定主体有权对哪些具有战略性、全局性或区域性、局部性的环境问题做出决策。第四，对环境政策的制定程序进行规范。政策出台与制定也必须纳入法制化的轨道，遵循准立法程序，如对政策的论证、起草、征求意见、通过等进行规范。第五，对政策的监督进行规范。主要是对付诸实施的政策进行监督，如由权力机关监督党的政策的实施、由政府的政策法规司监督政府各项环境政策的实施等。第六，对各项环境政策转化为立法的条件进行规范。经过实践检验是正确的并具有长期稳定性的成熟的环境政策，必然要用法律的形式固定下来。表明国家已处于在环境保护上从仅仅依靠政策向既依靠政策又依靠法律管理转变的关键时期，但政策要转化为立法必须具备一定的条件：① 只有成功和成熟的政策才能转化为立法；②只有具备长期稳定性的政策才能转化为立法；③只有对环境产生重大影响的政策才能转化为立法。

综上所述，我们认为，制定《国家环境政策法》是中国实施可持续发展战略、造福子孙后代的需要，是中国环境法治建设的客观要求，必须给予高度的关注和现实的实施。

参考文献

[1] 刘庆龙,韩树军. 中国社会政策 [M]. 郑州:河南人民出版社,2002.
[2] 张乐天. 教育政策法规的理论与实践 [M]. 上海:华东师范大学出版社,2002.
[3] 蔡守秋. 中国环境政策概论 [M]. 武汉:武汉大学出版社,1988.
[4] 任春晓. 我国环境政策预期与绩效的悖反及其矫正 [J]. 行政论坛,2007(3):52.
[5] 曲格平. 梦想与期待——中国环境保护的过去与未来 [M]. 北京:中国环境科学出版社,2000.
[6] 李康. 环境政策学 [M]. 北京:清华大学出版社,2000.
[7] 高德耀. 环境保护政策浅论 [J]. 山西高等学校社会科学学报,2007(5):57.
[8] 覃浩展. 我国环境政策回顾现状与展望探析 [J]. 中共南京市委党校学报,2006(6):15.
[9] 唐钧. 我国环境政策的困境分析与转型预测 [J]. 探索,2007(2):69.
[10] 蔡定剑. 历史与变革——新中国法制建设的历程 [M]. 北京:中国政法大学出版社,1999.
[11] 罗伯特·晶格尔. 现代社会中的法律 [M]. 吴玉章,周汉华,译. 南京:译林出版社,2001.
[12] 袁明圣. 公共政策在司法裁判中的定位与适用 [J]. 法律科学,2005(1):56.
[13] 夏光,周新. 中日环境政策比较研究 [M]. 北京:中国环境科学出版社,2000.
[14] 周恩来选集编委会. 周恩来选集(下卷) [M]. 北京:人民出版社,1984.
[15] 共和国领袖大词典编委会. 共和国领袖大词典·周恩来卷 [M]. 成都:成都出版社,1993.
[16] 中共中央文献研究室. 周恩来年谱(上卷) [M]. 北京:中央文献出版社,1997.
[17] 中共中央文献编辑委员会. 邓小平文选(第1卷) [M]. 北京:人民出版社,1983.
[18] 中共中央文献编辑委员会. 邓小平文选(第3卷) [M]. 北京:人民出版社,1983.
[19] 中共中央文献研究室. 邓小平思想年谱 [M]. 北京:中央文献出版社,1998.
[20] 中共中央文献研究室. 建国以来重要文献选编(第6册) [M]. 北京:中央文献出版社,1993.
[21] 江泽民. 高举邓小平理论伟大旗帜把建设有中国特色社会主义事业全面推向二十一世纪 [M]. 北京:人民出版社,1997.
[22] 江泽民. 论"三个代表" [M]. 北京:中央文献出版社,2001.

[23] 江泽民. 江泽民文选（第1卷）[M]. 北京：人民出版社, 2006.
[24] 江泽民. 江泽民文选（第3卷）[M]. 北京：人民出版社, 2006.
[25] 中共中央文献研究室. 江泽民同志论有中国特色社会主义 [M]. 北京：中央文献出版社, 2002.
[26] 金良年. 孟子译注 [M]. 上海：上海古籍出版社, 1985.
[27] 曲格平. 中国环境政策的探索与实践 [J]. 环境科学动态, 1988 (10): 2.
[28] 解振华. 中国的环境问题和环境政策 [J]. 中国人口·资源与环境, 1994 (12): 9-12.
[29] 崔海伟. 浅谈1970年以来中国环境政策的演变 [D]. 济南：山东大学, 2009.
[30] 马向军. 我国环境保护政策效果评价 [D]. 南京：河海大学, 2007.
[31] 郭薇. 中国环境政策思路的演变与发展 [J]. 环境保护, 2009 (12): 8.
[32] 城乡建设环境保护部环境保护局. 中国环境保护十年 [M]. 北京：中国环境科学出版社, 1985.
[33] 颜立文, 黄文洲. 我国面临的环境形势 [J]. 环境保护科学, 1996 (2): 23.
[34] 蔡守秋. 论中国的环境政策 [J]. 环境导报, 1997 (6): 2.
[35] 李京文. 走向21世纪的中国经济 [M]. 北京：经济管理出版社, 1995.
[36] 朱坦. 中国可持续发展总纲：中国环境保护与可持续发展（第10卷）[M]. 北京：科学出版社, 2007.
[37] 罗金泉, 白华英, 杨亚妮. 改革开放以来中国环境政策的变革及启示 [J]. 中国科技论坛, 2003 (3): 108-109.
[38] 曲格平. 环境保护知识读本 [M]. 北京：红旗出版社, 1999.
[39] 曲格平. 对我国环境污染形势的综合评价 [J]. 中国人口·资源与环境, 1995 (2): 1-2.
[40] 曲格平. 环境政策——中国发展政策的一个重要主题 [J]. 环境保护, 1992 (8): 6.
[41] 张坤民. 中国的环境政策 [J]. 世界环境, 1994 (2): 4.
[42] 刘波. 论中国环境标志法律制度的建立和完善 [J]. 法学论坛, 2005 (4): 105-111.
[43] 陈锦华. 1998年中国国民经济和社会发展报告 [M]. 北京：中国计划出版社, 1998.
[44] 张坤民, 温宗国, 彭立颖. 当代中国的环境政策：形成、特点与评价 [J]. 中国人口资源环境, 2007 (2): 3.
[45] 李鹏. 实施可持续发展战略, 确保环境保护目标实现 [J]. 环境保护, 1996 (8): 3.
[46] 张晓. 中国环境政策的总体评价 [J]. 中国社会科学, 1999 (5): 92.
[47] 吴荻, 武春友. 建国以来中国环境政策的演进分析 [J]. 大连理工大学学报（社会科学版）, 2006 (12): 48-49.